计算机技术开发与应用丛书

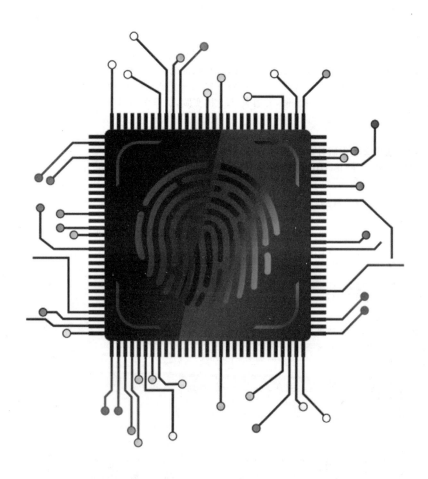

数字电路设计与验证快速入门

Verilog + SystemVerilog

马　骁 ◎ 编著

清华大学出版社

北京

内 容 简 介

本书是面向数字芯片设计与验证的入门书,是微电子相关专业的基础课程。

本书以理论基础为核心,以参考实例为主线,帮助读者迅速建立数字芯片设计与验证的概念和设计基础。全书包括两篇共7章:数字电路及 Verilog 篇(第1～5章)讲解数字逻辑电路基础,硬件描述语言 Verilog 的基础语法,对应的实例分析,以及组合逻辑电路和时序逻辑电路的设计与验证的参考实例; SystemVerilog 篇(第6章和第7章)讲解包括兼顾设计和验证的语言 SystemVerilog 的基础语法,对应的实例分析,以及由简单到相对复杂的运算器的设计和验证的参考实例。

本书对上述内容根据实际工程项目经验,做了精简和重点、难点分析,并提供了丰富的实例和源代码供读者学习参考。书中内容通俗易懂,并且易于上机实践,提升学习效果,适合初学者入门,也可作为高等院校和培训机构相关专业的教学参考书。

图书在版编目(CIP)数据

数字电路设计与验证快速入门:Verilog＋SystemVerilog/马骁编著.—北京:清华大学出版社,2023.8
(计算机技术开发与应用丛书)
ISBN 978-7-302-63507-9

Ⅰ.①数… Ⅱ.①马… Ⅲ.①数字电路-电路设计 Ⅳ.①TN79

中国国家版本馆 CIP 数据核字(2023)第 085325 号

责任编辑:赵佳霓
封面设计:吴 刚
责任校对:时翠兰
责任印制:宋 林

出版发行:清华大学出版社
    网 址:http://www.tup.com.cn,http://www.wqbook.com
    地 址:北京清华大学学研大厦 A 座   邮 编:100084
    社 总 机:010-83470000   邮 购:010-62786544
    投稿与读者服务:010-62776969, c-service@tup.tsinghua.edu.cn
    质量反馈:010-62772015, zhiliang@tup.tsinghua.edu.cn
    课件下载:http://www.tup.com.cn,010-83470236
印 装 者:北京鑫海金澳胶印有限公司
经 销:全国新华书店
开 本:186mm×240mm 印 张:24.75   字 数:555千字
版 次:2023年10月第1版   印 次:2023年10月第1次印刷
印 数:1～2000
定 价:99.00元

产品编号:099217-01

前 言
PREFACE

行业发展

芯片行业作为高科技设计和制造业,是人才、资本齐聚集的行业,既是科技信息行业的基础,也是大国博弈的必争之地。然而,芯片行业的发展无法一蹴而就,需要长期投入和积累,需要一代一代的人去努力。近年来,我国的芯片行业正在快速发展,需要更多的人才进入该行业,对于未来计划从事数字芯片设计与验证相关岗位的初学者来讲,希望本书可以起到一定的帮助作用。

本书内容

本书分为两篇共 7 章,数字电路及 Verilog 篇(第 1~5 章),SystemVerilog 篇(第 6 章和第 7 章),两篇都包括了基础语法及对应的实例分析,并且上述内容根据实际工程项目的经验,做了内容的精简和重点、难点的分析和补充。

第 1 章介绍数字芯片设计的基础概念和常识,从而为学习后面的内容做铺垫。

第 2 章讲述数字逻辑电路基础,包括数制表示、门电路及分析、组合逻辑和时序逻辑电路。

第 3 章讲述 Verilog 硬件描述语言的基础语法并提供了实例代码以帮助读者理解。

第 4 章将第 2 章和第 3 章的内容串联在一起,讲述如何分析并使用 Verilog 硬件描述语言实现组合逻辑电路,并讲述如何基于 Verilog 硬件描述语言搭建测试平台,从而对组合逻辑电路设计做简单的功能验证。

第 5 章将第 2 章和第 3 章的内容串联在一起,讲述如何分析并使用 Verilog 硬件描述语言实现时序逻辑电路,然后讲述如何基于 Verilog 硬件描述语言搭建测试平台,从而对时序逻辑电路设计做简单的功能验证。

第 6 章讲述 SystemVerilog 这种兼顾硬件设计和验证的编程语言的基础语法并提供实例代码以帮助读者理解。

第 7 章以一个对初学者难度适中的运算器设计为例,讲述整个设计和验证的过程,从而将之前章节的内容都串联起来,对读者的学习效果进行巩固提升。

本书特色

(1) 不同于以往数字电路和 Verilog 的相关书籍,本书在提供基础语法的同时还提供了可以练习的案例和源代码,并且通过实例讲解,将设计和验证的概念串联在一起,使读者学习起来更加有针对性,更有效率。

（2）本书侧重描述实际工程中的语法使用，而不只是简单地介绍基础的语法而脱离实际，因为事实上，有不少语法在实际工程中并不推荐去使用，因此在实际工程项目中几乎不会用到的内容本书将不进行讲解。

（3）市面上相对缺乏对于 SystemVerilog 这种兼顾硬件设计和验证编程语言的图书，本书旨在引导广大读者更轻松、更容易且更贴近实际工程项目地学习相关语法知识，并教给读者如何去应用。

读者对象

（1）相关专业的在校大学生。

（2）相关领域的技术工程人员。

学习建议

（1）本书内容由易到难，建议读者按照章节顺序进行学习，也可根据自身掌握情况适当跳过部分基础章节的内容进行学习。

（2）本书语法基础及实例章节都提供了代码以供下载，建议读者下载后导入推荐的仿真环境中进行仿真运行，从而加深理解，提升学习效果。

（3）本书作为数字电路设计和验证的入门书籍，较为详尽地讲述了常用于硬件设计的 Verilog 硬件描述语言，兼顾硬件设计和验证的 SystemVerilog 编程语言，并且提供了较为丰富的实例供读者练手，但依然难以穷尽所有细节。读者在阅读本书后，应根据在实际工作中的项目，参考相关语法标准，进一步学习 Verilog、SystemVerilog 及涉及的 UVM 验证方法学和脚本等内容。

资源下载提示

素材（源码）等资源：扫描目录上方的二维码下载。

视频等资源：扫描封底的文泉云盘防盗码，再扫描书中相应章节的二维码，可以在线学习。

本书所有的代码都在 Synopsys VCS 上经过了仿真验证（仿真运行的脚本在各个章节代码目录下，名称为 run.do），并且提供了标注所在路径位置的代码供读者下载，未标注所在路径位置的代码都为说明性代码，相对比较简单，因此不提供下载。

仿真环境

建议使用 Synopsys VCS I-2014.03 以上版本运行本书提供的实例代码。

致谢

写书时可爱的女儿才九个月，需要照顾和陪伴，而工作和写作占用了我大部分的时间，感谢家人，尤其是妻子的理解和支持。

本书一定还存在一些不足之处，恳请读者给予批评指正。

作 者

2023 年 6 月

目 录
CONTENTS

配套资源

本书源码

数字电路及 Verilog 篇

SystemVerilog 篇

数字电路及Verilog篇

第 1 章

引　言

▶ 15min

1.1　基础概念

本章旨在帮助读者快速地建立一些基础概念。

1.1.1　模拟信号和数字信号

1. 模拟信号

现实的世界里接收的信息,包括图像、声音和触摸的手感、温度等,这些信息基本是随着时间连续变化的信号,即模拟信号。这里的信息指的是其信号的幅度、频率或相位随时间作连续变化。

2. 数字信号

对模拟信号按照一定的时间间隔进行采样,如果采样的点足够密集(采样频率足够),则可以几乎完整地还原被采样的模拟信号,如图 1-1 所示。

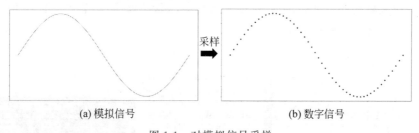

(a) 模拟信号　　　　　　　　　　　　(b) 数字信号

图 1-1　对模拟信号采样

注意:感兴趣的读者可以去了解一下奈奎斯特采样定理。

3. 模拟和数字信号的转换

因为复杂的运算很难仅通过模拟信号进行直接的运算和实现,因此需要借助计算机实现。为了能让计算机(硬件)实现对复杂运算的处理,需要将这些模拟信号先转换成离散的数字信号,然后对这些数字信号进行量化编码,从而方便在计算机中以很多形如"010101"的数字进行运算分析和处理。

例如，可以对之前采样后得到的数字信号的幅值进行编码，采用 4 比特位宽从"0000"编码到"1111"，如图 1-2 所示。

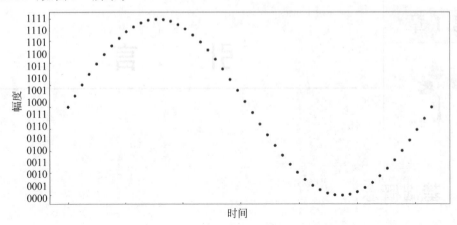

图 1-2　对采样后的信号进行编码

在此之后，计算机就可以对编码后的离散数字信号进行运算处理了。等到计算机对数字信号运算处理完成之后，再通过数模转换器转换成需要的模拟信号对外围设备进行驱动输出。

这里的数字"010101"实际上就是一个个晶体管内部的高低电平信号，例如 1V 电压信号是一个高电平，即代表数字"1"，0V 电压信号是一个低电平，即代表数字"0"。这些形如"010101"的数字信号可以表示各种类型的信息。例如，它们可以用来表示存储在游戏光盘里的游戏内容。将光盘插入游戏主机之后，光盘驱动器（模数转换器的一种）会将存储在光盘里的信息转换成形如"010101"的游戏内容，然后与此同时手柄的按键操作又会被手柄传感器（模数转换器的一种）转换成形如"010101"的游戏控制信号，这些"010101"的离散数字信号经过游戏主机的处理之后，最终通过显示及扬声驱动器（数模转换器的一种）将这些处理后的数字信号转换成模拟电压信号来驱动显示器和扬声器，从而给玩家带来游戏画面和声音，如图 1-3 所示。

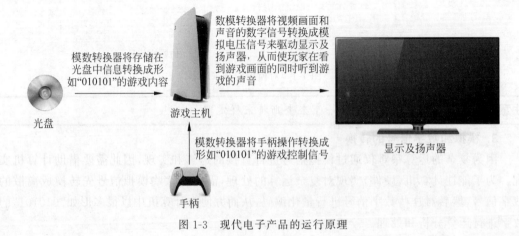

图 1-3　现代电子产品的运行原理

除此之外,生活中这种例子随处可见,例如电视机、手机、计算机,绝大多数的电子产品少不了数字逻辑电路对离散的形如"010101"的数字信号的运算处理。

1.1.2 计算机和芯片的组成关系

芯片由多个晶体管组成,一个复杂的芯片系统上可以由数十亿甚至更多的晶体管组成。印制电路板(PCB)则由多个芯片组成,计算机则由多个印制电路板组成,并且通常至少需要包括中央处理单元芯片完成运算控制,存储单元芯片提供数字信息的存储,接口外设芯片实现输入和输出设备的互联控制,除此之外还需要配套的软件操作系统,以上芯片和配套的软件系统都需要从不同的供应商处进行获取。

要设计出一个现代电子产品,可以从供应商处获取现有可用的芯片实现,可以避免从头设计和制造,从而缩短了产品的上市周期,有利于抢占市场。但是有些时候从芯片的源头开始设计也是必要的,例如当现有芯片无法满足定制功能需求时,或者当芯片供应受管控限制时,又或者从长远来看当掌握核心元器件的设计制造有助于降低成本并提升企业竞争力时。

由于芯片的晶体管规模过于庞大,因此通常会借助现代电子设计自动化(Electronic Design Automation,EDA)工具进行辅助设计,例如三大 EDA 巨头 Synopsys、Cadence 和 Mentor Graphic(被西门子以 45 亿美元收购)的相关软件产品服务。

1.1.3 芯片设计的流程

超大规模集成电路(VLSI)芯片的设计流程,大致包括功能设计、逻辑综合、功能验证、物理设计(包括布局、布线、版图、设计规则检查等)等阶段。

(1) 功能设计:例如使用常见的硬件描述语言(Hardware Description Language, HDL)进行芯片的功能设计。

(2) 逻辑综合:将上一步设计完成的代码通过厂商提供的标准逻辑单元库映射成逻辑网表文件,即将代码映射成具体的逻辑电路的过程。

(3) 功能验证:需要在流片前的整个过程中验证逻辑电路功能的正确性,即验证是否符合设计期望。

(4) 物理设计:首先要完成布局,即将这些标准逻辑单元摆放到芯片的合适位置上,然后进行连线,连好线之后,就可以获得电路的延迟信息,然后根据此信息做检查,主要做静态时序分析,确保在目标时钟频率下的电路没有时序违例问题。

(5) 生产流片:以上阶段全部完成之后,最终将设计文件提交给厂商做掩膜制造。

注意:这里对设计流程进行了简化,实际设计过程中的细节要比此处的描述复杂得多,但心中有个概念就行了,对于本书中所讲的验证,主要指的是前端功能验证。

1.1.4 芯片设计的方向

1. 模拟和射频电路设计

该方向需要跟晶体管的具体参数打交道,必读的是一本由拉扎维编写的《模拟 CMOS

集成电路设计》,很多人学模电摸不着头脑,学这个往往也是,更讲究理论和经验,有时过于依赖 EDA 工具,入门难度较大。

2．数字电路设计

数字电路设计里基本由开关信号(高电平及低电平)组成,即不是 0 就是 1,很清楚很明确,同时厂商会提供用于逻辑综合的标准单元库,因此基本不需要关注晶体管的具体参数。数字电路设计更多关注算法、逻辑和协议的硬件功能的实现,入门相对简单一些,从就业上来看,数字电路相关的岗位也更多。

1.1.5 学习数字电路、Verilog 和 SystemVerilog 的必要性

1．数字电路

数字电路指的是数字逻辑电路基础,之前提到过,生活中绝大多数的电子产品离不开数字逻辑电路对离散数字的运算处理,因此读者首先需要学习数字电路逻辑基础,从而掌握硬件设计的基本概念和原理。

2．Verilog

Verilog 是一种业界广泛使用的硬件描述语言,通常用来描述数字芯片电路的逻辑行为。

Verilog 已经成为 IEEE-1364 标准,除了本书中所介绍的内容以外,更多的语法使用细节可以参考该标准文档。

往往用来综合的 HDL 代码会采用 RTL 级风格进行描述,即 Register Transfer Level,指的是用寄存器传输级的描述方式来描述电路的数据控制流行为,这是业界使用最为广泛的设计风格方式,因为这种风格方式更容易被理解和实现。

因此,数字电路和 Verilog 是学习数字电路设计的基础,也是做验证的基础,必须掌握。

注意:其实还有一种硬件描述语言,即 VHDL,全称叫作 Very-High-Speed Integrated Circuit Hardware Description Language,最初是由美国国防部开发供美军用来提高设计的可靠性和缩减开发周期的一种使用范围较小的设计语言,同样也已经成为 IEEE-1076 标准,但业界使用更为广泛的 HDL 还是 Verilog,因此本书主要介绍 Verilog。

3．SystemVerilog

Verilog 是一门主要针对芯片设计的语言,而 SystemVerilog 则是兼容 Verilog 的扩展语言,它扩展出很多很强大的特性,例如面向对象语言的特性,支持随机约束、断言、功能覆盖率,支持 DPI 接口等,这些特性使 SystemVerilog 成为一门兼顾设计和验证的语言(Hardware Description and Verification Language,HDVL)。

SystemVerilog 已经成为 IEEE-1800 标准,除了本书中所介绍的内容以外,更多的语法使用细节同样可以参考该标准文档。

通常做芯片验证会采用 SystemVerilog 语言来搭建验证测试平台,因此也必须掌握。

1.2 设计与验证的常识

通过之前的内容,读者已经具备了基础的概念,本节将在此基础上介绍数字芯片设计与验证的常识,从而为后面内容的学习做铺垫。

1.2.1 设计与验证的关系

通常一个芯片项目的开启会有一份产品需求文档,该文档由市场营销团队和高层管理人员在对于市场需求充分调研的基础上进行撰写,内容涵盖了当前市场的相关需求和客户的价值主张,主要用于描述产品需要实现的功能及具体的指标性能参数。

然后由设计团队根据这些产品功能的指标性能参数撰写设计方案,内容包括描述整个芯片的架构、设计策略、设计模块的划分、功能描述、特性及要用到的存储类型等,然后同样由设计团队负责设计实现(通常会被验证人员称为 DUT,即 Design Under Test),对于数字芯片来讲通常使用 Verilog/SystemVerilog 来编写实现。

与此同时,由验证团队根据同样的产品需求文档来撰写验证方案,内容包括描述验证架构、验证场景、验证特性列表、测试激励、覆盖率收集等,然后同样由验证团队负责搭建验证平台来对设计的 RTL(通常采用 RTL 级风格进行描述)进行验证,通常采用 SystemVerilog/C/C++/SystemC 语言进行验证。两个团队并行工作,提高效率,从而保证项目的进度,如图 1-4 所示。

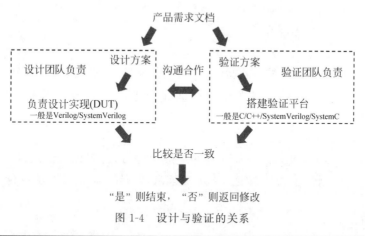

图 1-4 设计与验证的关系

注意:通常工业界会基于 UVM 进行验证,UVM 的全称是 Universal Verification Methodology,即通用验证方法学。它是由众多半导体巨头公司(如 Cadence、Mentor Graphics 和 Synopsys 等)组成的一个叫作 Accellera 的非营利性组织(致力于创建、支持、促进和推进系统级设计,建模和验证标准,供全球电子行业使用)联合开发出来的一个基于 SystemVerilog 的库文件。

打开 Accellera 官网可以看到从最初 2011 年发布的 UVM 1.0 逐渐发展直到成为

IEEE 1800.2 标准,然而业界使用最多的还是 UVM 1.2,至于 UVM 1.2 之后公开的符合 IEEE 1800.2 标准的版本,都是以 UVM 1.2 为基础进行的修改。

最后由验证团队编写测试激励并施加给 DUT 和对应的参考模型,然后对 DUT 输出的结果进行分析和比较,从而判断是否与最初的产品需求文档中描述的指标性能参数一致,如果一致,则验证通过,可以进入下一步的综合后端等阶段直至流片量产;如果不一致,则需要设计和验证团队返回修改并重复上面的分析比较过程。

由于两个团队对产品需求文档的理解可能存在偏差,因此由设计人员编写实现的 RTL 设计和由验证人员编写实现的参考模型的功能特性上可能存在差异,那么仿真的结果就会不一致,但这种理解上的偏差正是项目所需要的,换句话说对最终流片的成功是有益的,因为在整个项目过程中,两个团队需要不断重复地讨论、沟通、设计和验证,从而互相验证彼此实现的正确性,以进一步明确产品需求文档中对产品规格特性的描述,并确信设计出来的功能特性指标符合预期。

1.2.2 验证方案要素

验证方案也称为测试计划,需要验证工程师仔细审阅产品需求文档及设计规范,然后进行撰写。测试计划需要准确定义需要测试的内容并确定覆盖收集的标准,可以采用表格或文档的形式,通常一个拥有成熟芯片设计和验证流程的公司都会有测试计划的标准模板,只需根据模板的条目对内容进行丰富,通过该模板应该可以做到方便地查询和追踪验证的内容和进度。

通常来讲测试计划会包含以下内容。

1. 测试方法

对采用的验证形式(静态的形式验证、动态的仿真验证、断言验证、软硬件协同验证、加速器验证等)、用到的工具、遵循的规范和编程语言环境进行描述,如果采用了可重用的验证 IP,则还需要对该 IP 进行简单描述。

2. 测试平台

对测试平台(Testbench),即验证环境的组成架构、运行流程机制及可重用性的简单描述,说明如何通过该测试平台来验证 DUT 是否按照产品需求文档及设计规范进行正常工作。

3. 特征列表

根据产品需求文档、设计方案及和设计人员的沟通讨论,结合验证人员的理解,从功能特性、性能表现、应用场景、接口协议、异常中断、错误注入等方面对 DUT 的功能特征(Feature)进行提取、罗列和整理。对于每条功能特征点来讲,一般需要包括特征编号、名称、描述、测试方法、期望结果等内容,最终可以得到该 DUT 的功能特征列表。

4. 测试激励

对测试激励的构造产生、组合和配置进行描述。

5．测试用例

根据特征列表构造对应的测试用例，包括定向测试和随机测试，其中定向测试即根据功能特征列表逐条进行测试，每条都对应特定的测试用例，使用该测试用例来构造针对该条特性的测试场景。随机测试，则是构造随机约束激励，然后通过不同的随机种子来多次仿真验证，这一过程可能会找出之前定向测试难以发现的设计缺陷（Bug）。

作为验证工程师，除了正常的功能测试以外，还要考虑在边界极端情况下的测试。验证工程师应该充分发挥聪明才智来"轰炸"手中的 DUT，以便尽可能地在流片前发现设计缺陷，并且缺陷越早被发现，修正就越容易，成本也就越低。

注意：验证应该是永无止境的，没到流片的那一天，验证工程师就不应该停止构造验证场景来尽可能全面地测试 DUT，从而尽可能提高团队对流片成功的信心。

6．检查方法

对每条测试用例或者功能特征相对应的检查内容和方法进行描述，包括对检查器的功能进行描述。

7．进度规划

衡量验证进度的尺度主要是覆盖率收集指标是否都达到了 100%，以及测试用例的完成情况，因此，需要制定清晰可操作的覆盖率指标收集和测试用例的完成进度表，以方便追踪验证工作的进展。除此之外，在着手验证之前，应该制定大致的进度规划，从而符合整体项目进度目标。

以上测试计划需要通过团队成员的审核，包括涉及该 DUT 的架构、设计、验证及软件工程师，这一过程通常由负责撰写该计划的验证工程师召集团队成员进行一轮甚至多轮会议进行审查，并邀请团队中具有丰富经验的工程师进行把关。

1.2.3　测试平台组成

一个较为完整的测试平台，至少需要包括以下几部分：

（1）产生输入激励的部分，通常由激励产生器（Generator）实现。在 UVM 中由事务级数据（Transaction）、激励序列（Sequence）和序列器（Sequencer）共同实现，其中序列器负责对激励序列进行仲裁传送，而事务级数据则是测试平台组件成员之间的最小通信信息负载单元。

（2）将输入激励施加给 DUT 输入端的部分，通常由驱动器（Driver）实现。

（3）将 DUT 连接到测试平台的部分，通常由接口（Interface）实现。

（4）监测 DUT 端口信号的部分，通常由监测器（Monitor）实现。

（5）产生期望结果的部分，通常由参考模型（Reference Model）实现。

（6）检查比较 DUT 功能正确性的部分，通常由记分板（Scoreboard）实现。

（7）覆盖率收集的部分，通常由覆盖率收集器（Coverage Collector）实现。

测试平台的组成架构如图 1-5 所示。

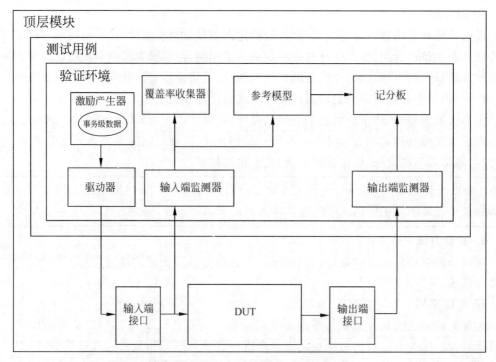

图 1-5　测试平台的组成架构

整个测试平台的运行过程大致如下：

首先在顶层模块（Top Module）中例化 DUT 和接口，并将 DUT 连接集成到测试平台，然后由激励产生器产生激励，并由驱动器驱动到接口上，从而完成将激励施加给 DUT 的输入端，与此同时输入端监测器将监测到的 DUT 输入端接口信号封装成事务级数据并传送给测试平台中的覆盖率收集器和参考模型，其中覆盖率收集器根据接收的输入端口的事务级数据来收集覆盖率，而参考模型则根据接收的输入端口的事务级数据来计算期望的输出结果，并将期望的输出结果传送给记分板。同样，输出端监测器将监测到的 DUT 输出端接口信号封装成事务级数据并传送给记分板，此时记分板获得了 DUT 实际输出的结果，最后和参考模型给过来的期望结果作比较，从而判断 DUT 行为功能的正确性。

1.2.4　覆盖率的分类

覆盖率通常用于衡量 DUT 被测试的进度，至少包括代码覆盖率和功能覆盖率，下面的（1）～（5）属于代码覆盖率，（6）属于功能覆盖率。

（1）行覆盖率（Line Coverage）：用于收集确认每行 RTL 代码是否都被执行过。

（2）翻转覆盖率（Toggle Coverage）：用于收集确认每个变量中的每个比特的值是否都经历过"0"到"1"和"1"到"0"的翻转。

（3）有限状态机覆盖率（FSM Coverage）：用于收集确认状态机是否到达过每种状态。

（4）条件覆盖率（Condition Coverage）：用于收集确认判断条件语句中的每个条件是否

都到达过。

（5）分支覆盖率（Branch Coverage）：用于收集确认每个分支语句都被执行过，主要针对 if、case 及三元运算符？：产生的分支语句。

（6）功能覆盖率（Function Coverage）：用于收集确认验证工程师针对特定的功能特征编写的覆盖组（Covergroup）及断言覆盖（Assert Property 和 Cover Property）。

只有当以上覆盖率都达到 100％时，才会认为对目标 DUT 的验证初步完成了，在此之后还需要参照最终的检查清单进行逐项测试条目类型的检查，确保没有测试遗漏的地方。

注意：即使以上覆盖率都达到了 100％，也仅仅意味着测试计划的完成，并不代表验证就结束了，只要还有时间，验证工程师就不应该停止构造验证场景来尽可能全面地测试 DUT，从而尽可能提高团队对流片成功的信心。

1.3 本章小结

本章讲述了芯片设计的基础概念，设计与验证的常识，主要为读者快速地建立基础概念和背景知识，从而为后面内容的学习做铺垫。

第 2 章

数字逻辑电路基础

2.1 数制及其表示

2.1.1 数制

一般来讲,数字逻辑电路中的所有信息都可以表示为"0"或"1"的数字组合,而数字逻辑电路就是对这些"0"或"1"的组合进行逻辑运算。

既然是进行逻辑运算,就必须有数字,那么前面说的计算机中的"0"或"1"的数字如何表示呢? 通常现实生活中说的数字都是基于十进制的,但是在计算机中通常采用二进制,但也可以被表示成十进制和十六进制。

注意:也可以被表示成八进制,只是很少用到,因此暂且只需了解二进制、十进制和十六进制。

例如,十进制下的数字10,可以被表示成如下形式。

(1) 十进制:$10=1\times10^1+0\times10^0$。

(2) 二进制:$1010=1\times2^3+0\times2^2+1\times2^1+0\times2^0$。

(3) 十六进制:a。

数值的进制表示的对比,见表 2-1。

表 2-1 数值的进制表示

十 进 制	二 进 制	十 六 进 制
0	0000	0
1	0001	1
2	0010	2
3	0011	3
4	0100	4
5	0101	5
6	0110	6
7	0111	7

十 进 制	二 进 制	十 六 进 制
8	1000	8
9	1001	9
10	1010	a
11	1011	b
12	1100	c
13	1101	d
14	1110	e
15	1111	f

2.1.2　有符号数

1. 原码表示

之前读者看到的都是无符号数,那么数字逻辑电路中如何来表示有符号数呢?

在无符号数中,所有的比特位表示的都是数值,包括最高位,而有符号数的最高位表示的是符号位,如果最高位为 0,则表示正数;如果最高位为 1,则表示负数,其余比特位表示的是数值,如图 2-1 所示。

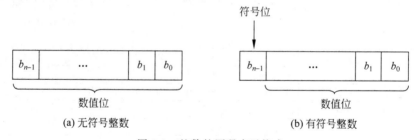

图 2-1　整数的原码表示格式

例如,对位宽为 4 的整数,如果采用原码表示为无符号整数,则表示的数值范围为十进制的 0~15;如果采用原码表示为有符号整数,则表示的数值范围为十进制的 -7~+7,见表 2-2。

表 2-2　采用原码表示位宽为 4 的整数

$b_3 b_2 b_1 b_0$(原码)	无 符 号 数	有 符 号 数
0000	0	+0
0001	1	+1
0010	2	+2
0011	3	+3
0100	4	+4
0101	5	+5
0110	6	+6

$b_3b_2b_1b_0$（原码）	无 符 号 数	有 符 号 数
0111	7	$+7$
1000	8	-0
1001	9	-1
1010	10	-2
1011	11	-3
1100	12	-4
1101	13	-5
1110	14	-6
1111	15	-7

2. 2 的补码表示

虽然可以采用原码对有符号数进行表示，但是数字逻辑电路中为了方便对有符号数进行运算，通常会使用 2 的补码来表示。采用 2 的补码来表示位宽为 4 的有符号整数可以表示的数值范围为 $-8 \sim +7$，见表 2-3。

表 2-3　采用 2 的补码表示位宽为 4 的有符号整数

$b_3b_2b_1b_0$（原码）	有 符 号 数	$b_3b_2b_1b_0$（2 的补码）
0000	$+0$	0000
0001	$+1$	0001
0010	$+2$	0010
0011	$+3$	0011
0100	$+4$	0100
0101	$+5$	0101
0110	$+6$	0110
0111	$+7$	0111
1000	-0	0000
1001	-1	1111
1010	-2	1110
1011	-3	1101
1100	-4	1100
1101	-5	1011
1110	-6	1010
1111	-7	1001
11000	-8	1000

已知有符号整数的原码或 2 的补码表示，如何相互推算呢？下面分两种情况进行讨论。

情况 1，已知有符号整数的原码表示，要得到对应的 2 的补码表示，只要按照如下步骤推算即可：

通过原码的最高位，即符号位是否为 0 来判断是否是正数，如果符号位为 0，则是正数，2 的补码表示和原码的表示一致。反之，如果符号位为 1，则是负数，对原码的数值位按位取反后最低位加 1 即可得到对应的 2 的补码表示。

举个例子,位宽为 4 的有符号数 +3 的原码表示为 0011,其符号位为 0,因此其 2 的补码表示也为 0011。位宽为 4 的有符号数 −3 的原码表示为 1011,其符号位为 1,因此对原码的数值位,即后三位 011 按位取反,得到 100,并在最低位加 1,得到 101,然后和符号位 1 拼在一起,最后得到其 2 的补码表示为 1101。

情况 2,已知有符号整数的 2 的补码表示,要得到对应的原码表示,步骤和之前一样,只要按照如下步骤推算即可:

通过 2 的补码的最高位,即符号位是否为 0 来判断是否是正数,如果符号位为 0,则是正数,原码表示和 2 的补码的表示一致;反之,如果符号位为 1,则是负数,对 2 的补码的数值位按位取反后最低位加 1 即可得到对应的原码表示。

举个例子,位宽为 4 的有符号数 +3 的 2 的补码表示为 0011,其符号位为 0,因此其原码表示也为 0011。位宽为 4 的有符号数 −3 的 2 的补码表示为 1101,其符号位为 1,因此对 2 的补码的数值位,即后三位 101 按位取反,得到 010,并在最低位加 1,得到 011,然后和符号位 1 拼在一起,最后得到其 2 的补码表示为 1011。

注意:关于有符号整数的原码和 2 的补码表示之间的相互推算,读者可以参照表 2-3 自行进行练习。

3．加减法运算

之前给读者提到过,数字逻辑电路中为了方便对有符号数进行运算,通常会使用 2 的补码来表示,那么下面就来向读者介绍如何利用 2 的补码进行有符号数的基本加减法运算。

1)加法运算

将有符号整数转换成 2 的补码表示,然后按照对应比特位置相加即可,对于超过位宽为 4 的符号位进位可直接忽略,如图 2-2 所示。

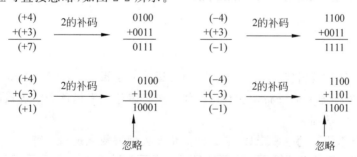

图 2-2　有符号整数的加法运算

可以看出来,使用 2 的补码表示进行有符号数的加法运算相当简单直观,可以用一个加法器电路实现。

2)减法运算

减去一个数,等于加上这个数的相反数。利用这个原理,先将减数取反,然后转换成 2 的补码表示,接着按照对应比特位置相加即可,同样对于超过位宽为 4 的符号位进位可直接忽略,如图 2-3 所示。

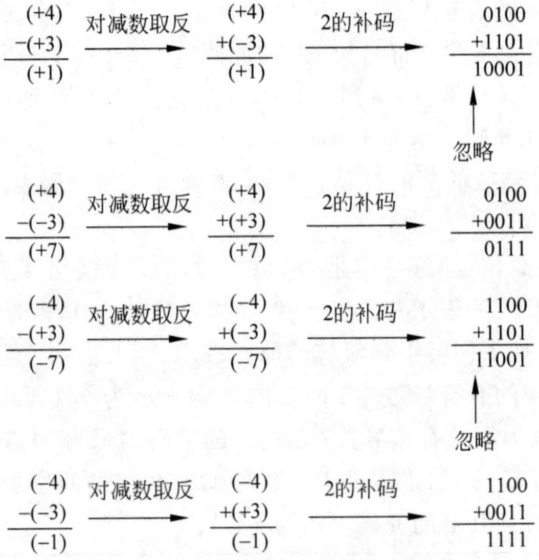

图 2-3　有符号整数的减法运算

可以看出来,减法运算实际上是一种加法逆运算,只是要先将减数取反,然后做加法运算,因此减法运算和加法运算都可以使用相同的加法器电路实现。

注意:

(1) 这里的加减法运算都是以位宽为 4 的有符号整数为例,因此符号位进位超过位宽为 4 的比特位可以被忽略。

(2) 可以参照表 2-3 来核对上述运算的过程和结果。

2.2　布尔代数

布尔代数也称为逻辑代数,是用于描述集合运算和逻辑运算的表达公式,其是由乔治·布尔于 1849 年发明的。通过布尔代数可以使用逻辑表达式来描述数字逻辑电路,是掌握数字逻辑电路设计的基础。

下面介绍布尔代数的一些定理,从数学的角度去理解数字逻辑运算。

注意: 在介绍布尔代数定理之前,先对出现的变量和符号进行说明。

(1) 出现的“0”代表“逻辑 0”,也可以理解为数字逻辑电路中的低电平,“1”代表“逻辑 1”,也可以理解为数字逻辑电路中的高电平。

(2) 出现的 x、y 和 z 代表布尔变量,也可以理解为逻辑值变量或逻辑表达式。

(3) 使用运算符号“+”表示“或运算”,使用运算符号“·”表示“与运算”,使用运算符号“—”在布尔变量的顶部表示“非运算”。

（4）默认的运算优先级顺序依次为"非运算""与运算""或运算"，也可以用括号改变默认的运算顺序，推荐采用括号标注运算顺序，使逻辑表达式更加清晰。

掌握这些定理之后，有助于化简逻辑运算的表达公式。

1. $x \cdot 0 = 0$

逻辑 0 与任意逻辑值变量相与，结果一定是逻辑 0。

2. $x + 1 = 1$

逻辑 1 与任意逻辑值变量相或，结果一定是逻辑 1。

3. $x \cdot 1 = x$

逻辑 1 与任意逻辑值变量相与，结果一定是逻辑值变量本身。

4. $x + 0 = x$

逻辑 0 与任意逻辑值变量相或，结果一定是逻辑值变量本身。

5. $x \cdot x = x$

逻辑值变量与自己相与，结果一定是逻辑值变量本身。

6. $x + x = x$

逻辑值变量与其自己相或，结果一定是逻辑值变量本身。

7. $x \cdot \bar{x} = 0$

逻辑值变量与其本身的非运算之后的逻辑变量相与，结果一定是逻辑 0。相当于逻辑 1 与逻辑 0 做与运算。

8. $x + \bar{x} = 1$

逻辑值变量与其本身的非运算之后的逻辑变量相或，结果一定是逻辑 1。相当于逻辑 1 与逻辑 0 做或运算。

9. $\bar{\bar{x}} = x$

对逻辑值变量本身连续做两次非运算，即两次取反运算，最后的结果一定是其逻辑值变量本身。

10. $x \cdot y = y \cdot x$ 和 $x + y = y + x$

交换位置后，逻辑表达式等价，对于或运算同样适用。

11. $x \cdot y + x \cdot z = x \cdot (y + z)$

类似于提取公因式，可以先将 y 和 z 相或，然后与 x 相与，从而简化表达式。

12. $x + x \cdot y = x$

布尔变量 x 或上其与其他变量的与运算，结果一定是 x 本身。

2.3　基本逻辑电路

逻辑门电路，顾名思义，是用来完成逻辑运算的电路，这种电路中的逻辑运算是由晶体管实现的。数字逻辑电路中最基础的 3 种逻辑运算分别为"与运算""或运算"和"非运算"，对应的基本逻辑门电路为"与门""或门"和"非门"电路。这 3 种基本逻辑运算可以用来实现任意复杂的逻辑运算,同样这 3 种门电路也可以实现任意复杂的逻辑运算电路。

2.3.1 与门电路

与门电路是实现与运算的基础逻辑电路。

1. 图形符号

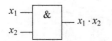

图 2-4 与门电路的图形符号

与门电路的图形符号如图 2-4 所示。

注意:本书中的图形符号仅是电路的简写符号,本书不介绍其内部具体的晶体管实现,也并不影响对后续内容的学习。

2. 真值表

当布尔变量 x_1 和 x_2 任意一个为逻辑 0 时,与运算的结果都为 0,只有当两个布尔变量都为逻辑 1 时,与运算的结果才为 1,见表 2-4。

表 2-4 与门电路真值表

x_1	x_2	$x_1 \cdot x_2$
0	0	0
0	1	0
1	0	0
1	1	1

3. 卡诺图及逻辑表达式

卡诺图是真值表的另一种表现形式,卡诺图中的单元与真值表是一一对应的。只是有时候真值表不够直观,需要通过卡诺图并结合之前讲过的布尔代数的定理来对数字逻辑进行化简从而得到对数字逻辑电路描述的最简逻辑表达式。

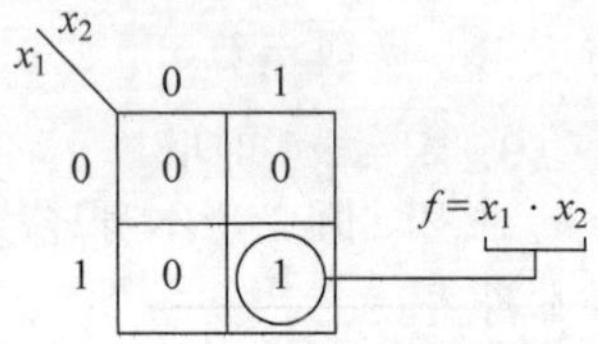

使用卡诺图化简时,会把结果为逻辑 1 且相邻的单元框在一起,然后据此编写对应的逻辑表达式。由于与门电路只当布尔变量 x_1 和 x_2 都为逻辑 1 时,与运算的结果才为 1,因此这里只框进去一个单元,如图 2-5 所示。

图 2-5 与门电路卡诺图及逻辑表达式

多个单元的卡诺图化简将从 2.3.2 节开始向读者介绍。

2.3.2 或门电路

或门电路是实现或运算的基础逻辑电路。

1. 图形符号

或门电路的图形符号如图 2-6 所示。

图 2-6 或门电路的图形符号

2. 真值表

当布尔变量 x_1 和 x_2 任意一个为逻辑 1 时,或运算的结果都为 1,只有当两个布尔变量都为逻辑 0 时,或运算的结果才为

0,见表 2-5。

表 2-5 或门电路真值表

x_1	x_2	$x_1 + x_2$
0	0	0
0	1	1
1	0	1
1	1	1

3. 卡诺图及逻辑表达式

之前给读者讲过,在使用卡诺图化简时,会把结果为逻辑 1 且相邻的单元圈在一起,然后据此编写对应的逻辑表达式。竖着的框,代表只要布尔变量 x_2 的逻辑值为 1,或运算的结果就为 1;横着的框,代表只要布尔变量 x_1 的逻辑值为 1,或运算的结果就为 1,而两者的集合为或运算,因此最终得到对应的逻辑表达式如图 2-7 所示。

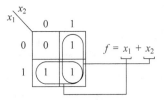

图 2-7 或门电路卡诺图及逻辑表达式

2.3.3 非门电路

非门电路是实现非运算的基础逻辑电路,又称为反相器。

1. 图形符号

非门电路的图形符号如图 2-8 所示。

2. 真值表

当布尔变量 x 为逻辑 1 时,非运算的结果为 0;当布尔变量 x 为逻辑 0 时,非运算的结果为 1,非运算即取反操作,见表 2-6。

表 2-6 非门电路真值表

x	$\bar{x}$
0	1
1	0

3. 卡诺图及逻辑表达式

非门电路卡诺图及逻辑表达式如图 2-9 所示。

图 2-8 非门电路的图形符号

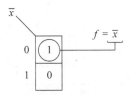

图 2-9 非门电路卡诺图及逻辑表达式

2.3.4 锁存器

锁存器,顾名思义,可以用于存储数据,以便在需要该数据时进行读取和使用,因此锁存器可以理解为数字逻辑电路中的存储元件。

1. 基本 SR 锁存器

1)电路图

这里的基本 SR 锁存器由两个与非门电路组成,并通过交叉连线组合而成,其有两个输入端,分别是 S 和 R,两个输出端,分别是 Q 和 $\bar{Q}$,如图 2-10 所示。

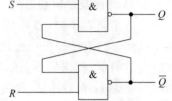

图 2-10 基本 SR 锁存器图形符号

注意:

(1)与非门电路,即与门和非门电路的串联,先做与运算,再做取反运算。

(2)与非门电路的图形符号的输出端比与门电路的输出端多了一个空心小圆圈,表示非门的取反运算。

2)真值表

(1)当输入端 $S=0,R=0$ 时,经过与门电路后的结果一定是逻辑 0,再经过非门电路,则最终的结果为逻辑 1,因此最终输出端 Q 和 $\bar{Q}$ 的结果都为逻辑 1。

(2)当输入端 $S=0,R=1$ 时,对于有输入端 S 的与非门电路,经过与门电路后的结果一定是逻辑 0,再经过非门电路,最终的结果为逻辑 1,因此最终输出端 Q 的结果为逻辑 1。对于有输入端 R 的与非门电路,两个逻辑 1 相与的结果一定是逻辑 1,然后取反,因此最终输出端 $\bar{Q}$ 的结果为逻辑 0。

(3)当输入端 $S=1,R=0$ 时,与输入端 $S=0,R=1$ 的过程原理类似,只是最终输出端的结果反过来,即最终输出端 Q 的结果为逻辑 0,$\bar{Q}$ 的结果为逻辑 1。

(4)当输入端 $S=1,R=1$ 时,比较有意思,此时两个与非门电路相当于成为互相锁定输出端值的一种电路,最终的结果是维持输出端 Q 和 $\bar{Q}$ 现有的值(上一种状态的值 Q^n)不变,并且同样两者的逻辑值保持相反,这也是其可以作为存储元件的原因,具体见表 2-7。

表 2-7 基本 SR 锁存器真值表

S	R	Q^{n+1}	$\overline{Q^{n+1}}$
0	0	1	1
0	1	1	0
1	0	0	1
1	1	Q^n	$\overline{Q^n}$

3)卡诺图及逻辑表达式

最终输出的结果 Q^{n+1} 与上一个输出状态 Q^n 及输入端 S 和 R 有关系,参照表 2-7 可以得到如图 2-11 所示的卡诺图及逻辑表达式。

类似地,可以得到另一个输出端 $\overline{Q^{n+1}}$ 的卡诺图及逻辑表达式,如图 2-12 所示。

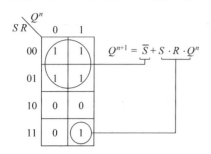

$$Q^{n+1} = \overline{S} + S \cdot R \cdot Q^n$$

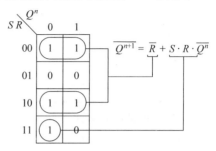

$$\overline{Q^{n+1}} = \overline{R} + S \cdot R \cdot \overline{Q^n}$$

图 2-11　基本 SR 锁存器卡诺图及逻辑表达式 Q^{n+1}　　图 2-12　基本 SR 锁存器卡诺图及逻辑表达式 $\overline{Q^{n+1}}$

2. 门控 D 锁存器

1）电路图

在之前的基本 SR 锁存器的基础上稍加改造,加入门控电路和反相器即可得到门控 D 锁存器,其有两个输入端,分别是数据端 D 和时钟输入端 clk,并且同样有两个输出端,分别是 Q 和 $\overline{Q}$,如图 2-13 所示。

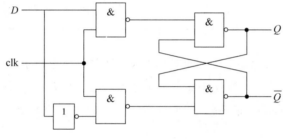

图 2-13　门控 D 锁存器电路图

注意:这里的门控电路由图 2-13 上左边的两个与非门电路实现,通过时钟输入端 clk 来控制,即 clk=1 时才容许数据端 D 通过,否则与非门电路的输出结果一定是逻辑 1。

2）真值表

(1) 当输入端 $D=x$,即不定态,可以是逻辑 0 也可以是逻辑 1,当 clk=0 时,经过门控电路之后,相当于之前基本 SR 锁存器的输入端 $S=1$,$R=1$ 的情形,此时维持输出端 Q 和 $\overline{Q}$ 现有的值(上一种状态的值 Q^n)不变。

(2) 当输入端 $D=0$,clk=1 时,相当于之前基本 SR 锁存器的输入端 $S=1$,$R=0$ 的情形,最终输出端 Q 的结果为逻辑 0,$\overline{Q}$ 的结果为逻辑 1。

(3) 当输入端 $D=1$,clk=1 时,相当于之前基本 SR 锁存器的输入端 $S=0$,$R=1$ 的情形,最终输出端 Q 的结果为逻辑 1,$\overline{Q}$ 的结果为逻辑 0。

通过以上分析可知,当输入时钟信号 clk 为 0 时(为低电平时),对输出进行锁存,即维持上一种状态的输出值不变,而当输入时钟信号 clk 为 1 时(为高电平时),输出端 Q 的结果

对输入端 D 的值进行跟随,即输出端 Q 与输入端 D 的值一致,具体见表 2-8。

表 2-8　门控 D 锁存器真值表

D	clk	Q^{n+1}	$\overline{Q^{n+1}}$
x	0	Q^n	$\overline{Q^n}$
0	1	0	1
1	1	1	0

3) 卡诺图及逻辑表达式

门控 D 锁存器卡诺图及逻辑表达式如图 2-14 所示。

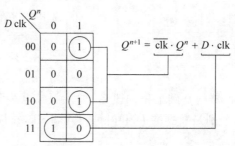

$$Q^{n+1} = \overline{\text{clk} \cdot Q^n} + D \cdot \text{clk}$$

图 2-14　门控 D 锁存器卡诺图及逻辑表达式

注意:

(1) 由于加入了门控电路和非门电路对基本 SR 锁存器进行了改造,排除了基本 SR 锁存器中输入端 $S=0$,$R=0$ 导致的输出端都为逻辑 1 的非锁存状态,因此门控 D 锁存器的两个输出端一定是逻辑相反的锁存状态,故这里不再列出另一个输出端 $\overline{Q^{n+1}}$ 的卡诺图及逻辑表达式。

(2) 本节内容以使用与非门实现的基本 SR 锁存器及门控 D 锁存器为例,重点说明锁存器的工作原理,对于数字电路设计来讲,掌握该原理就已经足够了,此外还有使用或非门实现的基本 SR 锁存器及门控 SR 锁存器,原理类似,感兴趣的读者可以自行研究。

---

3. 带置位和清零端的门控 D 锁存器

和门控 D 锁存器类似,只是增加了置位输入端 S 和清零输入端 R,如图 2-15 所示。

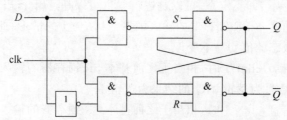

图 2-15　带置位和清零端的门控 D 锁存器电路图

（1）当置位输入端 $S=0,R=1$ 时，输出端 Q 的三输入与非门的输出结果一定是逻辑 1，即最终输出端 Q 的结果为逻辑 1，$\overline{Q}$ 的结果为逻辑 0。

（2）当置位输入端 $S=1,R=0$ 时，输出端 $\overline{Q}$ 的三输入与非门的输出结果一定是逻辑 1，即最终输出端 Q 的结果为逻辑 0，$\overline{Q}$ 的结果为逻辑 1。

（3）当置位输入端 $S=0,R=0$ 时，进入非锁存状态，即最终输出端 Q 和 $\overline{Q}$ 的结果都为逻辑 1。

（4）当置位输入端 $S=1,R=1$ 时，其与门控 D 锁存器（图 2-13）的行为功能一致。

2.3.5 触发器

之前介绍的锁存器可以作为存储元件来存储数据，属于电平敏感电路；而触发器也可以用于存储数据，但不同的是其属于边沿敏感电路，即在时钟跳变的边沿被触发，触发后根据输入端的变化而改变输出结果。

下面以主从 D 触发器为例向读者说明这种边沿触发的原理。

1. 图形符号

D 触发器的图形符号，如图 2-16 所示。

注意：

（1）图形符号中输入端 S 和 R 前面的小圆圈表示低电平有效，即输入端 S 为 0 时将触发器输出结果置为 1，输入端 R 为 0 时将触发器输出结果置为 0。

（2）图形符号中时钟输入端 C1 前面的"＞"表示由时钟边沿触发。

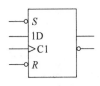

图 2-16 D 触发器的图形符号

2. 电路图

主从 D 触发器由两个门控 D 锁存器和反相器组成，前面的门控 D 锁存器叫作主锁存器，后面的门控 D 锁存器叫作从锁存器，如图 2-17 所示。

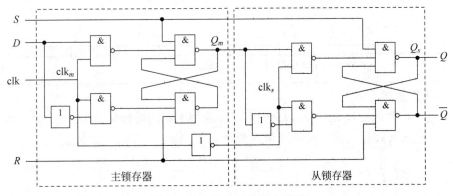

图 2-17 主从 D 触发器电路图

首先回顾一下门控 D 锁存器的特性,即当输入时钟信号 clk 为 0 时,对输出进行锁存,即维持上一种状态的输出值不变,而当输入时钟信号 clk 为 1 时,输出端 Q 的结果对输入端 D 的值进行跟随,即输出端 Q 与输入端 D 的值一致。

下面根据上述特性来对主从 D 触发器的特性进行分析:

(1)当输入端 clk=1 时,主锁存器的输出端 Q_m 的结果对输入端 D 的值进行跟随,而此时由于输入端 clk 经过反相器取反之后作为从锁存器的 clk 输入端 clk_s,此时从锁存器对上一种状态的输出值进行保持。

(2)当输入端变成 clk=0 时,反过来,此时主锁存器对上一种状态的输出值进行保持,这个保持的值即为之前输入端 clk=1 时输入端 D 的值,而从锁存器则对其输入端 D(主锁存器的输出端 Q_m)的值进行跟随。

通过上面的过程,最终实现了在时钟输入端 clk 的下降沿时刻(输入端 clk 由 0 跳变为 1)对输入端 D 的瞬时值的采样并输出给 Q_s,即最终的输出端 Q。

注意:

(1)在时钟 clk 为高电平时将输入端 D 的值锁存到主锁存器的输出端 Q_m 里,然后当时钟 clk 下降沿跳变时,将之前锁存下来的值 Q_m 输出到 Q_s。

(2)置位端 S 可以用于对触发器的值做初始化,清零端 R 则可以用于对触发器的值做复位清零。

3. 真值表

当时钟处于下降沿时,对输入端 D 进行采样输出,即输出端 Q^{n+1} 的值与输入端 D 的值一致,其他时候,输出端 Q^{n+1} 的值保持为上一种状态 Q^n 的值不变,这样就实现了存储数据的作用,见表 2-9。

表 2-9　主从 D 触发器真值表

D	clk	Q^{n+1}	$\overline{Q^{n+1}}$
0	↓	0	1
1	↓	1	0
x	其他	Q^n	$\overline{Q^n}$

注意: 这里的 ↓ 表示时钟的下降沿,x 表示任意逻辑值。

4. 逻辑表达式

由于这里的触发器较为直观,因此没有必要应用卡诺图进行化简。

逻辑表达式可以简写为时钟下降沿跳变时:

$$Q^{n+1} = D \tag{2-1}$$

其他时候:

$$Q^{n+1} = Q^n \tag{2-2}$$

注意：

（1）1个触发器可以存储1比特的数据信息，那么一组（假设n个）触发器则可以存储n比特的数据信息，这组触发器称为寄存器。

（2）本节内容以边沿触发的D触发器为例，重点说明触发器的工作原理，对于数字电路设计来讲，掌握该原理就已经足够了，此外还有T触发器、SR触发器、JK触发器，其原理与D触发器的原理类似，感兴趣的读者可以自行研究。

2.4 逻辑电路结构

▶ 8min

数字逻辑电路中分为两种逻辑电路结构，分别是组合逻辑电路和时序逻辑电路，其中时序逻辑电路由寄存器组和组合逻辑电路组成，如图2-18所示。

图2-18　时序逻辑电路结构

一般包含时钟信号同步的电路或者包含寄存器的电路是时序逻辑电路，而一般两组寄存器（图中以1和2标出）之间的电路就是组合逻辑电路，图上的运算过程大致是：data_in数据输入进来，然后通过寄存器组1寄存，接着经过一段组合逻辑电路进行布尔运算，最后通过寄存器组2寄存并输出data_out，而这个数字逻辑电路的整体是由同一个时钟信号进行同步的，相当于根据clk的跳变来完成电路信号的处理和传输，因此可以说这个电路是基于时钟进行同步工作的。

注意：其实图2-18中的时序逻辑电路是绝大多数数字芯片中微观电路结构的缩影，不管多么复杂的数字芯片都由这样的缩影模型构成。

为了简化对逻辑电路的描述，这里使用的是简化的寄存器图形符号，如图2-19所示。

简单来说，时序逻辑电路由时钟进行控制，像心跳一样一拍一拍地通过时钟的上升沿或下降沿触发进行数据的同步寄存和传输，而组合逻辑电路则是一些布尔代数运算，例如与或、非、异或等运算。根据运算的复杂度，组合逻辑电路的路径延迟就会有

图2-19　简化的寄存器图形符号

所不同，其中最长的延迟路径被称为关键路径，但这些延迟都需要满足时序逻辑电路的建立时间和保持时间，否则容易导致电路产生亚稳态，即触发器的输出可能既不是逻辑值0，也

不是逻辑值 1 的电平,会有一段不可预知的震荡状态,虽然最终会稳定在逻辑 0 或 1 上,但整个过程是不可预知的,而且这种不稳定的电平状态可以沿着信号通路上的各级寄存器级联式传播,这将导致整个电路崩溃,从而出现异常,这是必须避免的。

2.4.1　建立时间和保持时间

建立时间,即时钟敏感触发边沿跳变到来之前数据信号 D 必须保持稳定的最短时间 t_{setup};保持时间,即时钟敏感触发边沿跳变到来之后数据信号 D 必须保持稳定的最短时间 t_{hold},如图 2-20 所示。

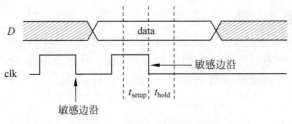

图 2-20　建立时间和保持时间

注意:

(1) 图 2-20 以时钟下降沿作为敏感触发边沿为例进行说明,实际上,时钟上升沿也可作为敏感触发边沿,这跟具体实现的寄存器电路有关系。

(2) 建立时间和保持时间跟实际的生产制造工艺有关。

(3) 通常可以通过降低时钟频率、使用更先进的生产制造工艺、改善时钟质量(较小的时钟抖动偏斜)、插入寄存器切分关键路径等方法来改善时序。

除了建立时间 t_{setup} 和保持时间 t_{hold} 以外,通常还有以下时间变量参数。

(1) t_{cycle}:表示时钟的周期。

(2) t_{clk2q}:表示寄存器时钟输入端 clk 到输出端 Q 的延迟,即从 clk 敏感触发边沿到来开始计时,到最终输出端 Q 数据更新的时间,与生产制造工艺有关。

(3) t_{dp}:表示两组寄存器组合逻辑电路的延迟。越复杂的组合逻辑电路,路径延迟就越长,一般可以通过插入流水线寄存器的方式将复杂的组合逻辑切分成多个较为简单的组合逻辑来减小路径延迟。

(4) t_{skew}:表示时钟传输的延迟差值,即时钟偏斜。这是由于时钟到每个寄存器的路径延迟不一样,即时钟到达每个寄存器的时钟输入端的时间不一样,而时钟偏斜的就是最长的路径延迟减去最短的路径延迟的时间差值,后端的时钟树综合(Clock Tree Synthesis,CTS)最主要的目的就是减少这个差值。

1. 建立时间

如图 2-18 所示,数据 data_in 传输经过的路径为 $D_1 \rightarrow Q_1 \rightarrow D_2$,其中 $D_1 \rightarrow Q_1$ 路径的延迟时间为 t_{clk2q},$Q_1 \rightarrow D_2$ 路径的延迟时间为 t_{dp},因此数据到来的时间为 $t_{\text{clk2q}} + t_{\text{dp}}$。

对于建立时间来讲,时钟 clk 边沿传输的路径延迟时间为两个相邻的敏感边沿之间的时间,即时钟周期时间 t_{cycle},再加上 clk_1 到 clk_2 的时钟偏斜 t_{skew},因此这里时钟边沿到来的时间为 $t_{cycle} + t_{skew}$。

而建立时间就是时钟边沿信号到来之前,数据需要提前准备好的最短时间,也就是说,数据到来的时间要早于时钟边沿到来的时间,而且至少要早 t_{setup} 的时间,即要满足以下关系式:

$$(t_{cycle} + t_{skew}) - (t_{clk2q} + t_{dp}) \geqslant t_{setup} \tag{2-3}$$

对式(2-3)进行调整,得到时钟周期需要满足以下关系式:

$$t_{cycle} \geqslant t_{clk2q} + t_{dp} + t_{setup} - t_{skew} \tag{2-4}$$

由于电路的运行频率是时钟周期的倒数,因此电路的运行频率需要满足以下关系式:

$$f \leqslant 1/(t_{clk2q} + t_{dp} + t_{setup} - t_{skew}) \tag{2-5}$$

通过式(2-4)和式(2-5)可以得到电路运行的最小时钟周期及最高频率。

2. 保持时间

如图 2-18 所示,数据 data_in 传输经过的路径为 $D_1 \rightarrow Q_1 \rightarrow D_2$,其中 $D_1 \rightarrow Q_1$ 路径的延迟时间为 t_{clk2q},$Q_1 \rightarrow D_2$ 路径的延迟时间为 t_{dp},因此数据到来的时间为 $t_{clk2q} + t_{dp}$。

对于保持时间来讲,时钟 clk 边沿传输路径的延迟时间为 clk_1 到 clk_2 的时钟偏斜 t_{skew},即这里时钟边沿到来的时间为 t_{skew}。

保持时间就是时钟边沿信号到来之后,数据还要保持稳定的最短时间,也就是说,时钟边沿到来的时间要早于数据变为不稳定的时间,并且至少要早 t_{hold} 的时间,并且只要数据正在传输还没有传输完成都是稳定的时间阶段,因此要满足以下关系式:

$$(t_{clk2q} + t_{dp}) - t_{skew} \geqslant t_{hold} \tag{2-6}$$

2.4.2 组合逻辑电路

组合逻辑电路是由与门、或门、非门电路组成的网络。

输出只是当前输入逻辑电平的函数(存在电路传输延迟),与电路的原始状态无关。也就是说,当输入信号中的任何一个发生变化时,输出都有可能会根据其变化而变化,但与电路目前所处的状态没有任何关系。

可以将其特点抽象成如下函数关系式:

$$output = f(input\ a, b, c, \cdots, z) \tag{2-7}$$

这个函数的输入端有 $a, b, c, \cdots, z$ 等电平,然后经过与或、非等基本数字逻辑运算,再经过一定的电路输出的延迟(理想的前端仿真环境下延迟为 0)之后,输出运算结果。

注意:通常电路中最长路径延迟被称为关键路径延迟,这条电路通路路径被称为关键路径,其将限制整个电路的运行速度,参考式(2-5)可知。

常见的组合逻辑电路有多路器、数据通路开关、加法器、乘法器等。

2.4.3 时序逻辑电路

时序逻辑电路是由多个寄存器和多个组合逻辑电路块组成的网络。

输出不只是当前输入的逻辑电平的函数,还与电路的状态有关,同样可以将其特点抽象成如下函数关系式:

$$output = f(input\ a, b, c, \cdots, z, clk, q) \tag{2-8}$$

这个函数的输入端除了有 $a, b, c, \cdots, z$ 等电平以外,还有时钟输入端 clk 及上一个寄存器输出的状态 q,在时钟的边沿跳变下,进行运算和传输。也就是说,下种状态的输出与上种状态有关系。

常见的时序逻辑电路有计数器、数据流动控制逻辑、运算控制逻辑、指令分析和操作控制逻辑。

注意:

(1) 一般本书中提到的时序逻辑电路指的是基于时钟同步的时序逻辑电路,即基于统一的时钟域控制。简单来说,一个模块中的所有寄存器的时钟输入端口都接入同一个时钟上,而异步时序逻辑电路的时钟输入端口会接入到各种信号上,任何一个信号变化都可能导致寄存器被触发,比较容易产生竞争冒险或时序违例问题,因此,采用异步时序逻辑电路难以设计出复杂的数字逻辑系统。

(2) 如果采用异步时序逻辑电路进行设计,则两组寄存器之间的组合逻辑电路的延迟所带来的时序上的竞争冒险将导致难以控制寄存器触发的时机,从而难以保证流片后逻辑功能的正确性,而基于统一的时钟域控制的同步时序逻辑电路,则几乎没有上述问题,也容易控制,因此使设计复杂的数字逻辑系统成为可能。

2.5 硬件描述的抽象级别

对于硬件电路的描述的抽象级别从高到低可分为以下 4 种。

1. 系统级(System Level)

通常由 C/C++/SystemC 语言进行描述。

2. 算法级(Algorithmic Level)

通常由 C/C++/SystemC/SystemVerilog 语言来描述,复杂的算法通常使用 C/C++/SystemC。

3. 寄存器传输级(Register Transfer Level,RTL)

通常由 Verilog HDL/VHDL/SystemVerilog/SystemC 语言来描述,当前使用得最多的还是 Verilog HDL,并且 RTL 级是当前实现数字逻辑电路几乎必不可少的描述级别。

4. 门级(Gate Level)

通常由 Verilog HDL/VHDL 语言来描述,当前使用得最多的依然是 Verilog HDL,但是在此级别上进行描述效率太低,而且对于复杂电路来讲也难以理解,因此一般不推荐在此级别对电路进行设计描述。

在以上 4 个级别中,通常会使用硬件描述语言 Verilog HDL 实现寄存器传输级的抽象描述,然后对此进行验证和综合成具体的逻辑电路网表,因此读者的重点应该是学习如何使用 Verilog HDL 来对数字逻辑电路进行寄存器传输级的描述。

更高级别的系统级和算法级的描述,读者可以以后学习 C/C++/SystemC 时再进行考虑,对于架构研究和性能分析等有它独特的用武之地。

SystemVerilog 是一门兼顾设计和验证的语言,是实际工程项目中使用最为广泛的验证语言。

同时,需要注意的是,集设计、验证、架构于一身的 SystemC 也将越来越成为应用的趋势,近年来关于 SystemC 的标准的制定和研讨会的组织也越来越频繁,可以初步看出来 SystemC 在未来将有更多的用武之地。

2.6　本章小结

本章介绍了数字逻辑电路的基础知识,了解到数字逻辑电路是由门电路组成的,可以使用真值表来描述,也可以通过卡诺图结合布尔代数定理来化简得到一个最简化的逻辑表达式,还学习了数字电路中最重要的两种电路,即组合逻辑电路和时序逻辑电路,并分析了建立时间和保持时间的时序关系。

读者既然已经了解了什么是数字逻辑电路,那么如何对其进行描述和实现呢? 第 3 章就来学习 Verilog 硬件描述语言的基础语法,从而为对数字逻辑电路的描述做铺垫。

第 3 章

Verilog 基础

15min

3.1 数值表示

前面给读者介绍过数制及其表示,但是如何在 Verilog 中表示呢?

还是以十进制下的数字 10 为例,可以在 Verilog 中被表示成如下形式:

(1) 十进制:'d10$=1\times10^1+0\times10^0$。

(2) 二进制:'b1010$=1\times2^3+0\times2^2+1\times2^1+0\times2^0$。

(3) 十六进制:'ha。

数值的进制表示的对比,见表 3-1。

表 3-1 数值的 Verilog 表示

十 进 制	二 进 制	十六进制
'd0	'b0000	'h0
'd1	'b0001	'h1
'd2	'b0010	'h2
'd3	'b0011	'h3
'd4	'b0100	'h4
'd5	'b0101	'h5
'd6	'b0110	'h6
'd7	'b0111	'h7
'd8	'b1000	'h8
'd9	'b1001	'h9
'd10	'b1010	'ha
'd11	'b1011	'hb
'd12	'b1100	'hc
'd13	'b1101	'hd
'd14	'b1110	'he
'd15	'b1111	'hf

读者应注意以下几点。

（1）数制以前缀区分，参考代码如下：

```
'b  //表示二进制
'd  //表示十进制
'h  //表示十六进制
```

（2）可以在前缀前面指定位宽，参考代码如下：

```
4'd10
5'b01010
8'h0a
```

以上都是表示十进制数字 10。

（3）Verilog 中除了值 0 和 1 以外，还可以使用 x 和 z，其中 x 表示数值是个不定值，可能是 0 也可能是 1，z 表示数值是个高阻值。高阻值既不是高电平逻辑值 1，也不是低电平逻辑值 0，相当于悬空，可以被看成电阻非常大，即相当于开路，参考代码如下：

```
4'b10x0 //位宽为 4 的二进制数从低位数起第 2 位为不定值
4'b101z //位宽为 4 的二进制数从低位数起第 1 位为高阻值
```

注意：Verilog 中使用"//"来对代码行进行注释。

（4）如果数值太长，则可以添加下画线进行分隔，参考代码如下：

```
64'hffffffffffffffff
64'hffff_ffff_ffff_ffff
```

以上这两个数相等。

（5）如果要表示负数，则可以直接在前面加负号实现，例如表示−3，参考代码如下：

```
−4'b0011
```

最终会被表示成 2 的补码，即 4'b1101。

3.2 数据类型

3.2.1 变量

1. reg 变量

基本的变量类型，通常用于存储一个数值，即一个抽象的数据存储单元。既然是一个变量，那么其可以被赋值，参考代码如下：

```
reg rega;               //位宽为 1,类型为 reg 的无符号变量
reg [3:0] regb;         //位宽为 4,类型为 reg 的无符号变量
reg signed [3:0]regc;   //位宽为 4,类型为 reg signed 的有符号变量,表示有符号数的范围为 −8 ~ +7
reg [1:0] mem [3:0];    //位宽为 2,深度为 4 的存储空间
```

注意：

（1）如果没有声明关键字 signed，则默认为无符号变量类型。

（2）Verilog 的每行代码都必须以分号结束，当然除了后面提到的 end、endmodule、endfunction 及 endtask 这些地方。

2. 其他变量

reg 类型变量用于对硬件进行建模描述，可以被映射成具体的硬件电路，因此使用得最多，除此之外还有一些变量可以配合使用，但一般不会被映射成具体硬件电路。

1）integer

有符号整型变量，位宽大于或等于 32 位，一般用于计数循环控制，参考代码如下：

```
integer a;        //整型变量
```

2）real

双精度浮点数变量，64 位宽，可以存储双精度浮点数，参考代码如下：

```
real float;       //双精度浮点数变量
```

3）time

无符号整型时间变量，位宽大于或等于 64 位，一般在调试程序时用于存储和记录仿真时间，参考代码如下：

```
time t;           //无符号整型时间变量
```

4）realtime

双精度浮点数时间变量，和 time 变量的使用场景类似，只是记录仿真时间的数据类型不同，参考代码如下：

```
realtime rtime ;  //将仿真时间值存储为双精度浮点数
```

注意： 变量 reg、time、integer 的初始值为不定值 x，变量 real 和 realtime 的初始值为 0。

3.2.2 线网

通常是用于模块之间或模块内部信号之间的连线，即用于表示电路间的物理连线。既然是线网，那么其上的值是被其他信号所"驱动"的，其本身并不存储数据，因此也不可被赋值，只能用于连线驱动。

通常使用关键字 wire 声明线网数据类型，参考代码如下：

```
wire wirea;         //位宽为1,类型为 wire 的网络
wire [3:0] wireb;   //位宽为4,类型为 wire 的网络
```

注意：数字芯片属于硬件，由微小的晶体管和导线组成，内部这些晶体管的输入/输出端表现低电平、高电平或高阻的状态，这些状态都由其中的导线进行传递，这些导线相当于连通的管道，给这些管道施加高电平，表示的结果就是逻辑1，施加低电平，表示的结果就是逻辑0，这些管道就相当于这里的线网（wire），施加高低电平的动作叫作"驱动"。

3.2.3 参数

在 Verilog 中常常会用到参数，通常在例化可重用 IP 模块时会通过 parameter 来传递参数。例如 top_module 在例化 sub_module 时通过♯来传递 parameter 参数 A_WIDTH 和 B_WIDTH，从而指定例化的子模块的输入端的位宽，其中 localparam 只是用于定义本模块内的局部参数，不可在例化时进行传递，也就是说其不可在模块 sub_module 的外部被修改，参考代码如下：

```
//文件路径:3.2.3/src/sub_module.v
module sub_module(a,b,z);
  parameter A_WIDTH = 1;
  parameter B_WIDTH = 2;
  localparam C_WIDTH = 3;

  input[A_WIDTH - 1:0] a;
  input[B_WIDTH - 1:0] b;
  output reg [15:0] z;

  reg[C_WIDTH - 1:0] c;
  …
endmodule

//文件路径:3.2.3/src/top_module.v
module top_module(a,b,z1,z2);
  input[2:0] a;
  input[3:0] b;
  output reg [15:0] z1,z2;

  sub_module ♯(2,3) S1();
  sub_module ♯(3,4) S2();

endmodule
```

除了可以在例化时通过♯来传递及修改 parameter 参数以外，还可以使用 defparam 来修改参数，例如可以在用于仿真的顶层模块里对 parameter 参数进行修改，同样需要注意 localparam 不可在模块 sub_module 的外部被修改，参考代码如下：

```
//文件路径:3.2.3/sim/testbench/demo_tb.sv
module top;
  …
  top_module DUT();
  defparam DUT.S1.A_WIDTH = 3;
  defparam DUT.S1.B_WIDTH = 4;
  …
endmodule : top
```

注意：

（1）在 Verilog 中，module 是基本的组成单位，称其为模块，以 endmodule 结尾。

（2）每个模块都有模块名作为唯一标识，例如上面的 top_module 和 sub_module，像搭积木一样，每个 module 都可以被例化多次（例如这里的子模块 sub_module），从而搭建更加复杂的 module（例如这里的父模块 top_module）。

（3）每个模块（例如这里的 sub_module 和 top_module）都有其输入/输出端口，类型包括输入端口 input、输出端口 output 或双向端口 inout，需要在模块的开头进行声明，但是对于用于仿真的顶层模块例外（例如这里的 top），因为它是一个闭合的模块，并不会作为实际被综合的电路。

（4）应该使用合适的缩进和空行来提升代码的可读性，这是一种良好的编码习惯。

（5）为了突出重点并尽量使内容简洁，在本书的示例代码中省略号"…"表示省略了部分代码，但不影响对本节所介绍的内容进行学习和理解。

3.2.4 字符串

Verilog 不支持字符串数据类型，只能通过 reg 变量类型来替代字符串，其中 reg 变量声明的位宽为字符串长度乘以 8，参考代码如下：

```
reg [8 * 12:1] stringvar;
initial begin
  stringvar = "Hello world!";
  $display("stringvar is %s",stringvar);
end
```

在上面的代码中字符串"Hello world!"包括空格和"!"总共有 12 个字符，因此 reg 变量 stringvar 的位宽为 8×12。

仿真结果如下：

```
stringvar is Hello world!
```

注意： $display 为打印系统函数，可以用来打印字符串和数值。

12min

3.3 运算符

3.3.1 基本运算符

使用加、减、乘、除及取余运算符,参考代码如下:

```
a + b    //加法运算
a - b    //减法运算
a * b    //乘法运算
a / b    //除法运算
a % b    //取余运算
```

3.3.2 按位运算符

使用按位操作符,参考代码如下:

```
//(1)按位取反运算
a = 'b1101;
b = ~ a;      //取反后 b 的值等于'b0010

//(2)按位或运算
a = 'b0101;
b = 'b1110;
b = a | b;    //按位或运算后,b 值的为'b1111

//(3)按位与运算
a = 'b0101;
b = 'b1110;
b = a & b;    //按位与运算后,b 值的为'b0100

//(4)按位异或运算(相同出 0,相异出 1)
a = 'b0101;
b = 'b1110;
b = a | b;    //按位异或运算后,b 值的为'b1011
```

3.3.3 逻辑运算符

使用逻辑运算符,参考代码如下:

```
&&   //逻辑与
||   逻辑或
!    逻辑非
```

逻辑运算真值表见表 3-2。

表 3-2   逻辑运算真值表

a	b	!a	!b	a&&b	a‖b
真	真	假	假	真	真
真	假	假	真	假	真
假	真	真	假	假	真
假	假	真	真	假	假

注意：在 Verilog 中，非 0 变量会被认为是逻辑真。

3.3.4   关系运算符

使用关系运算符，参考代码如下：

```
a < b        //a 小于 b
a > b        //a 大于 b
a <= b       //a 小于或等于 b
a >= b       //a 大于或等于 b
a == b       //a 等于 b,如果 a 或 b 其中有不定值 x 或高阻值 z,则结果是 x
a === b      //a 等于 b,包括对不定值 x 和高阻值 z 的比较,结果不是 0 就是 1
a != b       //a 不等于 b,如果 a 或 b 其中有不定值 x 或高阻值 z,则结果是 x
a !== b      //a 不等于 b,包括对不定值 x 和高阻值 z 的比较,结果不是 0 就是 1
```

为了说明==和===及!=和!==运算符的区别，可以参考代码如下：

```
//文件路径:3.3.4/demo_tb.sv
module top;

  initial begin
    $display(" %t -> Start!!!", $time);

    begin
      reg[2:0] r1,r2;
      r1 = 'b100;
      r2 = 'b10x;
      $display(" %t -> r1: %0b r2: %0b compare '==' result: %b, '===' result: %b", $time,
r1,r2,r1 == r2,r1 === r2);
      $display(" %t -> r1: %0b r2: %0b compare '!=' result: %b, '!==' result: %b", $time,r1,
r2,r1!= r2,r1!== r2);
      #10ns;
      r2 = 'b10z;
      $display(" %t -> r1: %0b r2: %0b compare '==' result: %b, '===' result: %b", $time,
r1,r2,r1 == r2,r1 === r2);
      $display(" %t -> r1: %0b r2: %0b compare '!=' result: %b, '!==' result: %b", $time,r1,
r2,r1!= r2,r1!== r2);
    end

    $display(" %t -> Finish!!!", $time);
```

```
        $finish;
    end

endmodule : top
```

仿真结果如下：

```
0 -> Start!!!
0 -> r1: 100 r2: 10x compare ' == ' result: x, ' === ' result: 0
0 -> r1: 100 r2: 10x compare '!= ' result: x, '!== ' result: 1
10 -> r1: 100 r2: 10z compare ' == ' result: x, ' === ' result: 0
10 -> r1: 100 r2: 10z compare '!= ' result: x, '!== ' result: 1
10 -> Finish!!!
```

从仿真结果可知，由于变量 r2 中有不定值 x 或高阻值 z，因此＝＝和！＝比较运算的结果为不定值 x，并且与 r2 与 r1 变量不完全相等，因此＝＝＝运算的结果为 0，！＝＝运算的结果为 1。

注意：

（1）其中 begin…end 为顺序执行程序块。

（2）initial 为结构语句，仿真在仿真开始时刻执行，并且只执行一次，通常配合 begin…end 程序块使用。

（3）$time 为时间系统函数，可以用来获得当前仿真时间。

（4）♯后面跟数字，表示延时一定数量的仿真时间单位。

（5）％0t 及％0b 为设置打印的格式，一个是时间格式，另一个是二进制数值格式，还有％h 代表十六进制数值格式。％符号后面的 0 代表打印实际数值占用的位宽，主要为了避免打印的数字过长。

（6）系统函数 $finish 用于结束仿真。

这些内容会在后面的章节再向读者进行详细介绍，先了解到这里即可。

3.3.5　移位运算符

使用移位运算符，参考代码如下：

```
reg[5:0] a;
a = 6'b100011
a << 3;        //逻辑左移 3 位变为 6'b011000
a <<< 3;       //算术左移 3 位变为 6'b011000
a >> 3;        //逻辑右移 3 位变为 6'b000100
a >>> 3;       //算术右移 3 位变为 6'b000100

reg[5:0] signed b;
b = 6'b100011
```

```
b << 3;          //逻辑左移 3 位变为 6'b011000
b <<< 3;         //算术左移 3 位变为 6'b011000
b >> 3;          //逻辑右移 3 位变为 6'b000100
b >>> 3;         //算术右移 3 位变为 6'b111100
```

总结一下逻辑移位和算术移位运算符的区别：

1. 逻辑左移和算术左移

两者结果一致，左移后，最低位都补 0。

2. 逻辑右移和算术右移

对于逻辑右移操作来讲，右移后最高位补 0。

对于算术右移操作来讲，右移后最高位补操作数的符号位。如果最高位为不定值 x 或者高阻值 z，那么算术右移后同样补最高位的值 x 或 z。

为了说明逻辑移位和算术移位运算符的区别，参考代码如下：

```
//文件路径:3.3.5/demo_tb.sv
module top;

  initial begin
    $display("%0t -> Start!!!", $time);

    begin
      reg[5:0] a;
      a = 6'b100011;
      $display("%0t -> a: %0b '<< 3 bits' result: %b", $time, a, a << 3);
      $display("%0t -> a: %0b '<<< 3 bits' result: %b", $time, a, a <<< 3);
      $display("%0t -> a: %0b '>> 3 bits' result: %b", $time, a, a >> 3);
      $display("%0t -> a: %0b '>>> 3 bits' result: %b\n", $time, a, a >>> 3);
    end

    begin
      reg signed[5:0] b;
      b = 6'b100011;
      $display("%0t -> b: %0b '<< 3 bits' result: %b", $time, b, b << 3);
      $display("%0t -> b: %0b '<<< 3 bits' result: %b", $time, b, b <<< 3);
      $display("%0t -> b: %0b '>> 3 bits' result: %b", $time, b, b >> 3);
      $display("%0t -> b: %0b '>>> 3 bits' result: %b\n", $time, b, b >>> 3);
    end

    begin
      reg[5:0] c;
      c = 6'bx00011;
      $display("%0t -> c: %0b '<< 3 bits' result: %b", $time, c, c << 3);
      $display("%0t -> c: %0b '<<< 3 bits' result: %b", $time, c, c <<< 3);
      $display("%0t -> c: %0b '>> 3 bits' result: %b", $time, c, c >> 3);
      $display("%0t -> c: %0b '>>> 3 bits' result: %b\n", $time, c, c >>> 3);
    end

    begin
```

```
    reg signed[5:0] d;
    d = 6'bx00011;
    $display(" %0t -> d: %0b '<< 3 bits' result: %b", $time,d,d << 3);
    $display(" %0t -> d: %0b '<<< 3 bits' result: %b", $time,d,d <<< 3);
    $display(" %0t -> d: %0b '>> 3 bits' result: %b", $time,d,d >> 3);
    $display(" %0t -> d: %0b '>>> 3 bits' result: %b\n", $time,d,d >>> 3);
  end

  begin
    reg[5:0] e;
    e = 6'bz00011;
    $display(" %0t -> e: %0b '<< 3 bits' result: %b", $time,e,e << 3);
    $display(" %0t -> e: %0b '<<< 3 bits' result: %b", $time,e,e <<< 3);
    $display(" %0t -> e: %0b '>> 3 bits' result: %b", $time,e,e >> 3);
    $display(" %0t -> e: %0b '>>> 3 bits' result: %b\n", $time,e,e >>> 3);
  end

  begin
    reg signed[5:0] f;
    f = 6'bz00011;
    $display(" %0t -> f: %0b '<< 3 bits' result: %b", $time,f,f << 3);
    $display(" %0t -> f: %0b '<<< 3 bits' result: %b", $time,f,f <<< 3);
    $display(" %0t -> f: %0b '>> 3 bits' result: %b", $time,f,f >> 3);
    $display(" %0t -> f: %0b '>>> 3 bits' result: %b", $time,f,f >>> 3);
  end

  $display(" %0t -> Finish!!!", $time);
  $finish;
  end

endmodule : top
```

仿真结果如下：

```
0 -> Start!!!
0 -> a: 100011 '<< 3 bits' result: 011000
0 -> a: 100011 '<<< 3 bits' result: 011000
0 -> a: 100011 '>> 3 bits' result: 000100
0 -> a: 100011 '>>> 3 bits' result: 000100

0 -> b: 100011 '<< 3 bits' result: 011000
0 -> b: 100011 '<<< 3 bits' result: 011000
0 -> b: 100011 '>> 3 bits' result: 000100
0 -> b: 100011 '>>> 3 bits' result: 111100

0 -> c: x00011 '<< 3 bits' result: 011000
0 -> c: x00011 '<<< 3 bits' result: 011000
0 -> c: x00011 '>> 3 bits' result: 000x00
0 -> c: x00011 '>>> 3 bits' result: 000x00
```

```
0 -> d: x00011 '<< 3 bits' result: 011000
0 -> d: x00011 '<<< 3 bits' result: 011000
0 -> d: x00011 '>> 3 bits' result: 000x00
0 -> d: x00011 '>>> 3 bits' result: xxxx00

0 -> e: z00011 '<< 3 bits' result: 011000
0 -> e: z00011 '<<< 3 bits' result: 011000
0 -> e: z00011 '>> 3 bits' result: 000z00
0 -> e: z00011 '>>> 3 bits' result: 000z00

0 -> f: z00011 '<< 3 bits' result: 011000
0 -> f: z00011 '<<< 3 bits' result: 011000
0 -> f: z00011 '>> 3 bits' result: 000z00
0 -> f: z00011 '>>> 3 bits' result: zzzz00
0 -> Finish!!!
```

注意：在上面的代码中出现的\n表示换行符。

3.3.6　拼接运算符

可以通过花括号{}和逗号实现位的拼接,参考代码如下：

```
a = 6'b100011;          //其中a[1:0] = 2'b11
b = 2'b10;
c = 4'h3;               //即 4'b0011
d = {a[1:0],b,c[2:0]};  //d = {2'b11,2'b10,3'b011}, 即 7'b111_0011
```

3.3.7　缩减运算符

使用缩减运算符,参考代码如下：

```
reg[2:0] a;      //位宽为 3 的 reg 类型变量
b = &a;          //等价于(a[0] & a[1]) & a[2]
c = |a;          //等价于(a[0] | a[1]) | a[2]
```

相当于将数据中的每位数据做缩减逻辑运算,最后的结果为 1 位二进制数。

3.3.8　三目运算符

如果 a 为真,则将 b 的值赋给 d,否则将 c 的值赋给 d,参考代码如下：

```
d = a? b : c;
```

3.3.9　复制运算符

可以使用两个花括号{{}}实现复制操作,参考代码如下：

```
{5{1'b1}}               //相当于 5'b11111
{3{1'b0}}               //相当于 3'b000
{4{2'b01}}              //相当于 8'b01_01_01_01
{{3{2'b10}},{3{3'b101}}} //相当于 15'b101010_101_101_101
```

3.3.10　位选择运算符

运算符＋:和一:一般用于多位宽的以 width 为单位的位选择的场景,结合后面讲到的循环可以很容易地实现一些较为复杂的位选运算操作,参考代码如下:

```
a[i * width + :width]     //等价于 a[(i + 1) * width - 1:i * width]
a[i * width - 1 - :width] //等价于 a[i * width - 1:i * width]
```

参考如下代码,其中 width 为 4。

```
//文件路径:3.3.10/demo_tb.sv
module top;

    initial begin
        $display(" %0t -> Start!!!", $time);

      begin
        reg[15:0] a;
        a = 16'habcd;
        $display(" %0t -> a[3:0]: %0h a[0 * 4 + :4]: %0h", $time,a[3:0],a[0 * 4 + :4]);
//a[i * 4 + :4] 等效 a[(i + 1) * 4 - 1:i * 4]
        $display(" %0t -> a[7:4]: %0h a[1 * 4 + :4]: %0h", $time,a[7:4],a[1 * 4 + :4]);
        $display(" %0t -> a[11:8]: %0h a[2 * 4 + :4]: %0h", $time,a[11:8],a[2 * 4 + :4]);
        $display(" %0t -> a[15:12]: %0h a[3 * 4 + :4]: %0h\n", $time,a[15:12],a[3 * 4 + :4]);

        $display(" %0t -> a[3:0]: %0h a[1 * 4 - 1 - :4]: %0h", $time,a[3:0],a[1 * 4 - 1 - :4]);
//a[i * 4 - 1 - :4] 等效 a[i * 4 - 1:i * 4]
        $display(" %0t -> a[7:4]: %0h a[2 * 4 - 1 - :4]: %0h", $time,a[7:4],a[2 * 4 - 1 - :4]);
        $display(" %0t -> a[11:8]: %0h a[3 * 4 - 1 - :4]: %0h", $time,a[11:8],a[3 * 4 - 1 - :4]);
        $display(" %0t -> a[15:12]: %0h a[4 * 4 - 1 - :4]: %0h", $time,a[15:12],a[4 * 4 - 1 - :4]);
      end
        $display(" %0t -> Finish!!!", $time);
        $finish;
    end

endmodule : top
```

仿真结果如下:

```
0 -> Start!!!
0 -> a[3:0]: d a[0 * 4 + :4]: d
0 -> a[7:4]: c a[1 * 4 + :4]: c
0 -> a[11:8]: b a[2 * 4 + :4]: b
0 -> a[15:12]: a a[3 * 4 + :4]: a
```

```
0 -> a[3:0]: d a[1 * 4 - 1 - :4]: d
0 -> a[7:4]: c a[2 * 4 - 1 - :4]: c
0 -> a[11:8]: b a[3 * 4 - 1 - :4]: b
0 -> a[15:12]: a a[4 * 4 - 1 - :4]: a
0 -> Finish!!!
```

3.3.11　运算符的优先级别

运算符的优先级别如图 3-1 所示。

图 3-1　运算符优先级别

假设有以下表达式,要搞懂下面运算的优先顺序,难道读者要去把运算符的优先级别背下来吗?

$$g = a + b * c - d/e\%f \tag{3-1}$$

事实上,不需要记住这些复杂的运算优先级别。

写运算表达式时加括号是个好习惯,以更清楚地实现想要的运算逻辑。

$$g = (a+b)*(c-d)/e\%f \tag{3-2}$$

$$g = a + b * c - (d/e\%f) \tag{3-3}$$

3.4　程序块语句

⏵21min

3.4.1　顺序执行程序块

begin…end 一般在执行多条语句时使用,并且其中的所有语句都按照从上到下的顺序依次执行,参考如下语法格式:

```
begin:块名
    语句1;
    语句2;
    …
    语句n;
end
```

3.4.2 并行执行程序块

fork…join 中的所有语句并行地同时执行,参考如下语法格式:

```
fork:块名
    语句1;
    语句2;
    …
    语句n;
join
```

3.4.3 混合执行程序块

还可以混合使用,例如 fork…join 中的两个 begin…end 语句并行执行,而 begin…end 中的所有语句按顺序执行,参考如下语法格式:

```
fork:块名
    begin:块名
        语句1;
        语句2;
        …
        语句n;
    end
    begin:块名
        语句1;
        语句2;
        …
        语句n;
    end
join
```

注意:

(1) 可以在 begin…end 或 fork…join 里声明局部变量,即使和外面的变量同名也不会产生冲突,可以参考 3.3.10/demo_tb.sv 中 begin…end 中的 reg 变量 a。

(2) 可以给程序块通过":"添加程序块名,从而对程序块进行标识,然后通过"程序块名.变量"的方式就可以访问程序块里声明的局部变量。

3.5 结构语句

3.5.1 initial 语句

在仿真开始时刻执行,并且只执行一次,通常配合 begin…end 程序块使用,即在仿真开始时按顺序执行一次这里的 begin…end 中的语句,参考如下语法格式:

```
initial begin
    语句 1;
    语句 2;
    …
    语句 n;
end
```

通常用于控制仿真过程,做初始化配置、产生并施加激励及执行仿真。

3.5.2 always 语句

在仿真开始时刻执行,但会不断地重复执行,直到仿真过程结束。通常用于实现逻辑运算,参考代码如下:

```
//实现时钟的简单翻转
always #half_period clk = ~clk;

//由两个沿触发的 always 块,时序逻辑电路
//其中时钟信号采用的 posedge 上升沿触发,复位信号采用的 negedge 下降沿触发
always @(posedge clock or negedge reset) begin
    …
end

//由多个电平触发的 always 块,组合逻辑电路
always @( a or b or c ) begin //可以简写为 always @ * 或 always @( * )
    …
end
```

注意:(1) 一个 module 可以包含多个 always 块,每个 always 块是同时并行执行的,没有先后顺序,其中@符号后面括号中的部分称为敏感事件列表。当敏感列表中的变量的值发生改变时执行 always 块中的语句,从而改变输出结果。

(2) always 语句中敏感列表中的 or 可以替换为逗号,对于组合逻辑电路来讲,还可以简写为 always@ * 或 always@(*),从而说明结构语句块中所有出现的变量都属于敏感列表变量。

(3) 不要在多个 always 块里对同一个变量进行赋值。

(4) 当用 always 块描述组合逻辑电路时,应当使用阻塞赋值;当用 always 块描述时序逻辑电路时,应当使用非阻塞赋值。具体什么是阻塞赋值和非阻塞赋值,3.6 节将向读者介绍。

（5）在同一个 always 模块中，最好不要混合使用阻塞赋值和非阻塞赋值，对同一变量既进行阻塞赋值，又进行非阻塞赋值，在综合时会出错，所以 always 中要么全部使用非阻塞赋值，要么把阻塞赋值和非阻塞赋值分在不同的 always 中书写。

3.6　赋值语句

3.6.1　阻塞和非阻塞赋值语句

阻塞和非阻塞都属于过程赋值语句，一般在程序块语句内使用，并且过程赋值语句只能对变量进行赋值操作，即不能对线网进行赋值操作。

1. 阻塞赋值语句

always 块中的语句按顺序执行，即前面语句执行完，才可执行下一条语句，参考代码如下：

```
always @(posedge clk) begin
    b = a;
    c = b;
end
```

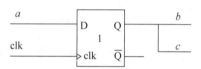

图 3-2　在时序逻辑中使用阻塞赋值后综合出来的电路

上面代码综合后会产生 1 个触发器，如图 3-2 所示。

在时钟 clk 上升沿到来时进行触发，此时会先将输入端 a 的值赋给输出端 b，然后等待赋值完成后，将输出端 b 的新值再赋给 c，最终相当于将 a 的值同时赋给了 b 和 c。

2. 非阻塞赋值语句

always 块中的语句同时执行，参考代码如下：

```
always @(posedge clk ) begin
    b <= a;
    c <= b;
end
```

上面代码综合后会产生两个触发器，如图 3-3 所示。

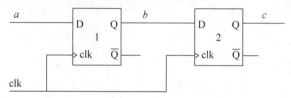

图 3-3　在时序逻辑中使用非阻塞赋值后综合出来的电路

在时钟 clk 上升沿到来时进行触发,此时输入端 a 的值会赋给输出端 b,从而使 b 的旧值更新为新值(b 的新值为输入端 a 的值),与此同时输出端 b 的旧值会赋给输出端 c。

3.6.2 连线赋值语句

连线赋值语句 assign 和 deassign 配对,属于连续赋值语句,可以在程序块语句内外使用。连续赋值语句与阻塞和非阻塞赋值语句不同的是,阻塞和非阻塞赋值语句只执行一次赋值操作,而连续赋值语句在执行时,被赋值的变量将由赋值表达式进行连续驱动,即进入连续赋值状态。

assign 语句的使用语法如下:

```
assign 变量 = 赋值表达式;
```

deassign 语句是对之前 assign 赋值语句操作的撤销,撤销之后原先对变量的赋值操作将失效,此时该变量又可以由普通的过程赋值语句(阻塞和非阻塞赋值语句)进行赋值操作了。

deassign 语句的使用语法如下:

```
deassign 变量;
```

参考代码如下:

```
//文件路径:3.6.2/demo_tb.sv
module top;
  reg[15:0] a,b,c,d,e;
  wire[15:0] f;

  always@ * begin
    c = a + b;
    d = a + b + c;
  end

  assign f = c + d;
  //deassign f;            //语法错误,不容许这么写

  initial begin
    $display(" %0t -> Start!!!", $time);
    assign e = c + d;
    //assign f = c + d;  //语法错误,不容许这么写
    a = 'd1;
    b = 'd1;
    repeat(10)begin
      a++;
      b++;
      if(a == 'd5) deassign e;
      #10;
      $display(" %0t -> a: %0d b: %0d c: %0d d: %0d e: %0d f: %0d", $time,a,b,c,d,e,f);
```

```
    end
    $display(" %0t -> Finish!!!", $time);
    $finish;
  end

endmodule : top
```

在上述代码中,声明了 reg 类型变量 a～e,以及线网 f,并且 always 块里实现了一个加法的组合逻辑电路。可以看到,在程序块语句 initial begin…end 内外都用到了 assign 连续赋值语句。

仿真结果如下:

```
0 -> Start!!!
10 -> a: 2 b: 2 c: 4 d: 8 e: 12 f: 12
20 -> a: 3 b: 3 c: 6 d: 12 e: 18 f: 18
30 -> a: 4 b: 4 c: 8 d: 16 e: 24 f: 24
40 -> a: 5 b: 5 c: 10 d: 20 e: 24 f: 30
50 -> a: 6 b: 6 c: 12 d: 24 e: 24 f: 36
60 -> a: 7 b: 7 c: 14 d: 28 e: 24 f: 42
70 -> a: 8 b: 8 c: 16 d: 32 e: 24 f: 48
80 -> a: 9 b: 9 c: 18 d: 36 e: 24 f: 54
90 -> a: 10 b: 10 c: 20 d: 40 e: 24 f: 60
100 -> a: 11 b: 11 c: 22 d: 44 e: 24 f: 66
100 -> Finish!!!
```

下面分两种使用场景进行解释。

1. 在程序块语句内使用

在程序块语句 initial begin…end 之内,将 reg 类型变量 c 和 d 的和赋值给同样是 reg 类型变量的 e,然后在 a 的值自增到 'd5 时,进行 deassign 的解除赋值操作,因此从仿真结果中可以看到,在 a 的值达到 5 之后,e 的值保持为 'd24 不变。

注意:

(1) 这里使用了 SystemVerilog 引入的++自增运算符,该顶层测试模块的后缀为 .sv 文件。

(2) 在程序块语句内使用 assign 时,只能对变量执行连续赋值操作。

(3) assign 的赋值优先级高于普通的过程赋值语句(阻塞和非阻塞赋值语句),如果同时存在 assign 和过程赋值语句对同一个变量进行赋值,最终变量的值由 assign 操作决定。

(4) 如果先后有两条 assign 语句对同一个变量进行连续赋值操作,则第 2 条 assign 的执行结果将覆盖第 1 条 assign 的执行结果。

2. 在程序块语句外使用

在程序块语句 initial begin…end 之外,将 reg 类型变量 c 和 d 的和赋值给线网 f,从仿真结果中可以看到,线网 f 的值一直为变量 c 和 d 的和。

注意：

（1）assign 连续赋值语句在 RTL 设计中使用较为广泛，并且一般在程序块语句之外使用 assign 对线网类型进行赋值，因此本书将 assign 连续赋值语句又叫作"连线赋值语句"。

（2）不能在程序块语句之外使用 deassign 解除赋值操作，通常在 RTL 设计中也不会这样做。

（3）连续赋值语句主要用来对线网类型间的信号连接进行描述，而过程赋值语句主要用来对组合及时序逻辑电路的行为进行描述。

3.6.3 强制赋值语句

强制赋值语句 force 和 release 配对，和 assign 和 deassign 语句类似，也属于连续赋值语句，也可以在程序块语句内外使用。同样地，连续赋值语句与阻塞和非阻塞赋值语句不同的是，阻塞和非阻塞赋值语句只执行一次赋值操作，而连续赋值语句在执行时，被赋值的变量将由赋值表达式进行连续驱动，即进入连续赋值状态。

force 语句的使用语法如下：

```
force 变量 = 赋值表达式;
```

release 语句是对之前 force 赋值语句操作的撤销，撤销之后原先对变量的赋值操作将失效，此时该变量又可以由普通的过程赋值语句（阻塞和非阻塞赋值语句）进行赋值操作了。

release 语句的使用语法如下：

```
release 变量;
```

参考代码如下：

```
//文件路径:3.6.3/demo_tb.sv
module top;
  reg[15:0] a,b,c,d,e;
  wire[15:0] f;

  always@ * begin
    c = a + b;
    d = a + b + c;
  end

  assign f = c + d;
  //force f = c + d;     //语法错误,不容许这么写
  //release f;           //语法错误,不容许这么写
  initial begin
    $display(" %0t -> Start!!!", $time);
    assign e = c + d;
    force e = 'd9;
```

```
    force f = 'd10;
  a = 'd1;
  b = 'd1;
  repeat(10)begin
    a++;
    b++;
    if(a == 'd5) begin
      release e;
      release f;
    end;
    #10;
    $display(" %0t -> a: %0d b: %0d c: %0d d: %0d e: %0d f: %0d", $time,a,b,c,d,e,f);
  end
  $display(" %0t -> Finish!!!", $time);
  $finish;
  end

endmodule : top
```

在上述代码中,同样声明了 reg 类型变量 a～e,以及线网 f,并且 always 块里实现了一个加法的组合逻辑电路。可以看到,在程序块语句 initial begin…end 内外都用到了 assign 连续赋值语句,但是只有在程序块语句 initial begin…end 之内使用 force 强制赋值语句。

仿真结果如下:

```
0 -> Start!!!
10 -> a: 2 b: 2 c: 4 d: 8 e: 9 f: 10
20 -> a: 3 b: 3 c: 6 d: 12 e: 9 f: 10
30 -> a: 4 b: 4 c: 8 d: 16 e: 9 f: 10
40 -> a: 5 b: 5 c: 10 d: 20 e: 30 f: 30
50 -> a: 6 b: 6 c: 12 d: 24 e: 36 f: 36
60 -> a: 7 b: 7 c: 14 d: 28 e: 42 f: 42
70 -> a: 8 b: 8 c: 16 d: 32 e: 48 f: 48
80 -> a: 9 b: 9 c: 18 d: 36 e: 54 f: 54
90 -> a: 10 b: 10 c: 20 d: 40 e: 60 f: 60
100 -> a: 11 b: 11 c: 22 d: 44 e: 66 f: 66
100 -> Finish!!!
```

在程序块语句 initial begin…end 之内,将 reg 类型变量 c 和 d 的和赋值给同样是 reg 类型变量的 e,然后将 reg 类型变量 e 强制赋值为 'd9,将线网类型 f 强制赋值为 'd10,然后在 a 的值自增到 'd5 时,对变量 e 及线网 f 做 release 的解除赋值操作,因此从仿真结果中可以看到,在 a 的值达到 5 之前,变量 e 的值保持为 'd9,而线网 f 的值保持为 'd10,在 release 之后又恢复到之前 assign 的连续赋值的结果,因此可以看出 force 语句相比 assign 语句有以下 3 个特点:

(1) force 的优先级高于 assign。使用 force 和 assign 对同一个变量进行赋值,最终变量的值由 force 操作决定,直到 release 之后才由 assign 操作决定。

(2) force 和 release 强制赋值语句只能在程序块语句之内使用。

（3）force 强制赋值语句既可以对变量执行连续赋值操作，又可以对线网执行连续赋值操作。

注意：force 和 release 类似 assign 和 deassign 都是连续赋值语句，但由于 force 语句的上述特点，在验证环境中使用更为方便，通常用于在验证环境中对 DUT 内部信号进行赋值，从而构造一些比较特殊的场景，或者做 DUT 接口信号的连接，因此本书将 force 连续赋值语句又叫作"强制赋值语句"。

3.7 条件和循环语句

▶ 10min

3.7.1 条件语句

1. 判断语句

如果 if 括号中的条件为真，则执行相应的语句，否则不执行。

可以只有 if 判断语句，参考如下语法格式：

```
if(a > b)
    语句；
```

也可以 if…else 配合使用，参考如下语法格式：

```
if(a > b)
    语句1；
else
    语句2；
```

还可以使用 else if 语句来进一步判断，参考如下语法格式：

```
if(a > b)
    语句1；
else if(a == b)
    语句2；
else
    语句3；
```

当分支中有多条语句需要执行时，可以用 begin…end 包起来，参考如下语法格式：

```
if(a > b)
    语句1；
else if(a == b)
    语句2；
else begin
    语句3；
    语句4；
    …
    语句n；
end
```

注意：默认情况下 if 语句括号中的判断条件如果是非 0 值，则会被认为是真，如果是 0，则会被认为是假。

---

2. 分支语句

用于解决多分支的选择问题。

想象一下，当有下面这种多条件分支判断时：

```
if(条件 1)begin
    语句;
end
else if(条件 2)begin
    语句;
end
...
else if(条件 n)begin
    语句;
end
else begin
    语句;
end
```

显然不如下面这样的 case 分支语句更简洁清楚，另外从仿真效率的角度来考虑，也应该使用 case 语句来描述，参考如下语法格式：

```
case(表达式)
    条件 1:begin
        语句;
    end
    条件 2:begin
        语句;
    end
    ...
    条件 n:begin
        语句;
    end
    default: begin
        语句;
    end
endcase
```

示例代码如下：

```
//文件路径:3.7.1/demo_tb.sv
module top;
  reg[3:0] a;

  initial begin
    $display(" %0t -> Start!!!", $time);
```

```
      a = 4'b1000;
      case(a)
        4'b1???: $display(" %0t -> a: %b in case 4'b1???", $time,a);
        4'b01??: $display(" %0t -> a: %b in case 4'b01??", $time,a);
        4'b001?: $display(" %0t -> a: %b in case 4'b0001?", $time,a);
        default: $display(" %0t -> a: %b in case default value", $time,a);
      endcase
      a = 4'b1???;
      case(a)
        4'b1???: $display(" %0t -> a: %b in case 4'b1???", $time,a);
        4'b01??: $display(" %0t -> a: %b in case 4'b01??", $time,a);
        4'b001?: $display(" %0t -> a: %b in case 4'b0001?", $time,a);
        default: $display(" %0t -> a: %b in case default value", $time,a);
      endcase
      a = 4'b1000;
      casez(a)
        4'b1??z: $display(" %0t -> a: %b in casez 4'b1???", $time,a);
        4'b01?z: $display(" %0t -> a: %b in casez 4'b01??", $time,a);
        4'b001?: $display(" %0t -> a: %b in casez 4'b0001?", $time,a);
        default: $display(" %0t -> a: %b in casez default value", $time,a);
      endcase
      a = 4'b0100;
      casex(a)
        4'b1?xz: $display(" %0t -> a: %b in casex 4'b1???", $time,a);
        4'b01xz: $display(" %0t -> a: %b in casex 4'b01??", $time,a);
        4'b001?: $display(" %0t -> a: %b in casex 4'b0001?", $time,a);
        default: $display(" %0t -> a: %b in casex default value", $time,a);
      endcase
      $display(" %0t -> Finish!!!", $time);
      $finish;
   end

endmodule : top
```

仿真结果如下：

```
0 -> Start!!!
0 -> a: 1000 in case default value
0 -> a: 1zzz in case 4'b1???
0 -> a: 1000 in casez 4'b1???
0 -> a: 0100 in casex 4'b01??
0 -> Finish!!!
```

注意：

（1）除了 case 语句以外，还有 casez 和 casex 语句，其中 casez 会把高阻态 z 值当作无关项，casex 则会把不定态 x 值和高阻态 z 值都当作无关项。对于 casez 和 casex 语句来讲"?"都是无关项，但是对于 case 语句来讲，"?"会被当作高阻值 z，必须完全匹配条件值才可以进入对应的分支。

（2）当使用 if 语句时，不漏掉 else，当使用 case 语句时不漏掉 default，可以避免锁存器的产生，是一个好的编码习惯。

3.7.2　循环语句

1. forever 循环

连续不停地执行语句，参考代码如下：

```
forever begin
    语句;
end
```

2. repeat 循环

连续执行该语句 n 次，参考代码如下：

```
integer n = 5;
repeat(n) begin
    语句;
end
```

例如这里就连续执行了 5 次 begin…end 中的语句。

3. while 循环

当满足条件表达式时（结果为真），则执行 while 语句，直到条件表达式不满足（为假）为止。如果一开始条件就不满足，则 while 语句一次也不会被执行，参考代码如下：

```
while(表达式)begin
    语句;
end
```

如果 while 中表达式为 1，则等同于 forever 循环。

```
//等同于 forever 循环
while(1)begin
    语句;
end
```

4. for 循环

执行步骤如下：

第 1 步，先给控制循环次数的变量赋初值。

第 2 步，判断控制循环的表达式的值，如为假，则跳出循环语句，如为真，则执行指定的语句后，转到第 3 步。

第 3 步，执行一条赋值语句来修正控制循环变量次数的变量的值，然后返回第 2 步。

参考代码如下：

```
integer i;
for(i = 0;i < n;i++)begin
    语句;
end
```

3.7.3 程序块的自动生成

可以通过 generate 和 genvar 来自动生成程序块,从而提高编码效率,避免写过多重复性的代码。

注意声明 genvar 类型变量,并给 begin…end 程序块起个名字,这里的示例是 gen_name1 和 gen_name2,如果不起名字,仿真工具则会自动生成一个默认的名字。

参考代码如下:

```
//文件路径:3.7.3/demo_tb.sv
module top;

  generate
    genvar i;
    for(i = 0;i < 5;i = i + 1) begin:gen_name1
      initial begin
        repeat(i) #10ns;
        $display(" %0t - > Here gen_name1 is generated code num %0d", $time, i);
      end
    end
  endgenerate

  for(genvar i = 0;i < 5;i = i + 1) begin:gen_name2
      initial begin
        repeat(i) #10ns;
        $display(" %0t - > Here gen_name2 is generated code num %0d", $time, i);
      end
  end

  initial begin
    $display(" %0t - > Start!!!", $time);
    #1000;
    $display(" %0t - > Finish!!!", $time);
    $finish;
  end

endmodule : top
```

以上代码会被自动展开,等同于下面的代码:

```
module top;

    initial begin
      repeat(0) #10ns;
```

```
        $display(" %0t -> Here gen_name1 is generated code num %0d", $time,0);
      end
      initial begin
        repeat(1) #10ns;
        $display(" %0t -> Here gen_name1 is generated code num %0d", $time,1);
      end
      initial begin
        repeat(2) #10ns;
        $display(" %0t -> Here gen_name1 is generated code num %0d", $time,2);
      end
      initial begin
        repeat(3) #10ns;
        $display(" %0t -> Here gen_name1 is generated code num %0d", $time,3);
      end
      initial begin
        repeat(4) #10ns;
        $display(" %0t -> Here gen_name1 is generated code num %0d", $time,4);
      end

      initial begin
        repeat(0) #10ns;
        $display(" %0t -> Here gen_name2 is generated code num %0d", $time,0);
      end
      initial begin
        repeat(1) #10ns;
        $display(" %0t -> Here gen_name2 is generated code num %0d", $time,1);
      end
      initial begin
        repeat(2) #10ns;
        $display(" %0t -> Here gen_name2 is generated code num %0d", $time,2);
      end
      initial begin
        repeat(3) #10ns;
        $display(" %0t -> Here gen_name2 is generated code num %0d", $time,3);
      end
      initial begin
        repeat(4) #10ns;
        $display(" %0t -> Here gen_name2 is generated code num %0d", $time,4);
      end

  initial begin
    $display(" %0t -> Start!!!", $time);
    #1000;
    $display(" %0t -> Finish!!!", $time);
    $finish;
  end

endmodule : top
```

仿真结果如下：

```
0 -> Start!!!
0 -> Here gen_name1 is generated code num 0
0 -> Here gen_name2 is generated code num 0
10 -> Here gen_name1 is generated code num 1
10 -> Here gen_name2 is generated code num 1
20 -> Here gen_name1 is generated code num 2
20 -> Here gen_name2 is generated code num 2
30 -> Here gen_name1 is generated code num 3
30 -> Here gen_name2 is generated code num 3
40 -> Here gen_name1 is generated code num 4
40 -> Here gen_name2 is generated code num 4
1000 -> Finish!!!
```

3.8 任务和函数

3.8.1 任务

通过 task…endtask 关键字声明,参考代码如下:

```
task 任务名;
    端口说明语句
    变量类型说明语句

    语句 1
    语句 2
    …
    语句 n
endtask
```

task 里需要包括输入/输出端口类型和用到的内部变量类型,以及具体执行的语句。注意端口说明语句也可以为空,即使用 module 内部的变量进行运算。

下面来看个例子:

```
task get_random_number;
    input mode;
    output int random_number;

    if(mode)begin
        random_number = $urandom_range(10,0);
    end
    else begin
        random_number = $urandom_range(20,10);
    end
endtask
```

等同于下面的写法,即将端口写到任务名括号里面也是可以的:

```
task get_random_number(input mode,output int random_number);
    if(mode)begin
        random_number = $urandom_range(10,0);
    end
    else begin
        random_number = $urandom_range(20,10);
    end
endtask
```

上面是产生随机数的任务,输入为产生随机数的模式,这里的示例有两种模式,分别如下:

(1) 当 mode 为 1 时,产生 0~10 的随机数进行输出。

(2) 当 mode 为 0 时,产生 10~20 的随机数进行输出。

注意:

(1) int 整型是 SystemVerilog 中的数据类型,是 32 位有符号两态值整数类型,两态值包括 0 和 1。在 Verilog 中是不支持 int 整型的,Verilog 中如果要使用整型,则只能使用 integer 类型,其是 32 位有符号四态值整数类型,四态值包括 0、1、x 和 z。一般在验证环境中使用 int 整型会更加方便,并且内存占用更少。

(2) $urandom_range()是 SystemVerilog 里产生随机整数的系统函数。

(3) 当把输入/输出端口写到任务名或函数名后的()中时,如果不声明端口类型,则默认为 input 输入端口。

如果要调用上述任务,则只需像下面这样给 task 传入参数。

```
int random_number;
get_random_number(1,random_number);
get_random_number(0,random_number);
```

其中第 1 个参数代表产生随机数的模式,第 2 个参数为产生的输出随机整数。

3.8.2 函数

通过 function…endfunction 关键字声明,参考代码如下:

```
function 返回值类型 函数名;
    端口说明语句
    变量类型说明语句

    语句 1
    语句 2
    …
    语句 n
endfunction
```

类似地,function 里也需要包括输入/输出端口类型和用到的内部变量类型,以及具体执行的语句。注意端口说明语句也可以为空,即使用 module 内部的变量进行运算。除此之外,函数必须声明返回值类型,如果不存在返回值,则要声明为 void 类型。

下面来看个例子:

```
function int get_random_number1;
    input mode;

    if(mode)begin
        get_random_number1 = $urandom_range(10,0);
    end
    else begin
        get_random_number1 = $urandom_range(20,10);
    end
endfunction
```

上面的代码同样用于产生随机数,不过这里是通过 function 函数而不是 task 任务实现。

注意:这里默认函数名称 get_random_number1 即是输出的返回值名称。

调用的方式类似,只不过输出的随机数作为 function 函数运算的结果进行返回。

参考代码如下:

```
int random_number;
random_number = get_random_number1(0);
random_number = get_random_number1(1);
```

下面再来看另一种等价的函数写法,这种等价写法使用得更普遍一点,参考代码如下:

```
function int get_random_number2;
    input mode;

    if(mode)begin
        return $urandom_range(10,0);
    end
    else begin
        return $urandom_range(20,10);
    end
endfunction
```

可以看到这里使用了关键字 return 来对输出的结果进行返回。

调用的方式与之前相同,参考代码如下:

```
int random_number;
random_number = get_random_number2(0);
random_number = get_random_number2(1);
```

还有第 3 种等价的写法,和任务的写法类似,但需要将返回值声明为 void 类型,即返回

值为空,参考代码如下:

```
function void get_random_number3;
    input mode;
    output int random_number;

    if(mode)begin
        random_number = $urandom_range(10,0);
    end
    else begin
        random_number = $urandom_range(20,10);
    end
endfunction
```

同样,将端口写到函数名括号里面也是可以的,参考代码如下:

```
function void get_random_number3(input mode,output int random_number);
    if(mode)begin
        random_number = $urandom_range(10,0);
    end
    else begin
        random_number = $urandom_range(20,10);
    end
endfunction
```

调用的方式和task任务一样,参考代码如下:

```
int random_number;
get_random_number3(1,random_number);
get_random_number3(0,random_number);
```

任务和函数都可以为输入端口设置默认值,参考代码如下:

```
task get_random_number(input mode = 1,output int random_number);
    if(mode)begin
        random_number = $urandom_range(10,0);
    end
    else begin
        random_number = $urandom_range(20,10);
    end
endtask

function void get_random_number3(input mode = 1,output int random_number);
    if(mode)begin
        random_number = $urandom_range(10,0);
    end
    else begin
        random_number = $urandom_range(20,10);
    end
endfunction
```

这里默认输入参数 mode 的值为 1,调用的方法的参考代码如下:

```
int random_number;
get_random_number(.random_number(random_number));   //mode 的默认值为 1
get_random_number3(.random_number(random_number)); //mode 的默认值为 1
//指定传参改变输入参数 mode 的值
get_random_number3(0,random_number);
```

注意:

(1) 函数是不消耗仿真时间的,而任务可以消耗仿真时间,一般消耗仿真时间的语法有♯、@和 wait。

(2) 函数既可以通过返回值的方式输出,也可以通过定义 output 类型端口来输出,而任务只能通过 output 类型端口来输出。

(3) 函数如果有返回值,则需要声明返回值的数据类型;如果没有返回值,则通常声明为 void 类型。

(4) 在任务里可以调用函数,而在函数里不要调用任务(否则仿真时会报 warning)。

(5) 在 Verilog 中函数的端口类型只能是 input,不能有 output 或者 inout,而输出只能通过 return 返回,SystemVerilog 中则没有这个限制。

(6) 在 Verilog 中函数必须至少有 1 个 input,而在 SystemVerilog 中则没有这个限制,即可以没有输入。

(7) 可以看到 Verilog 相比 SystemVerilog 限制更多,但两者都可以作为硬件描述语言使用,并且仿真环境一般支持 SystemVerilog 的扩展语法,所以这里进行介绍时没有做细节的区分。

3.9 控制语句

3.9.1 终止程序语句

可以使用 disable 语句来终止目标程序的运行。

1. 用于结束程序块的执行

参考代码如下:

```
//文件路径:3.9.1/demo_tb.sv
begin : block_name
    $display("here is statement 1");        //语句 1
    disable block_name;
    $display("here is statement 2");        //语句 2,永远不会执行到这一行
end
$display("here is statement 3");            //语句 3
```

首先需要给 begin…end 程序块指定名称为 block_name,然后上面代码执行到 disable

block_name 时将终止该 begin…end 程序块运行,然后去执行语句 3,因此语句 2 永远不会被执行。

2. 用于结束 fork 线程的执行

达到设定的参数 time_out 时间之后,结束 fork…join 线程的执行,只要 disable fork 程序块的名称即可。通常会采用类似的方式避免仿真时间过长,因此这里设置 time_out 参数并结合 disable 实现超时强制终止程序的执行,参考代码如下:

```
//文件路径:3.9.1/demo_tb.sv
parameter time_out = 30;
fork: fork_name
  forever begin
    #10ns;
    $display(" %0t -> delay 10ns", $time);
  end
  begin
    #time_out;
    $display(" %0t -> time out !", $time);
    disable fork_name;
  end
join
```

3. 用于结束 task 任务的执行

也可以达到设定的 time_out 时间之后,结束整个 task 的执行,只要 disable 任务名称即可,参考代码如下:

```
//文件路径:3.9.1/demo_tb.sv
task task_name;
  fork: fork_name
    forever begin
      #10ns;
      $display(" %0t -> delay 10ns", $time);
    end
    begin
      #time_out;
      $display(" %0t -> time out !", $time);
      disable task_name;
    end
  join
  $display("should never see this line be printed!");
endtask
```

3.9.2 同步等待语句

wait 语句可以实现程序的同步等待,只有当括号中的表达式结果为真时才可以继续执行后面的程序,否则程序将被阻塞在这里。

语法格式如下:

```
wait(表达式);
```

注意：表达式中非 0 值将被当作真。

3.10 系统函数

22min

本节为读者介绍相对比较常用的系统函数。

3.10.1 $display 和 $write，$time 和 $realtime

$display 表示将信息打印到屏幕，在之前的示例代码中已经多次出现。

$write 和 $display 类似，也表示将信息打印到屏幕，和 $display 的区别是 $display 默认打印换行，但 $write 默认打印不会换行。

$time 表示当前仿真时间，会受到时间单位（这里的示例代码通过系统宏`timescale 将时间单位设置为 10ns，将时间精度设置为 1ns）的影响，$time 返回的当前仿真时间必须是设置的时间单位的整数倍。

$realtime 也表示当前仿真时间，但没有上面的限制，即会把时间精度也打印出来。

参考代码如下：

```
//文件路径:3.10.1/demo_tb.sv
`timescale 10ns/1ns
module top;
  int a = 'd10;
  reg [8 * 5:1] s = "hello";

  initial begin
    $display(" %0t -> Start!!!", $time);
    $display(" %0t -> %s , here a is %0d", $time,s,a);
    $write("here is write print info");
    #10ns;
    $display(" %0t -> %s , here a is %0h", $time,s,a);
    #1ns;
    $display(" %0t -> %s , here a is %0b", $time,s,a);
    #10ns;
    $display(" %0t -> %s , here a is %b", $time,s,a);
    $display(" %0t -> %s , \n here a is %b", $time,s,a);
    $display(" %0t -> %s , \t here a is %b", $realtime,s,a);

    $display(" %0t -> Finish!!!", $time);
    $finish;
  end

endmodule : top
```

仿真结果如下：

```
0 -> Start!!!
0 -> hello ,here a is 10
here is write print info10 -> hello ,here a is a
10 -> hello ,here a is 1010
20 -> hello ,here a is 00000000000000000000000000001010
20 -> hello ,
here a is 00000000000000000000000000001010
21 -> hello , here a is 00000000000000000000000000001010
20 -> Finish!!!
```

注意:

(1) 这里的%前缀表示要打印的格式,%d 表示十进制,%h 表示十六进制,%b 表示二进制,%s 表示字符串,%t 表示仿真时间。

(2) 通常为了避免打印的数字过长,会在%后加 0 来略去前面为 0 的数值。例如这里的 int 类型的位宽是 32 比特,因此如果直接%b 而不是%0b,前面就会打印过多的 0,看起来不够简洁。

(3) \n 表示换行符,\t 表示 Tab 制表符。

(4) 如果在多个模块中使用了系统宏`timescale 设置不同的仿真时间单位和不同的精度,则最终各个模块的仿真时间单位和精度取决于文件编译的顺序,因此最好明确指明时间单位以消除这种不确定性,也可以在仿真命令中通过相关命令选项来替代`timescale 宏,例如在 VCS 中可以使用选项—timescale=time_unit/time_precision 来对仿真时间单位和精度进行设置。

(5) 设置了仿真时间单位之后,可以通过#数值设置延迟,此时默认的仿真时间单位即之前设置的仿真时间单位,也可以在#数值后明确指定需要延迟的时间单位。

3.10.2 $random

返回一个 32 位的有符号整型随机数,可以配合取余运算符%来产生需要范围的随机数。例如下面这行代码返回一个−9~9 的随机数。

```
$display("random number is %0d", $random % 10);
```

3.10.3 $finish

用于结束仿真,一般放在 initial begin…end 的结尾,可用于控制本次仿真的结束。

```
initial begin
    语句;
    …
    语句;
    $finish();
end
```

3.10.4　$readmemb 和 $readmemh

假设有以下这样的数据文件：

```
//mem.data
00 11 22 33 44 55 66 77 88 99 aa bb cc dd ee ff
00 11 22 33 44 55 66 77 88 99 aa bb cc dd ee ff
00 11 22 33 44 55 66 77 88 99 aa bb cc dd ee ff
00 11 22 33 44 55 66 77 88 99 aa bb cc dd ee ff
```

那么可以使用系统函数 $readmemh 将其读到用于表示存储的一个二维变量中，即下面的 mem。

```
//将数据位宽定义为 8,将深度定义为 64 的存储空间
reg[7:0] mem[0:63];

//在仿真时刻为 0 时,将数据装载到以地址是 0 的存储器单元为起始存放单元的存储器中
initial $readmemh("mem.data",mem);

//在仿真时刻为 0 时,将数据装载到以地址是 32 的存储器单元为起始存放单元的存储器中
//一直到地址是 63 的单元为止
initial $readmemh("mem.data",mem,32);

//在仿真时刻为 0 时,将数据装载到以地址是 0 的存储器单元为起始存放单元的存储器中
//一直到地址是 31 的单元为止
initial $readmemh("mem.data",mem,0,31);
```

$readmemb 和 $readmemh 类似，只不过 $readmemb 操作的数据文件中的每个数字必须是二进制数，而 $readmemh 则必须是十六进制数。

3.10.5　$fopen、$fclose、$fdisplay 和 $fwrite

用于文件的输入和输出，参考代码如下：

```
//文件路径:3.10.5/demo_tb.sv
`timescale 10ns/1ns
module top;
  int a = 'd10;
  reg [8 * 5:1] s = "hello";
  integer file_h;

  initial begin
$display(" %0t -> Start!!!", $time);
//打开 file.txt 文件,并把其赋给整型句柄 file_h
file_h = $fopen("file.txt");
//写入当前仿真时间、字符串 s 和整型数 a
$fdisplay(file_h," %0t -> %s ,here a is %0d", $realtime,s,a);
#1ns;
//写入当前仿真时间、字符串 s 和整型数 a+1
```

```
$fwrite(file_h," %0t -> %s , here a + 1 is %0d\n", $realtime, s, a + 1);
#1ns;
//写入当前仿真时间、字符串 s 和整型数 a + 2
$fdisplay(file_h," %0t -> %s , here a + 2 is %0d", $realtime, s, a + 2);
//关闭文件
$fclose(file_h);
$display(" %0t -> Finish!!!", $time);
$finish;
  end

endmodule : top
```

执行完上述代码后，打开文件 file. txt，其内容如下：

```
0 -> hello , here a is 10
1 -> hello , here a + 1 is 11
2 -> hello , here a + 2 is 12
```

可以看到，已经将内容写入了文件。

这里的 $fwrite 与 $fdisplay 都用于将格式化内容写入文件，只是 $fdisplay 写入后会自动换行，而 $fwrite 则不会，但可以添加换行符\n 实现换行功能。

3. 10. 6　$test$plusargs 和 $value$plusargs

可以在无须重新编译的情况下（节约仿真时间，提高仿真效率），通过系统函数 $test$plusargs 或 $value$plusargs 传入仿真运行参数来改变代码中的逻辑。

通常使用 $test$plusargs 来传递开关参数，示例代码如下：

```
//在代码中加入
if( $test $plusargs("YOUR_RUNSIM_ARGS"))begin
    语句;
end
else begin
    语句;
end

//在仿真命令中传递仿真参数
+ YOUR_RUNSIM_ARGS
```

可以看到，通过脚本传递仿真参数 YOUR_RUNSIM_ARGS 再结合 if 条件判断语句可以控制代码中的逻辑。

通常使用 $value$plusargs 来传递值参数，示例代码如下：

```
//在代码中加入
int YOUR_RUNSIM_ARGS_VALUE;
if( $value$plusargs("YOUR_RUNSIM_ARGS_VALUE =  %0d", YOUR_RUNSIM_ARGS_VALUE))begin
```

```
        语句;
    end
    else begin
        语句;
    end

    //在仿真命令中传递仿真参数
    + YOUR_RUNSIM_ARGS_VALUE = 100
```

可以看到，通过脚本将值 100 传递给定义的整型变量 YOUR_RUNSIM_ARGS_VALUE，从而在仿真时使用该参数值，或者结合 if 条件判断语句来控制代码中的逻辑。

也就是说 $value$plusargs 既可以作为开关参数来使用，也可以将参数值传递到仿真环境中，相比 $test$plusargs，功能更加完善。

3.10.7 $realtobits 和 $bitstoreal

可以使用系统函数 $realtobits 和 $bitstoreal 实现双精度浮点数和位向量比特数值的转换，参考代码如下：

```
//文件路径:3.10.7/demo_tb.sv
module top;
  real a;
  reg[63:0] b;
  real c;

  initial begin
    $display(" %0t -> Start!!!", $time);
    a = 3.5;
    b = $realtobits(a);      //将浮点数 3.5 转换为位宽为 64 的 reg 类型变量值
    c = $bitstoreal(b);      //将位宽为 64 的 reg 类型变量值再转换回浮点数值
    $display("a is %0f, b is %0h, c is %0f",a,b,c);   //将变量 a、b、c 打印出来
    $display("shorter printed form of a is %g",a);     //使用 %g 打印简短的浮点数格式,
                                                       //即自动略去过多的 0
    $display(" %0t -> Finish!!!", $time);
    $finish;
  end

endmodule : top
```

仿真结果如下：

```
0 -> Start!!!
a is 3.500000, b is 400c000000000000, c is 3.500000
shrter printed form of a is 3.5
0 -> Finish!!!
```

从仿真结果可以看到，将位宽为 64 的 reg 类型变量 b 的值再转换回浮点数值并赋值给变量 c，和变量 a 的值相等，都为浮点数 3.5。

3.10.8 $signed 和 $unsigned

用于转换数值的正负符号,参考代码如下:

```
//文件路径:3.10.8/demo_tb.sv
module top;
    reg [7:0] regA, regB;              //无符号变量 regA、regB
    reg signed [7:0] regS;             //有符号变量 regS

    initial begin
        $display(" %0t -> Start!!!", $time);
        regA = $unsigned(-4);          //将-4转换为位宽为8的无符号比特向量值,即8'b11111100
        $display(" %0t -> regA is %0b", $time, regA);
        regB = $unsigned(-4'd4);       //将位宽为4的十进制-4转换为位宽为8的无符号比特向量
                                       //值,regB = 8'b00001100,即大于4比特的高位填0
$display(" %0t -> regB is %0b", $time, regB);
regS = $signed(4'b1100);               //将位宽为4的比特向量值1100转换为位宽为8的有符号比特
                                       //向量值,regS = 8'b11111100,即大于4比特的高位填符号位1
        $display(" %0t -> regS is %0b", $time, regS);
        $display(" %0t -> Finish!!!", $time);
        $finish;
    end

endmodule : top
```

仿真结果如下:

```
0 -> Start!!!
0 -> regA is 11111100
0 -> regB is 1100
0 -> regS is 11111100
0 -> Finish!!!
```

3.10.9 $monitor

监测变量列表中值的变化,只要值有变化就会进行打印。

例如,只要变量 a 或 b 的值有变化,就会进行打印,参考代码如下:

```
initial begin
    $monitor (" %0t -> a = %b b = %b", $time, a, b);
    #100 $finish;
end
```

3.11 宏定义

3.11.1 仿真时间单位和精度

5min

之前给读者讲过可以使用timescale 设置仿真时间单位和精度。

```
`timescale 10ns/1ns
```

这里将时间单位设置为 10ns,将时间精度设置为 1ns,除此之外还有以下时间单位可以使用,见表 3-3。

表 3-3　仿真时间单位

时间单位	单位符号
秒	s
毫秒	ms
微秒	μs
纳秒	ns
皮秒	ps
飞秒	fs

3.11.2　文件包含

使用`include 可以在一个文件中包含另一个文件。

文件 A. v 中的代码如下:

```
//文件路径:3.11.2/A.v
module A(a,b,out);
  input a, b;
  output wire out;


  assign out = a ^ b;
endmodule
```

用于完成 1 比特的异或运算。

文件 B. v 中的代码如下:

```
//文件路径:3.11.2/B.v
`include "A.v"    //相当于让文件 A.v 在 B.v 中展开
module B(c,d,e,out);
  input c,d,e;
  output wire out;
  wire out_a;

  A a_inst(.a(c),.b(d),.out(out_a));
  assign out = e & out_a;
endmodule
```

在 B. v 中通过`include "A. v"将 A. v 的代码展开,文件包含的关系如图 3-4 所示。

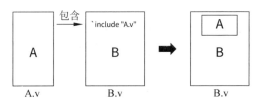

图 3-4　B.v 文件包含 A.v 文件

3.11.3　全局参数

可以使用`define 定义全局参数,从而可以在整个仿真环境中使用,参考代码如下:

```
//在代码中使用`define 宏定义全局参数
`define DATA_WIDTH 8

//也可以直接在仿真命令中传递编译参数的值
+ define + DATA_WIDTH = 8

//然后可以在仿真环境中使用全局参数 DATA_WIDTH
module
    reg[`DATA_WIDTH - 1:0] data;    //等同于 reg[7:0] data;
    ...
endmodule
```

还可以通过`undef 来取消之前通过`define 定义的全局参数,参考代码如下:

```
`define DATA_WIDTH 8

initial begin
$display("data_width is % d",`DATA_WIDTH);
//undef DATA_WIDTH
// $display("data_width is % d",`DATA_WIDTH);
end
```

调用 $display 可以正常打印出来宏参数DATA_WIDTH 的值。

但是如果使用`undef 取消之前的宏参数DATA_WIDTH 的定义,则在调用 $display 打印宏参数DATA_WIDTH 的值时就会报编译错误。

3.11.4　条件编译

通过宏名作为标识符从而根据仿真时传递的编译参数来对代码进行选择性编译,示例代码如下:

```
//在代码中加入
`ifdef YOUR_COMPILE_ARGS1 (标识符)
语句;
```

```
`elsif YOUR_COMPILE_ARGS2 (标识符)
语句;
`else
语句;
`endif

`ifndef YOUR_COMPILE_ARGS3 (标识符)
语句;
`else
语句;
`endif

//在仿真命令中传递编译参数
+ define + YOUR_COMPILE_ARGS1 或 + define + YOUR_COMPILE_ARGS2
```

可以看到,通过脚本传递编译参数 YOUR_COMPILE_ARGS1 或者 YOUR_COMPILE_ARGS2 再结合`ifdef 宏条件判断语句来对代码进行选择性编译。

常见的使用场景,例如在 RTL 代码的结尾定义一些检查逻辑或者定义一些综合逻辑并用编译参数进行选择性编译,从而与其他代码进行区分,实现根据场景改变或增加代码的功能,再例如在验证环境中通过条件编译来选择性地编译代码,实现一些逻辑控制。

注意:如果改变了全局参数,则需要重新编译,所以考虑到仿真效率问题,一般情况下不推荐使用`define 定义全局参数并结合`ifdef 进行条件编译,而推荐使用前面讲过的 $test$plusargs 和 $value$plusargs 传递仿真运行参数来对仿真环境中的代码逻辑进行控制,但有些情况下必须使用编译参数进行控制,因此在实际工程项目中,往往将两种方式结合起来使用。

3.12 本章小结

本章读者学习了 Verilog 的基础语法,并且在第 2 章中学习了数字逻辑电路的基础知识,那么后面会通过几个典型的组合和时序逻辑电路,结合讲过的 Verilog 语法基础,引导读者简单、迅速地完成设计和简单验证的流程,从而让读者加深理解,提升对本章基础内容的学习效果。

第 4 章

组合逻辑电路实例

4.1 解码器

▶ 21min

根据输入编码进行解码,解码输出的比特位中只有一个为 0,其余比特位为 1。

4.1.1 真值表

这里以 2-4 解码器为例,这里的 2 指的是输入端 select 选择信号为两个比特,经过解码器解码后,输出端 z 可以从 4 个中选 1 个进行输出,其真值表见表 4-1。

表 4-1 2-4 解码器真值表

select	z	select	z
00	1110	10	1011
01	1101	11	0111

4.1.2 卡诺图及逻辑表达式

对 2-4 解码器的输出端 z 逐位进行卡诺图及逻辑表达式化简,如图 4-1 所示。

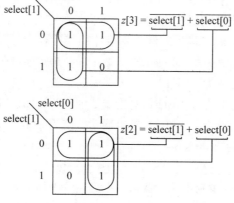

图 4-1 2-4 解码器卡诺图及逻辑表达式

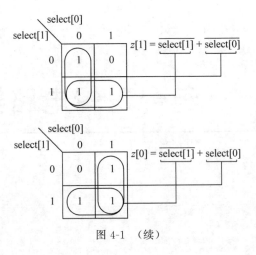

图 4-1 （续）

4.1.3 电路图

根据逻辑表达式可以画出对应的电路图,如图 4-2 所示。

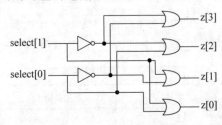

图 4-2 2-4 解码器电路图

4.1.4 Verilog 实现

上面只是 2-4 解码器,如果是 8-256 解码器呢? 难道还是要先写真值表,然后画卡诺图及逻辑表达式吗? 这样的过程太过烦琐。真值表、卡诺图、逻辑表达式只是分析电路的手段,具体如何选择要根据实际情况来考虑。

其实通过分析真值表,就可以发现解码器电路的规律:

(1) 当输入端 select 的值为 2'b00 时,输出端 z 的值为 4'b1110,即 4'b1111 ^ 4'b0001。

(2) 当输入端 select 的值为 2'b01 时,输出端 z 的值为 4'b1101,即 4'b1111 ^ 4'b0010。

(3) 当输入端 select 的值为 2'b10 时,输出端 z 的值为 4'b1011,即 4'b1111 ^ 4'b0100。

(4) 当输入端 select 的值为 2'b11 时,输出端 z 的值为 4'b0111,即 4'b1111 ^ 4'b1000。

因此,输出端 z 的值为

$$z = 4\text{'b1111} \verb|^| (1 << select) \tag{4-1}$$

利用式(4-1),编写组合逻辑电路的 Verilog 实现代码如下:

```verilog
//文件路径:4.1/src/decoder.v
module decoder(enable,select,z);              //声明模块名及端口列表
  parameter SELECT_WIDTH = 2; //指定输入端 select 的位宽参数,该参数可以通过例化进行传递
  localparam Z_WIDTH = (1 << SELECT_WIDTH);  //根据 SELECT_WIDTH 参数计算出本地参数,
                                             //即输出端位宽

  input enable;                              //解码的使能端口,只有为 1 时才开始解码
  input[SELECT_WIDTH-1:0] select;            //输入的待解码的选择端口
  output reg [Z_WIDTH-1:0] z;                //输出结果的端口

  always@(*)begin   //用于解码的组合逻辑,只要敏感列表中的信号变化就重新计算输出结果
  if(enable)
    z = ({Z_WIDTH{1'b1}} ^ (1 << select));   //利用式(4-1)实现
  else
    z = {Z_WIDTH{1'b1}};                     //默认输出全 1
  end

endmodule
```

4.1.5 测试平台

顶层测试模块的代码如下:

```systemverilog
//文件路径:4.1/sim/testbench/demo_tb.sv
module top;
  localparam SELECT_WIDTH = 2;              //设置测试模块要传递给 DUT 输入端 select 的位宽参数
  localparam Z_WIDTH = (1 << SELECT_WIDTH); //根据 SELECT_WIDTH 参数计算出本地参数,即 DUT
                                            //的输出端位宽

  logic enable;                            //定义用于驱动和观测 DUT 输入端 enable 的接口信号
  logic[SELECT_WIDTH-1:0] select;          //定义用于驱动和观测 DUT 输入端 select 的接口信号

  logic[Z_WIDTH-1:0] z;                    //定义用于观测 DUT 输出端 z 的接口信号

  decoder #(.SELECT_WIDTH(SELECT_WIDTH)) DUT(
            .enable(enable),
            .select(select),
            .z(z));                        //例化连接 DUT

  initial begin
    $display("%0t -> Start!!!", $time);
    enable = 0;                            //默认使能输入端置 0
    select = 0;                            //默认选择输入端口置 0

    #10ns;
    enable = 1;                            //使能输入端置 1 开始解码
    #10ns;
    $display("%0t -> select: %b z: %b", $time,select,z);
    repeat(10)begin                        //循环递增选择输入端的值并打印输出端的结果
```

```
        select++;
        #10ns;
        $display(" %0t -> select: %b z: %b", $time,select,z);
    end
    $display(" %0t ->Finish!!!", $time);
    $finish;
  end

endmodule : top
```

注意:

(1) 这里的 DUT,即待测设计,对于本实例来讲是 decoder 解码器模块。

(2) 通常测试平台使用 SystemVerilog 进行编写,并且在仿真时加入仿真选项使仿真工具支持 SystemVerilog 的语法。

(3) 一般需要在测试平台里例化、连接并集成 DUT,同时产生时钟和复位信号,产生输入激励并施加到 DUT 的输入端,然后监测比较 DUT 的输出端结果是否符合预期。

(4) 这里连接到 DUT 的驱动和观测信号必须是 logic 类型,这是一种在 SystemVerilog 中常见的数据类型,该数据类型支持四态值,可以更真实地对 DUT 端口上的信号进行模拟,从而能够监测到 DUT 输入/输出端口上的不定态 x 或高阻态 z,在对 DUT 测试的过程中,排除出现 x 或 z 特殊值是由功能错误所导致的问题。有关该数据类型的介绍和使用,会在后面 SystemVerilog 基础章节里为读者进行介绍。

4.1.6 仿真验证

仿真结果如下:

```
0 -> Start!!!
20 -> select: 00 z: 1110
30 -> select: 01 z: 1101
40 -> select: 10 z: 1011
50 -> select: 11 z: 0111
60 -> select: 00 z: 1110
70 -> select: 01 z: 1101
80 -> select: 10 z: 1011
90 -> select: 11 z: 0111
100 -> select: 00 z: 1110
110 -> select: 01 z: 1101
120 -> select: 10 z: 1011
120 ->Finish!!!
```

仿真波形如图 4-3 所示。

可以看到,2-4 解码器电路按照预期正确地进行了解码。

图 4-3 2-4 解码器仿真波形

注意：可以修改例化 DUT 模块时传递的参数，例如将 SELECT_WIDTH 修改为 3，即变为 3-8 解码器，然后再次进行仿真，查看日志和波形来验证。

4.2 加法器

通常加法器分为半加器和全加器，全加器可以由半加器组成。

4.2.1 真值表

1. 半加器

半加器有两个 1 比特的数据输入端 a 和 b，一个 1 比特的进位输出端 carry，一个 1 比特的和输出端 sum，真值表见表 4-2。

表 4-2 半加器真值表

a	b	carry	sum
0	0	0	0
0	1	0	1
1	0	0	1
1	1	1	0

2. 全加器

全加器有两个 1 比特的数据输入端 a 和 b 及一个 1 比特进位输入端 carry_in，一个 1 比特的进位输出端 carry_out，一个 1 比特的和输出端 sum，真值表见表 4-3。

表 4-3 全加器真值表

a	b	carry_in	carry_out	sum
0	0	0	0	0
0	0	1	0	1
0	1	0	0	1
0	1	1	1	0
1	0	0	0	1
1	0	1	1	0
1	1	0	1	0
1	1	1	1	1

4.2.2 卡诺图及逻辑表达式

1. 半加器

半加器卡诺图及逻辑表达式,如图 4-4 所示。

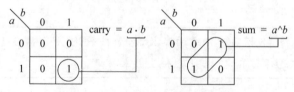

图 4-4 半加器卡诺图及逻辑表达式

2. 全加器

全加器卡诺图及逻辑表达式,如图 4-5 所示。

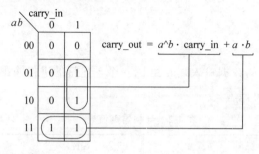

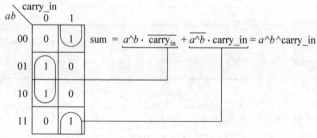

图 4-5 全加器卡诺图及逻辑表达式

4.2.3 电路图

半加器由一个与门电路和一个异或电路组成,如图 4-6 所示。

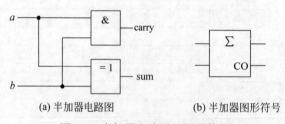

(a) 半加器电路图   (b) 半加器图形符号

图 4-6 半加器电路图及图形符号

全加器由两个半加器和一个或门电路组成,如图 4-7 所示。

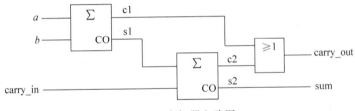

图 4-7 全加器电路图

对于大规模芯片设计来讲,采用层次化设计是非常有必要的,这样可以做到将复杂的芯片功能切分为一个个小的模块,然后一层一层搭建连接,从而较为容易地实现复杂的功能。另外,采用层次化设计也有助于团队的分工协作,可以将切分的一个个小模块交给不同的设计人员去负责设计实现,同时交给不同的验证人员去负责验证,最终搭建出一个顶层的模块,从而实现复杂的芯片设计。

4.2.4 Verilog 实现

1. 结构化描述

通过门电路或模块实例化连接的方式对电路进行描述。

1) 半加器

半加器的 Verilog 实现,代码如下:

```
//文件路径:4.2/src/half_adder.v
module half_adder(a,b,sum,carry);
  input a,b;
  output reg sum,carry;

  always@(a or b)begin
    sum = a ^ b;
    carry = a & b;
  end

endmodule
```

2) 全加器

全加器的 Verilog 实现,代码如下:

```
//文件路径:4.2/src/full_adder.v
module full_adder(a,b,carry_in,sum,carry_out);
  input a,b,carry_in;
  output reg sum,carry_out;

  wire c1,s1,c2;

//例化并连接子模块半加器
```

```
half_adder h1(.a(a),.b(b),.sum(s1),.carry(c1));
half_adder h2(.a(s1),.b(carry_in),.sum(sum),.carry(c2));

assign carry_out = c1 || c2;

endmodule
```

可以看到,使用这种结构化描述方法,相对比较麻烦,下面介绍更简单的描述方式,即行为级描述方式。

2. 行为级描述

使用更加抽象的方式对电路进行描述,可以使用逻辑表达式或者 Verilog 结构化语句来对电路进行描述,而不是采用门电路连接的方式来描述,可以更轻松容易地实现复杂的电路。

基于行为级描述的全加器的 Verilog 实现,代码如下:

```
//文件路径:4.2/src/full_adder.v
module full_adder(a,b,carry_in,sum,carry_out);
  input a,b,carry_in;
  output reg sum,carry_out;

  always@(*)begin
    {carry_out,sum} = a + b + carry_in;
  end

endmodule
```

可以看到,上面的代码简便了很多,而且更容易理解。其实对于复杂的设计来讲采用的还是结构化和行为级方式的结合,只要合理划分模块功能的大小即可。

4.2.5　测试平台

顶层测试模块的代码如下:

```
//文件路径:4.2/sim/testbench/demo_tb.sv
module top;
  logic a,b,carry_in;
  logic sum,carry_out;
  logic[2:0] tmp;

  full_adder DUT(.a(a),
                 .b(b),
                 .carry_in(carry_in),
                 .sum(sum),
                 .carry_out(carry_out));

  initial begin
```

```
      $display("%0t -> Start!!!", $time);
      tmp = 0;
      repeat(10)begin
        {a, b, carry_in} = tmp;
        #10ns;
        $display("%0t -> {a, b, carry_in}: %b {carry_out, sum}: %b", $time, {a, b, carry_in},
{carry_out, sum});
        tmp++;
      end
      $display("%0t -> Finish!!!", $time);
      $finish;
  end

endmodule
```

4.2.6　仿真验证

仿真结果如下：

```
0 -> Start!!!
10 -> {a, b, carry_in}: 000 {carry_out, sum}: 00
20 -> {a, b, carry_in}: 001 {carry_out, sum}: 01
30 -> {a, b, carry_in}: 010 {carry_out, sum}: 01
40 -> {a, b, carry_in}: 011 {carry_out, sum}: 10
50 -> {a, b, carry_in}: 100 {carry_out, sum}: 01
60 -> {a, b, carry_in}: 101 {carry_out, sum}: 10
70 -> {a, b, carry_in}: 110 {carry_out, sum}: 10
80 -> {a, b, carry_in}: 111 {carry_out, sum}: 11
90 -> {a, b, carry_in}: 000 {carry_out, sum}: 00
100 -> {a, b, carry_in}: 001 {carry_out, sum}: 01
100 -> Finish!!!
```

仿真波形如图 4-8 所示。

图 4-8　全加器仿真波形

可以看到，全加器电路按照预期正确地进行了加法运算。

4.3　存储器

用于存取数据的器件，要实现存储，需要地址和数据，也就是说要包括一个数组变量，对
数据的存取即通过地址对存储器进行读写访问。

存储器的行为功能如下。

（1）写操作：使能端 enable 为高电平，读写操作标志位 rw 为低电平，给定写操作的地址 addr 及写数据 data，就可以实现将数据写入对应的存储器地址中。

（2）读操作：使能端 enable 为高电平，读写操作标志位 rw 为高电平，给定读操作的地址 addr，就可以实现从对应的存储器地址中读出数据并送到数据 data 双向端口进行输出。

注意：对于有些模块来讲，例如存储器，不方便也没有必要编写真值表、卡诺图、逻辑表达式和电路图，然后编写 Verilog 代码对电路进行建模，而应该灵活地运用所介绍的分析方法。后面章节内容中如分析过程中未给出真值表、卡诺图、逻辑表达式和电路图，不影响对电路的分析理解和实现。

4.3.1　Verilog 实现

存储器的 Verilog 实现，代码如下：

```verilog
//文件路径:4.3/src/memory.v
module memory(enable,rw,addr,data);
  parameter ADDR_WIDTH = 8;                          //地址宽度参数
  parameter DATA_WIDTH = 16;                         //数据宽度参数
  parameter MEM_DEPTH = 256;                         //存储器大小深度参数

  input enable;                                      //输入使能端
  input rw;                                          //输入读写标志位,0表示写,1表示读
  input[ADDR_WIDTH-1:0] addr;                        //读写地址输入端
  inout[DATA_WIDTH-1:0] data;                        //可输入/输出的双向读写数据端口

  reg[DATA_WIDTH-1:0] memory_data [0:MEM_DEPTH-1];   //用于存取数据的数组

//当使能端为1且rw为0时为写操作,表示将输入端数据根据输入地址写到数组变量里
  always@(enable or rw or addr or data)begin
    if(enable & (~rw))
      memory_data[addr] = data;
  end

  //当使能端为1且rw为1时为读操作,表示根据输入地址将数组变量中存储的数据读到输出端
data,否则读出来为高阻值
  assign data = (enable & rw)? memory_data[addr] : {DATA_WIDTH{1'bz}};

endmodule
```

4.3.2　测试平台

分别对存储器进行写十次和读十次操作的测试，参考代码如下：

```systemverilog
//文件路径:4.3/sim/testbench/demo_tb.sv
module top;
  localparam ADDR_WIDTH = 8;  //设置例化 DUT 时的参数
```

```
localparam DATA_WIDTH = 16;
localparam MEM_DEPTH = 256;

logic enable;
logic rw;
logic[ADDR_WIDTH - 1:0] addr;
wire[DATA_WIDTH - 1:0] data;              //注意 inout 端口连接只能通过 wire 线网型连接,后面通
                                          //过 force 的方式给激励

memory #(ADDR_WIDTH,DATA_WIDTH,MEM_DEPTH) DUT(
            .enable(enable),
            .rw(rw),
            .addr(addr),
            .data(data));

initial begin
  int i = 0;
  $display(" %0t -> Start!!!", $time);
  enable = 0;
  #10ns;


  enable = 1;
  //写操作测试
  rw = 0;
  addr = 0;
  repeat(10)begin
    force data = i;
    #10ns;
    addr++;
    $display(" %0t -> write addr: %h data: %h", $time,addr,data);
    release data;
    i++;
  end
  //读操作测试
  rw = 1;
  addr = 0;
  repeat(10)begin
    #10ns;
    addr++;
    $display(" %0t -> read addr: %h data: %h", $time,addr,data);
  end
  $display(" %0t -> Finish!!!", $time);
  $finish;
end

endmodule : top
```

4.3.3 仿真验证

仿真结果如下:

```
0  -> Start!!!
20  -> write addr: 01 data: 0000
30  -> write addr: 02 data: 0001
40  -> write addr: 03 data: 0002
50  -> write addr: 04 data: 0003
60  -> write addr: 05 data: 0004
70  -> write addr: 06 data: 0005
80  -> write addr: 07 data: 0006
90  -> write addr: 08 data: 0007
100  -> write addr: 09 data: 0008
110  -> write addr: 0a data: 0009
120  -> read addr: 01 data: 0000
130  -> read addr: 02 data: 0001
140  -> read addr: 03 data: 0002
150  -> read addr: 04 data: 0003
160  -> read addr: 05 data: 0004
170  -> read addr: 06 data: 0005
180  -> read addr: 07 data: 0006
190  -> read addr: 08 data: 0007
200  -> read addr: 09 data: 0008
210  -> read addr: 0a data: 0009
210  -> Finish!!!
```

仿真波形如图 4-9 所示。

图 4-9 存储器仿真波形

可以看到,存储器在相同地址下读写数据一致,即按照预期正确地对数据进行了存取。

4.4 本章小结

本章通过几个典型的组合逻辑电路的实例,结合讲过的 Verilog 语法基础,引导读者简单、迅速地完成设计和简单验证的流程,从而让读者加深理解,提升对数字电路及 Verilog 基础内容的学习效果。

注意:本章在描述组合逻辑电路时,使用的都是阻塞赋值方式。

第5章

时序逻辑电路实例

5.1 触发器

关于触发器之前在数字逻辑电路基础的章节里向读者介绍过。本节来看如何使用 Verilog 硬件描述语言来对触发器进行建模，将以 D 触发器和带低电平复位的 D 触发器为例向读者进行讲解。

5.1.1 Verilog 实现

▶ 11min

1. D 触发器

D 触发器的 Verilog 实现，代码如下：

```
//文件路径:5.1/src/dff.v
module dff(clk,din,dout);
  input clk;
  input din;
  output reg dout;

  //上升沿触发(也可以改为下降沿触发,只要改为 negedge clk 即可),将输出端 dout 的值更新为输入
  //端 din 的值
  always@(posedge clk)begin
    dout <= din;
  end

endmodule
```

2. 带低电平复位的 D 触发器

带低电平复位的 D 触发器的 Verilog 实现，代码如下：

```
//文件路径:5.1/src/dff_rst.v
module dff_rst(clk,rst_n,din,dout);
  input clk;
  input rst_n;
  input din;
```

```
    output reg dout;

//上升沿触发,将输出端 dout 的值更新为输入端 din 的值,并且当 rst_n 为低电平时进行复位,即将
//输出端置 0
    always@(posedge clk)begin
      if(!rst_n)
        dout <= 1'b0;
      else
        dout <= din;
    end

endmodule
```

5.1.2　测试平台

顶层测试模块的代码如下:

```
//文件路径:5.1/sim/testbench/demo_tb.sv
module top;
  logic clk;
  logic rst_n;
  logic dff_din;
  logic dff_dout;
  logic dff_rst_dout;

  dff DUT_dff(.clk(clk),
              .din(dff_din),
              .dout(dff_dout));                //例化 D 触发器

  dff_rst DUT_dff_rst(.clk(clk),
                      .rst_n(rst_n),
                      .din(dff_din),
                      .dout(dff_rst_dout));    //例化带低电平复位的 D 触发器

  initial begin                                //产生时钟翻转信号
    clk = 0;
    forever begin
      #10;
      clk = ~clk;
    end
  end

  initial begin                                //产生复位信号
    rst_n = 0;
    #5;
    rst_n = 1;
    #250;
    rst_n = 0;
  end
```

```
    initial begin
      int random_delay;
      $display(" %t -> Start!!!", $time);
      repeat(10)begin   //产生随机延迟的数据输入端dff_din,并将输入激励打印出来
        dff_din = $urandom_range(1,0);
        random_delay = $urandom_range(50,0);
        $display(" %t -> random delay is %0d", $time, random_delay);
        #random_delay;
      end
      #100;
      $display(" %t -> Finish!!!", $time);
      $finish;
    end

endmodule : top
```

5.1.3 仿真验证

仿真结果如下:

```
0 -> Start!!!
0 -> dff_din is 1, random delay is 17
17 -> dff_din is 0, random delay is 3
20 -> dff_din is 1, random delay is 11
31 -> dff_din is 1, random delay is 10
41 -> dff_din is 1, random delay is 4
45 -> dff_din is 1, random delay is 17
62 -> dff_din is 0, random delay is 7
69 -> dff_din is 0, random delay is 11
80 -> dff_din is 0, random delay is 1
81 -> dff_din is 1, random delay is 7
188 -> Finish!!!
```

仿真波形如图 5-1 所示。

图 5-1 触发器仿真波形

可以看到,触发器在时钟上升沿时触发,将数据输入端 dff_din 的值更新到输出端 dout,同时可以看到两个触发器的区别,带低电平复位的 D 触发器在复位信号 rst_n 为低电平时,输出端 dout 的值被置为 0,因此触发器已经按照预期正确地运行了。

9min

5.2 移位寄存器

简单的单向移位寄存器,由低位向高位循环移动(循环左移),可以加载设定移位寄存器的初始值。

移位寄存器的行为功能如下。

(1) 复位操作:当复位信号 rst_n 为低电平时,将移位寄存器输出端 dout 置为全 0。

(2) 加载操作:当复位信号 rst_n 为高电平且加载使能端 load_enable 为高电平时,会在时钟敏感边沿变化时将寄存器的初始值置为 load_data。

(3) 移位操作:当复位信号 rst_n 为高电平且加载使能端 load_enable 为低电平时,移位寄存器会在时钟敏感边沿变化时将输出端 dout 的值进行循环左移。

5.2.1 Verilog 实现

移位寄存器的 Verilog 实现,代码如下:

```verilog
//文件路径:5.2/src/shifter.v
module shifter(clk,rst_n,load_enable,load_data,dout);
  input clk;
  input rst_n;
  input load_enable;        //加载使能端
  input[7:0] load_data;     //位宽为8的移位寄存器加载初始值输入端
  output[7:0] dout;         //位宽为8的移位寄存器的输出端

  reg[7:0] shift_data;      //内部移位寄存器变量

  always@(posedge clk)begin
    if(!rst_n)              //当复位信号为低电平时,在时钟敏感沿将输出端置0
      shift_data <= 'd0;
    else begin
      if(load_enable)       //加载使能端为高电平时,加载内部移位寄存器变量的初始值
        shift_data <= load_data;
      else                  //当加载使能端为低电平时,将内部移位寄存器变量的值进行循环左移
        shift_data <= {shift_data[6:0],shift_data[7]};
    end
  end

  assign dout = shift_data;              //将内部移位寄存器变量的值连续赋值给输出端进行输出

endmodule
```

5.2.2 测试平台

顶层测试模块的代码如下:

```systemverilog
//文件路径:5.2/sim/testbench/demo_tb.sv
module top;
  logic clk;
  logic rst_n;
  logic load_enable;
  logic[7:0] load_data;
  logic[7:0] dout;

  shifter DUT(.clk(clk),
              .rst_n(rst_n),
              .load_enable(load_enable),
              .load_data(load_data),
              .dout(dout));       //例化连接 DUT

  initial begin                   //产生时钟翻转信号
    clk = 0;
    forever begin
      #10;
      clk = ~clk;
    end
  end

  initial begin                   //产生复位信号
    rst_n = 0;
    #50;
    rst_n = 1;
  end

  initial begin
    $display(" %0t -> Start!!!", $time);
    load_enable = 0;
    load_data = 0;
    #100;

    load_enable = 1;              //将加载使能端置1以设置移位寄存器初始值
    std::randomize(load_data);    //对加载数据的初始值进行随机赋值
    $display(" %0t -> load_data is %b", $time,load_data);
    #100;

    load_enable = 0;              //关闭加载使能

    #300; //延迟一段时间,这段时间内在每个时钟敏感边沿移位寄存器进行循环左移并输出
    $display(" %0t -> Finish!!!", $time);
    $finish;
  end

endmodule : top
```

注意：这里使用了 SystemVerilog 中的随机方法 std::randomize()，用于获取变量的随机值，后面再向读者进行详细讲解。

5.2.3　仿真验证

仿真结果如下：

```
0 -> Start!!!
100 -> load_data is 01010001
500 -> Finish!!!
```

仿真波形如图 5-2 所示。

图 5-2　移位寄存器仿真波形

可以看到，当加载使能端 load_enable 为高电平时，会在时钟敏感边沿变化时将移位寄存器的初始值置为 load_data，即这里的随机值 8'b01010001，随后加载使能端 load_enable 被拉低，然后移位寄存器会在时钟敏感边沿变化时将输出端 dout 的值进行循环左移，波形中 8'b01010001 → 8'b10100010 → 8'b01000101 → 8'b10001010…这样一直循环左移下去，因此移位寄存器已经按照预期正确地运行了。

7min

5.3　计数器

顾名思义，计数器就是用来根据时钟边沿跳变来统计时钟周期数量的模块。

计数器的行为功能如下。

(1) 复位操作：当复位信号 rst_n 为低电平时，将计数器输出端 dout 置为全 0。

(2) 加载操作：当复位信号 rst_n 为高电平且加载使能端 load_enable 为高电平时，会在时钟敏感边沿变化时将计数器的初始值置为 load_counter。

(3) 计数操作：当复位信号 rst_n 为高电平且加载使能端 load_enable 为低电平时，计数器会在时钟敏感边沿变化时将输出端 dout 的值自增加 1。

5.3.1　Verilog 实现

计数器的 Verilog 实现，代码如下：

```
//文件路径:5.3/src/counter.v
module counter(clk,rst_n,load_enable,load_counter,dout);
```

```
input clk;
input rst_n;
input load_enable;        //加载使能端
input[7:0] load_counter;  //位宽为8的计数器加载初始值输入端
output[7:0] dout;         //位宽为8的计数器的输出端

reg[7:0] counter;         //内部计数的寄存器变量

always@(posedge clk)begin
  if(!rst_n)              //当复位信号为低电平时,在时钟敏感边沿将输出端置0
    counter <= 'd0;
  else begin
    if(load_enable)       //当加载使能端为高电平时,加载内部计数的寄存器变量的初始值
      counter <= load_counter;
    else                  //当加载使能端为低电平时,将内部计数的寄存器变量的值自增加1
      counter = counter + 1;
  end
end

assign dout = counter;    //将内部计数的寄存器变量的值连续赋值给输出端进行输出

endmodule
```

5.3.2　测试平台

顶层测试模块的代码如下:

```
//文件路径:5.3/sim/testbench/demo_tb.sv
module top;
  logic clk;
  logic rst_n;
  logic load_enable;
  logic[7:0] load_counter;
  logic[7:0] dout;

  counter DUT(.clk(clk),
              .rst_n(rst_n),
              .load_enable(load_enable),
              .load_counter(load_counter),
              .dout(dout));

  initial begin
    clk = 0;
    forever begin
      #10;
      clk = ~clk;
    end
  end

  initial begin
```

```
    rst_n = 0;
    #50;
    rst_n = 1;
  end

  initial begin
    $display("%0t -> Start!!!", $time);
    load_enable = 0;
    load_counter = 0;
    #100;

    load_enable = 1;
    std::randomize(load_counter);
    $display("%0t -> load_counter is %0d", $time,load_counter);
    #100;

    load_enable = 0;

    #300;
    $display("%0t -> Finish!!!", $time);
    $finish;
  end

endmodule : top
```

5.3.3   仿真验证

仿真结果如下：

```
0 -> Start!!!
100 -> load_counter is 81
500 -> Finish!!!
```

仿真波形如图 5-3 所示。

图 5-3   计数器仿真波形

可以看到，当加载使能端 load_enable 为高电平时，会在时钟敏感边沿变化时将寄存器的初始值置为 load_counter，即这里的随机值 8'd81（波形上是 8'h51），随后加载使能端 load_enable 被拉低，然后计数器会在时钟敏感边沿变化时将输出端 dout 的值进行自增加 1，波形中 8'h51 → 8'h52 → 8'h53 → 8'h54…这样一直递增下去，因此计数器已经按照预期正确地运行了。

5.4 状态机

16min

以一个经典的数字芯片设计笔试题——自动饮料售卖机为例,来向读者进行讲解。

5.4.1 过程分析

16min

1. 题目

要求设计一个自动饮料售卖机,饮料 10 分钱,硬币有 5 分和 10 分两种,并考虑找零。

(1) 分析并画出状态转移图、卡诺图,给出逻辑表达式。

(2) 使用 Verilog 实现。

9min

(3) 搭建测试平台做简单验证。

下面带着读者一步步地分析和完成。

2. 设计过程

第 1 步,确定输入输出。

16min

• 输入部分:

A=1 表示投入 5 分钱,A=0 表示没有投入 5 分钱。

B=1 表示投入 10 分钱,B=0 表示没有投入 10 分钱。

• 输出部分:

Y=1 表示弹出饮料,Y=0 表示没有弹出饮料。

Z=1 表示找零,Z=0 表示不找零。

第 2 步,确定电路状态。

S0 表示售卖机里还没有钱币,S1 表示已经投了 5 分钱。这里不存在其他情况,例如投了 10 分钱,已经足够完成本次交易,电路应该回归初始的 S0 状态,所以只会有 S0 和 S1 这两种状态。

第 3 步,画状态转移图。

• S0 状态时:

(1) 如果不投钱,则 AB=00,此时肯定不会弹出饮料,也不会找零,因此 YZ=00,此时状态也不会跳转,保持为 S0。

(2) 如果投入 5 分钱,则 AB=10,此时还不够 10 分钱,因此不会弹出饮料,也不会找零,因此 YZ=00,此时状态将跳转换为 S1。

(3) 如果投入 10 分钱,则 AB=01,此时售卖机中已经达到 10 分钱,因此会弹出饮料,但不会找零,因此 YZ=10,完成交易后回到初始状态 S0,等待进行下一次交易。

(4) 同时投入 5 分钱和 10 分钱的情况假设不会发生(投币口只支持一次投一个币),因此 AB=11 的情况,默认 YZ=00,并回到初始态 S0。

• S1 状态时:

(1) 如果不投钱,则 AB=00,此时肯定不会弹出饮料,也不会找零,因此 YZ=00,此时状态也不会跳转,保持为 S1。

（2）如果投入 5 分钱,则 AB=10,此时售卖机中已经达到 10 分钱,因此会弹出饮料,但不会找零,因此 YZ=10,完成交易后回到初始状态 S0,等待进行下一次交易。

（3）如果投入 10 分钱,则 AB=01,此时售卖机中已经达到 15 分钱,因此会弹出饮料,同时会找零,因此 YZ=11,完成交易后回到初始状态 S0,等待进行下一次交易。

注意:一般来讲,如果顾客手中有两枚硬币,肯定直接投 10 分钱就好了,哪有先投 5 分钱再投 10 分钱等着把之前投进去的 5 分钱再找零回来的道理,但做电路设计需要考虑这种特殊的情况,那可能是这个顾客忘了自己有两枚硬币,也可能是上个顾客投了 5 分钱后,发现身上只有 5 分钱就走了,然后第 2 个顾客过来捡了便宜,所以只要有可能发生的情况,在设计时都必须考虑到,尤其是在实际项目中比这复杂的情况都要尽量考虑到,而这些地方恰恰是容易发生问题且易存在 Bug 的地方,需要尤其认真仔细。

（4）同时投入 5 分钱和 10 分钱的情况假设不会发生(投币口只支持一次投一个币),因此 AB=11 的情况,默认 YZ=00,并回到初始态 S0。

根据以上分析,可以画出状态转移图,如图 5-4 所示。

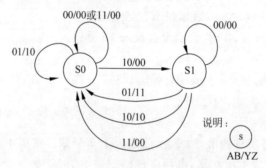

图 5-4　饮料售卖机状态转移图

第 4 步,真值表。

根据图 5-4 可以很容易地列出表 5-1 所示的真值表。

表 5-1　饮料售卖机真值表

A	B	S^n	S^{n+1}	Y	Z
0	0	0	0	0	0
0	1	0	0	1	0
1	0	0	1	0	0
1	1	0	0	0	0
0	0	1	1	0	0
0	1	1	0	1	1
1	0	1	0	1	0
1	1	1	0	0	0

第 5 步,卡诺图及逻辑表达式。

根据表 5-1 可以很容易地画出下一种状态 S^{n+1}、是否弹出饮料的输出端 Y、是否找零的输出端 Z 的卡诺图并对逻辑表达式进行化简,分别如图 5-5~图 5-7 所示。

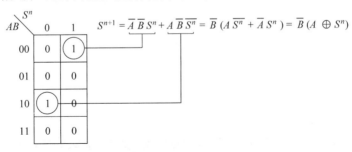

$$S^{n+1} = \overline{A}\,\overline{B}\,S^n + A\,\overline{B}\,\overline{S^n} = \overline{B}\,(A\,\overline{S^n} + \overline{A}\,S^n) = \overline{B}\,(A \oplus S^n)$$

图 5-5　饮料售卖机下一种状态 S^{n+1} 卡诺图及逻辑表达式

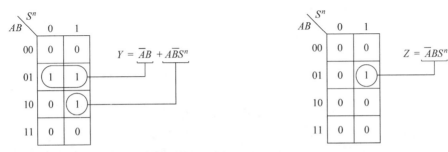

$$Y = \overline{A}B + A\overline{B}S^n$$

$$Z = \overline{A}BS^n$$

图 5-6　饮料售卖机输出端 Y 卡诺图及逻辑表达式　　图 5-7　饮料售卖机输出端 Z 卡诺图及逻辑表达式

有了上面这些分析过程,下一步的 Verilog 实现就会变得很容易了。

5.4.2　Verilog 实现

1. 二段式 Verilog 描述——基于逻辑公式

二段式描述的状态机,可以理解为两个 always 程序块。

(1) 第 1 个 always 程序块采用同步时序逻辑电路描述状态转移。

(2) 第 2 个 always 程序块采用组合逻辑电路判断状态转移条件并描述状态转移规律,同时采用组合逻辑电路输出结果。

第 2 个 always 程序块中的组合逻辑电路会用到第 5.4.1 节内容中化简后的公式。

基于逻辑公式的二段式描述自动饮料售卖机的 Verilog 实现,代码如下:

```
//文件路径:5.4/src/sell.v
module sell1(clk,rst_n,a,b,y,z);
  parameter S0 = 1'b0;
  parameter S1 = 1'b1;
  input clk;
  input rst_n;
  input a,b;
```

```
    output reg y,z;

    reg current_state;
    reg next_state;

//采用同步时序逻辑电路描述状态转移
    always@(posedge clk or negedge rst_n)begin
      if(!rst_n)
        current_state <= S0;
      else
        current_state <= next_state;
    end

//采用组合逻辑电路判断状态转移条件并描述状态转移规律,同时采用组合逻辑电路输出结果,
//这里使用前面的逻辑表达式可以很容易地实现组合逻辑
    always@(current_state or a or b)begin
      next_state = (~b) & (a^current_state);
      y = ((~a) & b) || (a & (~b) & current_state);
      z = (~a) & b & current_state;
    end

endmodule
```

可以看到,在之前章节的内容中,给读者提到过的内容得到了应用:

(1) 当用 always 块来描述组合逻辑时,应当使用阻塞赋值。

(2) 当用 always 块来描述时序逻辑时,应当使用非阻塞赋值。

(3) 在同一个 always 模块中,最好不要混合使用阻塞赋值和非阻塞赋值,如果对同一变量既进行阻塞赋值,又进行非阻塞赋值,则在综合时会出错,所以 always 中要么全部使用非阻塞赋值,要么把阻塞赋值和非阻塞赋值分在不同的 always 中书写。

2. 二段式 Verilog 描述——基于行为级

这里依然采用二段式描述:

(1) 第 1 个 always 程序块采用同步时序逻辑电路描述状态转移。

(2) 第 2 个 always 程序块采用组合逻辑电路判断状态转移条件并描述状态转移规律,同时采用组合逻辑电路输出结果。

但是,这里采用行为级描述,不用像之前那样,又画状态转移图,又画卡诺图真值表,这次可以简单点。

行为级描述的第 2 个 always 程序块里的组合逻辑看起来更容易理解一点,写起来相对也更快,但是传统的采用卡诺图化简逻辑表达式的方式和这里的按照行为逻辑实现的方式都要掌握,两种方法结合才能解决在实际工作中遇到的更多问题。

基于行为级的二段式描述自动饮料售卖机的 Verilog 实现,代码如下:

```
//文件路径:5.4/src/sell.v
module sell2(clk,rst_n,a,b,y,z);
```

```verilog
    parameter S0 = 1'b0;
    parameter S1 = 1'b1;
    input clk;
    input rst_n;
    input a,b;
    output reg y,z;

    reg current_state;
    reg next_state;

//采用同步时序逻辑电路描述状态转移
    always@(posedge clk or negedge rst_n)begin
      if(!rst_n)
        current_state <= S0;
      else
        current_state <= next_state;
    end

//采用组合逻辑电路判断状态转移条件并描述状态转移规律,同时采用组合逻辑电路输出结果
//这里使用前面的状态转移图可以很容易地实现组合逻辑
    always@(current_state or a or b)begin
      y = 0;
      z = 0;
      case(current_state)
        S0: begin
          if((a == 1'b0) && (b == 1'b1))begin
            y = 1;
            next_state = S0;
          end
          else if((a == 1'b1) && (b == 1'b0))
            next_state = S1;
          else
            next_state = S0;
        end
        S1: begin
          if((a == 1'b0) && (b == 1'b0))
            next_state = S1;
          else if((a == 1'b0) && (b == 1'b1))begin
            y = 1;
            z = 1;
            next_state = S0;
          end
          else if((a == 1'b1) && (b == 1'b0))begin
            y = 1;
            next_state = S0;
          end
          else
            next_state = S0;
```

```
          end
        endcase
    end

endmodule
```

3. 三段式 Verilog 描述

三段式描述的状态机,可以理解为 3 个 always 程序块。

(1) 第 1 个 always 程序块采用同步时序逻辑电路描述状态转移。

(2) 第 2 个 always 程序块采用组合逻辑电路判断状态转移条件并描述状态转移规律。

(3) 第 3 个 always 程序块采用同步时序逻辑将结果寄存后输出。

两者的区别是三段式 Verilog 描述将原先第 2 个 always 程序块中对 y 和 z 的组合逻辑输出改为第 3 个 always 块的时序逻辑的寄存输出。三段式 Verilog 描述要将最后输出的结果进行时钟同步后通过寄存器输出。

下面用二段式改三段式描述的过程来向读者说明这两种描述方式的区别。

这是原本的二段式实现的代码:

```verilog
//文件路径:5.4/src/sell.v
module sell2(clk,rst_n,a,b,y,z);
  parameter S0 = 1'b0;
  parameter S1 = 1'b1;
  input clk;
  input rst_n;
  input a,b;
  output reg y,z;

  reg current_state;
  reg next_state;

//采用同步时序逻辑电路描述状态转移
  always@(posedge clk or negedge rst_n)begin
    if(!rst_n)
      current_state <= S0;
    else
      current_state <= next_state;
  end

//采用组合逻辑电路判断状态转移条件并描述状态转移规律,同时采用组合逻辑电路输出结果
//这里使用前面的状态转移图可以很容易地实现组合逻辑
  always@(current_state or a or b)begin
    y = 0;
    z = 0;
    case(current_state)
      S0: begin
        if((a == 1'b0) && (b == 1'b1))begin
          y = 1;
          next_state = S0;
```

```
        end
        else if((a == 1'b1) && (b == 1'b0))
          next_state = S1;
        else
          next_state = S0;
      end
      S1: begin
        if((a == 1'b0) && (b == 1'b0))
          next_state = S1;
        else if((a == 1'b0) && (b == 1'b1))begin
          y = 1;
          z = 1;
          next_state = S0;
        end
        else if((a == 1'b1) && (b == 1'b0))begin
          y = 1;
          next_state = S0;
        end
        else
          next_state = S0;
      end
    endcase
  end

endmodule
```

下面对其一步步改造。

第1步,将第2个 always 程序块中的输出 y 和 z 部分挪到第 3 个 always 块中,代码
如下:

```
module sell3(clk,rst_n,a,b,y,z);
  parameter S0 = 1'b0;
  parameter S1 = 1'b1;
  input clk;
  input rst_n;
  input a,b;
  output reg y,z;

  reg current_state;
  reg next_state;

  always@(posedge clk or negedge rst_n)begin   //第 1 个 always 块
    if(!rst_n)
      current_state <= S0;
    else
      current_state <= next_state;
  end

  always@(current_state or a or b)begin        //第 2 个 always 块
```

```
      y = 0;
      z = 0;
      case(current_state)
        S0: begin
          if((a == 1'b0) && (b == 1'b1))begin
            y = 1;
            next_state = S0;
          end
          else if((a == 1'b1) && (b == 1'b0))
            next_state = S1;
          else
            next_state = S0;
        end
        S1: begin
          if((a == 1'b0) && (b == 1'b0))
            next_state = S1;
          else if((a == 1'b0) && (b == 1'b1))begin
            y = 1;
            z = 1;
            next_state = S0;
          end
          else if((a == 1'b1) && (b == 1'b0))begin
            y = 1;
            next_state = S0;
          end
          else
            next_state = S0;
        end
      endcase
end

always@(posedge clk or negedge rst_n)begin   //第 3 个 always 块用于对结果进行寄存和输出
    if(!rst_n)begin
      y <= 0;
      z <= 0;
    end
    else begin
      case(current_state)
        S0: begin
          if((a == 1'b0) && (b == 1'b1))begin
            y <= 1;
          end
          else begin
            y <= 0;
            z <= 0;
          end
        end
        S1: begin
          if((a == 1'b0) && (b == 1'b1))begin
            y <= 1;
            z <= 1;
```

```
              end
              else if((a == 1'b1) && (b == 1'b0))begin
                 y = 1;
                 z = 0;
              end
              else begin
                 y <= 0;
                 z <= 0;
              end
          end
        endcase
      end
    end

  endmodule
```

注意：第 3 个 always 块为时序逻辑电路，采用非阻塞赋值。

第 2 步，删除第 2 个 always 块中的 y 和 z 部分，代码如下：

```
module sell3(clk,rst_n,a,b,y,z);
    parameter S0 = 1'b0;
    parameter S1 = 1'b1;
    input clk;
    input rst_n;
    input a,b;
    output reg y,z;

    reg current_state;
    reg next_state;

    always@(posedge clk or negedge rst_n)begin      //第 1 个 always 块
      if(!rst_n)
        current_state <= S0;
      else
        current_state <= next_state;
    end

    always@(current_state or a or b)begin           //第 2 个 always 块
      case(current_state)
        S0: begin
          if((a == 1'b0) && (b == 1'b1))begin
            next_state = S0;
          end
          else if((a == 1'b1) && (b == 1'b0))
            next_state = S1;
          else
            next_state = S0;
        end
        S1: begin
```

```verilog
        if((a == 1'b0) && (b == 1'b0))
          next_state = S1;
        else if((a == 1'b0) && (b == 1'b1))begin
          next_state = S0;
        end
        else if((a == 1'b1) && (b == 1'b0))begin
          next_state = S0;
        end
        else
          next_state = S0;
      end
    endcase
  end

  always@(posedge clk or negedge rst_n)begin //第3个always块
    if(!rst_n)begin
      y <= 0;
      z <= 0;
    end
    else begin
      case(current_state)
        S0: begin
          if((a == 1'b0) && (b == 1'b1))begin
            y <= 1;
          end
          else begin
            y <= 0;
            z <= 0;
          end
        end
        S1: begin
          if((a == 1'b0) && (b == 1'b1))begin
            y <= 1;
            z <= 1;
          end
          else if((a == 1'b1) && (b == 1'b0))begin
            y = 1;
            z = 0;
          end
          else begin
            y <= 0;
            z <= 0;
          end
        end
      endcase
    end
  end

endmodule
```

第3步,化简合并第2个always块中的逻辑即可得到最终的三段式状态机描述,代码如下:

```verilog
//文件路径:5.4/src/sell.v
module sell3(clk,rst_n,a,b,y,z);
  parameter S0 = 1'b0;
  parameter S1 = 1'b1;
  input clk;
  input rst_n;
  input a,b;
  output reg y,z;

  reg current_state;
  reg next_state;

  always@(posedge clk or negedge rst_n)begin //第1个always块
    if(!rst_n)
      current_state <= S0;
    else
      current_state <= next_state;
  end

  always@(current_state or a or b)begin //第2个always块
    case(current_state)
      S0: begin
        if((a == 1'b1) && (b == 1'b0))
          next_state = S1;
        else
          next_state = S0;
      end
      S1: begin
        if((a == 1'b0) && (b == 1'b0))
          next_state = S1;
        else
          next_state = S0;
      end
    endcase
  end

  always@(posedge clk or negedge rst_n)begin //第3个always块
    if(!rst_n)begin
      y <= 0;
      z <= 0;
    end
    else begin
      case(current_state)
        S0: begin
          if((a == 1'b0) && (b == 1'b1))begin
            y <= 1;
          end
```

```
          else begin
            y <= 0;
            z <= 0;
          end
        end
      S1: begin
        if((a == 1'b0) && (b == 1'b1))begin
          y <= 1;
          z <= 1;
        end
        else if((a == 1'b1) && (b == 1'b0))begin
          y <= 1;
          z <= 0;
        end
        else begin
          y <= 0;
          z <= 0;
        end
      end
    endcase
  end
end

endmodule
```

注意这里用二段式改三段式描述的过程只是为了向读者说明这两种描述方式的区别，并不是让读者先实现二段式，再实现三段式。实际上，读者完全可以参考状态转移图直接编写并实现三段式描述的 Verilog 代码。

5.4.3　测试平台

可以设计以下 3 种实际投币购买饮料的场景来进行测试。

1. 场景 1

先投 5 分钱，然后投 5 分钱。

此时期望的结果是弹出饮料，但不会找零，即 Y 和 Z 输出分别为 1 和 0，并且至少 Y 会有一段高电平的状态。

2. 场景 2

先投 5 分钱，然后投 10 分钱。

此时期望的结果是弹出饮料，并找零，即 Y 和 Z 输出都为 1，并且 Y 和 Z 都会有一段高电平的状态。

3. 场景 3

直接投 10 分钱。

此时期望的结果是弹出饮料，但不会找零，即 Y 和 Z 输出分别为 1 和 0，并且至少 Y 会有一段高电平的状态。

二段式和三段式描述的 Verilog 测试平台的代码是一样的,都对上述 3 种场景进行测试,只要例化不同的 DUT 模块即可。

(1) sell1:二段式 Verilog 描述——基于逻辑公式。

(2) sell2:二段式 Verilog 描述——基于行为级。

(3) sell3:三段式 Verilog 描述。

顶层测试模块的参考代码如下:

```
//文件路径:5.4/sim/testbench/demo_tb.sv
module top;
  logic clk;
  logic rst_n;
  logic a,b;
  logic y1,z1;
  logic y2,z2;
  logic y3,z3;

  sell1 DUT1(.clk(clk),.rst_n(rst_n),.a(a),.b(b),.y(y1),.z(z1));
  sell2 DUT2(.clk(clk),.rst_n(rst_n),.a(a),.b(b),.y(y2),.z(z2));
  sell3 DUT3(.clk(clk),.rst_n(rst_n),.a(a),.b(b),.y(y3),.z(z3));

  initial begin
    clk = 0;
    forever begin
      #10;
      clk = ~clk;
    end
  end

  initial begin
    rst_n = 0;
    #50;
    rst_n = 1;
  end

  initial begin
    $display(" %10t -> Start!!!", $time);
    a = 0;
    b = 0;
    #80;
    $display(" ------------------------------------------------- ");
    $display(" %10t -> Scenario 1", $time);
    $display(" %10t -> insert 5 cents", $time);
    a = 1;
    b = 0;
    #20;
    $display(" %10t -> insert 5 cents", $time);
    a = 1;
    b = 0;
    #20;
```

```
      a = 0;
      b = 0;

      #100;
      $display(" ---------------------------------------------- ");
      $display(" %10t -> Scenario 2", $time);
      $display(" %10t -> insert 5 cents", $time);
      a = 1;
      b = 0;
      #20;
      $display(" %10t -> insert 10 cents", $time);
      a = 0;
      b = 1;
      #20;
      a = 0;
      b = 0;

      #100;
      $display(" ---------------------------------------------- ");
      $display(" %10t -> Scenario 3", $time);
      $display(" %10t -> insert 10 cents", $time);
      a = 0;
      b = 1;
      #20;
      a = 0;
      b = 0;

      #100;
      $display(" %10t -> Finish!!!", $time);
      $finish;
   end

endmodule : top
```

5.4.4 仿真验证

仿真结果如下:

```
       0 -> Start!!!
----------------------------------------------
      80 -> Scenario 1
      80 -> insert 5 cents
     100 -> insert 5 cents
----------------------------------------------
     220 -> Scenario 2
     220 -> insert 5 cents
     240 -> insert 10 cents
----------------------------------------------
     360 -> Scenario 3
     360 -> insert 10 cents
     480 -> Finish!!!
```

从仿真结果的日志报告上来看,一共对 3 种场景进行了测试,和之前描述一致。

仿真波形如图 5-8 所示。

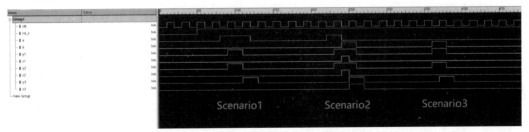

图 5-8　饮料售卖机仿真波形

为了看得更清楚,标注了上述 3 种场景,可以看到,输出的波形结果是符合期望的。

其中二段式状态机描述的输出结果 y1 和 y2,z1 和 z2 的波形是一致的,而三段式状态机描述通过将结果 y3 和 z3 寄存后输出,使其与时钟进行同步,输出电平以时钟周期为单位进行了整型。

简单来说,二段式状态机描述采用组合逻辑输出,因此输出结果会立刻变化,而三段式状态机描述则采用了与时钟同步的寄存器对结果进行寄存后再输出,因此输出的 y3 和 z3 波形是以时钟周期为电平单位进行变化的,只有在时钟的跳变沿才会产生变化,即不像组合逻辑那样立刻产生变化。

这样的好处主要是改善了时序条件,便于后期满足电路的时序要求,消除了组合逻辑带来的毛刺,但是三段式要相对复杂一点,多写了一个 always 块,即将结果寄存输出的时序逻辑,从而使综合后的电路面积可能会相对更多一些,但为了提高设计的稳定性,推荐采用三段式描述进行状态机的设计。

5.5　本章小结

本章通过几个典型的时序逻辑电路的实例,结合讲过的 Verilog 语法基础,引导读者简单、迅速地完成设计和简单验证的流程,从而让读者加深理解,提升对数字电路及 Verilog 基础内容的学习效果。

另外给读者留两个作业,也是数字芯片设计经常会看到的笔试题,感兴趣可以进行练习,以提升学习效果。

(1)用有限状态机(FSM)实现 101101 的序列检测模块。

(2)画状态机,接收 1、2、5 分钱的卖报机,每份报纸卖 5 分钱。

SystemVerilog篇

▶▶▶

第6章

SystemVerilog 基础

在之前的章节里,给读者讲过,即 SystemVerilog 是兼容 Verilog 的扩展语言,它扩展出很多强大的特性,例如面向对象语言的特性,支持随机约束、断言、功能覆盖率,以及支持 DPI 接口等,这些特性使 SystemVerilog 是一门兼顾设计和验证的语言,因此 SystemVerilog 除了兼容支持之前向读者介绍过的 Verilog 语法特性以外,还支持本章即将为读者介绍的扩展部分内容。

6.1 数据类型

6.1.1 基本类型

1. logic 类型

支持对四态值的表示,包括逻辑值 0、逻辑 1、不定值 x 和高阻值 z。

因为是四态值,因此可以对 DUT 中的 wire 和 reg 类型做到最真实的模拟,而且该类型的变量值既可以传递给 wire 又可以传递给 reg,用起来很方便。

logic 类型通常用于对接口(Interface)进行建模连接,之前在 4.1.5 节给读者讲过,用来将 DUT 连接到测试平台,参考代码如下:

```
//文件路径:4.1/sim/testbench/demo_tb.sv
module top;
    ...
    logic enable;                        //定义用于驱动和观测 DUT 输入端 enable 的接口信号
    logic[SELECT_WIDTH-1:0] select;      //定义用于驱动和观测 DUT 输入端 select 的接口信号
    logic[Z_WIDTH-1:0] z;                //定义用于观测 DUT 输出端 z 的接口信号

    decoder #(.SELECT_WIDTH(SELECT_WIDTH))
DUT(.enable(enable),.select(select),.z(z));   //例化 DUT
    ...

endmodule : top
```

看到这里,读者心中可能会有两个疑问。

第 1 个疑问:SystemVerilog 中的 logic 数据类型和 Verilog 中的 reg 数据类型都支持

对四态值的表示,既然都支持对四态值的表示,那两者有什么区别?

区别主要在于上面的测试模块(top)的例子,因为如果是 reg 数据类型,是不能完成这里的接口连接的动作的,而 logic 数据类型在这里却可以,起到了线网(wire)数据类型的连线作用,但是要注意 wire 数据类型可以有多个驱动,如多次连续赋值或者与多个模块的输出端口相连接,因此 wire 数据类型在设计中一般用于可以被多个器件驱动的信号,如数据总线或者地址总线,而 logic 数据类型在验证环境中一般用在接口,用于对 DUT 端口信号的连接建模,以方便对 DUT 端口进行驱动或采样。

第 2 个疑问:既然 logic 数据类型相比 reg 数据类型只是起到了 wire 数据类型的连线作用,为什么不直接用 Verilog 中的 wire 数据类型,而要用 SystemVerilog 扩展出来的 logic 数据类型呢?

这是因为 wire 数据类型不是变量,只能被驱动,其本身并不存储数据,即 wire 数据类型不能作为变量像 reg 数据类型那样存储数值,为了可以像 reg 数据类型那样作为一个存储单元的变量来使用,因此这里使用 logic 数据类型。

也就是说,这里的 logic 数据类型既有 wire 数据类型的特性,又有 reg 数据类型的特性,是 SystemVerilog 中一种"升级"的数据类型,使用起来非常方便。

示例代码如下:

```
logic g;              //1 比特 logic 数据类型
logic[31:0] g32;      //32 比特 logic 数据类型
```

对于测试环境来讲,通常读者只要记得在接口连接时使用 logic 就可以了,其他时候,一般使用下面要讲的 bit 数据类型。

2. bit 类型

支持对两态值的表示,包括逻辑值 0 和逻辑 1。

bit 数据类型比较偏软件,这种两态值变量类型通常只在测试环境中使用,主要用于变量的声明。由于只是两态值,因此相比四态值 logic 或 reg 数据类型,可以节约内存空间,提高仿真性能。

示例代码如下:

```
bit b;              //1 比特 bit 数据类型
bit[31:0] b32;      //32 比特 bit 数据类型
```

3. 其他类型

以下数据类型中使用最多的是 int 数据类型,其他类型暂且了解即可。

```
int unsigned ui;      //两态值类型,32 位无符号整型
int i;                //两态值类型,32 位有符号整型
Byte b8;              //两态值类型,8 位有符号整型
shortint s;           //两态值类型,16 位有符号整型
longint l;            //两态值类型,64 位有符号整型
time t;               //四态值类型,64 位无符号整型
real r;               //两态值类型,双精度浮点类型
```

以上是SystemVerilog中最基本的数据类型。

注意：

（1）可以通过signed和unsigned关键字指明是否为有符号数据类型。

（2）四态值数据类型reg、logic和integer的初始值为不定值x，两态值数据类型如bit等的初始值为逻辑值0。

（3）如果给两态值数据类型的变量如bit赋值为不定值x或高阻值z，则该两态值数据类型变量最终会被赋值为逻辑值0。

（4）可以使用'来轻松地对比特向量（多位宽变量）的所有比特位进行统一赋值，即可使用'0或'1将bit或logic类型向量的每个比特位赋值为逻辑值0或1，同理，也可以使用'x或'z将logic类型向量的每个比特位赋值为不定值x或高阻值z。

4. 参考实例

为了加深对本节内容的学习理解，可以参考的代码如下：

```
//文件路径:6.1.1/demo_tb.sv
module top;
  logic[31:0] g32;       //四态值类型,32位无符号logic类型
  bit[31:0] b32;         //两态值类型,32位无符号bit类型
  int unsigned ui;       //两态值类型,32位无符号整型
  int i;                 //两态值类型,32位有符号整型
  Byte b8;               //两态值类型,8位有符号整型
  shortint s;            //两态值类型,16位有符号整型
  longint l;             //两态值类型,64位有符号整型
  time t;                //四态值类型,64位无符号整型
  real r;                //两态值类型,双精度浮点类型

  initial begin
    $display(" %0t -> Start!!!", $time);
    g32 = 'hffxz;
    b32 = 'hffff;
    ui = 'd32;
    i = - 'd1;
    b8 = 'h66;
    s = - 'd1;
    l = - 'd1;
    r = 3.2;

    $display("g32 is %0h",g32);
    $display("b32 is %0h",b32);
    $display("ui is %0d",ui);
    $display("i is %0d",i);
    $display("b8 is %0h",b8);
    $display("s is %0d",s);
    $display("l is %0d",l);
    $display("r is %0f",r);
    b32 = 'hxxff;
```

▷ 4min

```
        $display("b32 is %0h",b32);
        b32 = 'hffzz;
        $display("b32 is %0h",b32);
        b32 = 'hxxzz;
        $display("b32 is %0h",b32);
        b32 = '1;
        $display("b32 is %0h",b32);
        g32 = '0;
        $display("g32 is %0h",g32);
        g32 = 'z;
        $display("g32 is %0h",g32);
        g32 = 'x;
        $display("g32 is %0h",g32);
        $display(" %0t -> Finish!!!", $time);
        $finish;
    end
endmodule
```

上面的参考实例定义了一些本节介绍过的数据类型,并对其进行赋值,然后调用系统函数进行打印,仿真结果如下:

```
0 -> Start!!!
g32 is ffxz
b32 is ffff
ui is 32
i is -1
b8 is 66
s is -1
l is -1
r is 3.200000
b32 is ff
b32 is ff00
b32 is 0
b32 is ffffffff
g32 is 0
g32 is zzzzzzzz
g32 is xxxxxxxx
0 -> Finish!!!
```

6.1.2　枚举类型

枚举类型是一个对值进行命名的集合变量,通常用于简化对参数值的定义来提升代码的可读性。

如果没有枚举类型,为了提升代码的可读性,则给参数值进行命名时需要通过以下方式实现:

（1）使用 `define 宏定义参数来定义，这在 3.11.3 节讲解过。

```
`define RED 0
`define ORANGE 1
`define YELLOW 2
`define GREEN 3
`define CYAN 4
`define BLUE 5
`define PURPLE 6
```

（2）使用 parameter 或 localparam 来定义，这在 3.2.3 节讲解过。

```
parameter A_WIDTH = 1;
parameter RED = 0;
parameter ORANGE = 1;
parameter YELLOW = 2;
parameter GREEN = 3;
parameter CYAN = 4;
parameter BLUE = 5;
parameter PURPLE = 6;
```

以上方式可行，但是如果想对一些具有相同属性的值的集合进行归类，例如定义一些值来表示颜色，颜色中有赤、橙、黄、绿、青、蓝、紫，则按照上面的方法分别进行命名会比较麻烦，而且不方便管理。

如果使用枚举类型变量实现，就简单清晰多了。

```
enum {RED,ORANGE,YELLOW,GREEN,CYAN,BLUE,PURPLE} colour_e;
```

这里枚举类型元素值默认为 int 类型，默认枚举元素值从 0 开始递增，即相当于：

```
enum int{
RED = 'd0,
ORANGE = 'd1,
YELLOW = 'd2,
GREEN = 'd3,
CYAN = 'd4,
BLUE = 'd5,
PURPLE = 'd6} colour_e;
```

也可指定其他枚举数据类型和位宽，例如

```
enum bit[2:0]{RED,ORANGE,YELLOW,GREEN,CYAN,BLUE,PURPLE} colour_e;
```

注意：

（1）通常枚举类型变量名称都会以后缀_e 作为结尾，以方便阅读及区分变量的类型。

（2）枚举值的数量不能超过数据位宽所支持的最大范围。

（3）类似地，parameter 及 localparam 在定义时也可以指定数据类型和位宽。

　　之前在 5.4 节讲解过状态机,其中使用 parameter 来定义电路的状态,状态相对比较简单,只有状态 S0 和 S1。下面以该章节中三段式描述为例,使用枚举数据类型重新定义状态变量 current_state 和 next_state,分别表示电路的当前状态和下一种状态,参考代码如下:

```
//文件路径:5.4/src/sell_enum.sv
module sell_enum(clk,rst_n,a,b,y,z);
    input clk;
    input rst_n;
    input a,b;
    output reg y,z;

    enum reg{S0,S1} current_state,next_state;
    ...
endmodule
```

　　SystemVerilog 为枚举数据类型提供了方便的操作方法,包括以下几种。

　　(1) first()方法:返回枚举列表中的第 1 个枚举成员的值。

　　(2) last()方法:返回枚举列表中的最后一个枚举成员的值。

　　(3) next(n)方法:如果传入参数 n,则返回从当前枚举值开始向后的第 n 个枚举值,如果不传入参数 n,则默认返回下一个枚举成员值。

注意:如果从当前枚举值开始向后的第 n 个枚举值已经超出了枚举列表的范围,则从枚举列表的开头开始循环返回相应的枚举成员的值。

　　(4) prev(n)方法:如果传入参数 n,则返回从当前枚举值开始的向前的第 n 个枚举值,如果不传入参数 n,则默认返回前一个枚举成员值。

注意:如果从当前枚举值开始向前的第 n 个枚举值已经超出了枚举列表的范围,则从枚举列表的末尾开始循环返回相应的枚举成员的值。

　　(5) num()方法:返回枚举列表中枚举成员的个数。

　　(6) name()方法:返回当前枚举值的字符串表示形式。如果当前值不属于枚举列表中定义的枚举成员值,则返回空字符串。

　　参考代码如下:

```
//文件路径:6.1.2/demo_tb.sv
module top;
    enum {RED,ORANGE,YELLOW,GREEN,CYAN,BLUE,PURPLE} colour_e;

    initial begin
        $display(" %0t -> Start!!!", $time);
        $display("the num of colour_e list is %0d",colour_e.num());
        colour_e = colour_e.first();
        $display("the first of colour_e list is %s, value is %0d",colour_e.name(),colour_e);
        colour_e = colour_e.last();
```

```
        $display("the last of colour_e list is %s, value is %0d",colour_e.name(),colour_e);
        colour_e = RED;
        $display("the current of colour_e is %s, value is %0d",colour_e.name(),colour_e);
        colour_e = colour_e.next();
        $display("the next of RED is %s, value is %0d",colour_e.name(),colour_e);
        colour_e = colour_e.next();
        $display("the next of ORANGE is %s, value is %0d",colour_e.name(),colour_e);
        colour_e = colour_e.next(3);
        $display("the next of 3 of YELLOW is %s, value is %0d",colour_e.name(),colour_e);
        colour_e = colour_e.next(3);
        $display("the next of 3 of BLUE is %s, value is %0d",colour_e.name(),colour_e);
        colour_e = 'd7;
        $display("the out of scope enum('d7) name is %s",colour_e.name());

        colour_e = PURPLE;
        $display("the current of colour_e is %s, value is %0d",colour_e.name(),colour_e);
        colour_e = colour_e.prev();
        $display("the prev of PURPLE is %s, value is %0d",colour_e.name(),colour_e);
        colour_e = colour_e.prev();
        $display("the prev of BLUE is %s, value is %0d",colour_e.name(),colour_e);
        colour_e = colour_e.prev(3);
        $display("the prev of 3 of CYAN is %s, value is %0d",colour_e.name(),colour_e);
        colour_e = colour_e.prev(3);
        $display("the prev of 3 of ORANGE is %s, value is %0d",colour_e.name(),colour_e);

        $display(" %0t -> Finish!!!", $time);
        $finish;
    end
endmodule
```

仿真结果如下:

```
0 -> Start!!!
the num of colour_e list is 7
the first of colour_e list is RED, value is 0
the last of colour_e list is PURPLE, value is 6
the current of colour_e is RED, value is 0
the next of RED is ORANGE, value is 1
the next of ORANGE is YELLOW, value is 2
the next of 3 of YELLOW is BLUE, value is 5
the next of 3 of BLUE is ORANGE, value is 1
the out of scope enum('d7) name is
the current of colour_e is PURPLE, value is 6
the prev of PURPLE is BLUE, value is 5
the prev of BLUE is CYAN, value is 4
the prev of 3 of CYAN is ORANGE, value is 1
the prev of 3 of ORANGE is BLUE, value is 5
0 -> Finish!!!
```

6.1.3 字符串类型

在之前的 3.2.4 节向读者讲解过,在 Verilog 中不支持字符串数据类型,只能通过 reg 变量类型来替代字符串,但在 SystemVerilog 中支持对字符串数据类型,因为 SystemVerilog 扩展了 string 的数据类型,只要通过 string 关键字声明即可。

这里声明了一个字符串变量,然后将其赋值为"Hello world!"并打印出来,参考代码如下:

```
string s;
initial begin
    s = "Hello world!";
    $display("string s is %s",s);//"Hello world!"
end
```

SystemVerilog 还为字符串类型提供了方便的操作方法,常用的操作方法包括以下几种。

(1) len()方法:返回字符串的长度,即字符串中的字符数。

(2) putc(n,c)方法:替换字符串变量中的第 n 个字符。

(3) toupper()方法:将字符串变量中的字符转换为大写并返回。

(4) tolower()方法:将字符串变量中的字符转换为小写并返回。

(5) substr(n,m)方法:返回字符串变量的第 n 到第 m 个字符组成的子字符串。

除此之外,如果要实现字符串的拼接,则可以使用拼接运算符,即通过花括号{}实现,也可以使用系统函数 $sformatf 实现。系统函数 $sformatf 通常用于整理字符的打印格式。

参考示例代码如下:

```
//文件路径:6.1.3/demo_tb.sv
module top;
  string s;

  initial begin
    $display(" %0t -> Start!!!", $time);
    s = "Hello world!";
    $display("string s is %s",s);                   //"Hello world!"
    $display("first letter is %s",s.getc(0));       //"H"
    $display("last letter is %s",s.getc(s.len()-1)); //"!"
    $display("lower string s is %s",s.tolower());   //"hello world!"
    $display("upper string s is %s",s.toupper());   //"HELLO WORLD!"
    s.putc(s.len()-1,"-");
    $display(s);                                     //"Hello world-"
    s.putc(s.len()-1,"^");
    $display(s);                                     //
                                                     //"Hello world^"
    s.putc(s.len()-1,">");
    $display(s);                                     //
                                                     //"Hello world>"
    s = {s,"IC"};                                    //"IEEE-1800"
```

```
        $display(s);                            //"Hello world > IC"
        $display(s.substr(2,6));                //"llo w"
        $display("here we joint string 'Hello','world','!' together, so result is %s",{"Hello",
" ","world","!"});                             //"Hello world!"
        $display("here we joint string 'Hello','world','!' together, so result is %s", $sformatf
(" %s %s %s %s","Hello"," ","world","!"));      //"Hello world!"
        $display(" %0t -> Finish!!!", $time);
        $finish;
    end
endmodule
```

仿真结果如下：

```
0 -> Start!!!
string s is Hello world!
first letter is H
last letter is !
lower string s is hello world!
upper string s is HELLO WORLD!
Hello world -
Hello world ^
Hello world >
Hello world > IC
llo w
here we joint string 'Hello','world','!' together, so result is Hello world!
here we joint string 'Hello','world','!' together, so result is Hello world!
0 -> Finish!!!
```

6.1.4　数组和队列类型

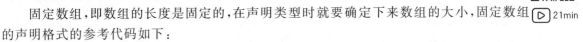

1. 固定数组

固定数组，即数组的长度是固定的，在声明类型时就要确定下来数组的大小，固定数组的声明格式的参考代码如下：

```
int arr1[0:15];         //int 类型,长度为 16 的数组
int arr2[16];           //int 类型,长度为 16 的数组,与 arr1 等价
bit[31:0] arr3[8];      //bit[31:0]类型,长度为 8 的数组
```

之前在 4.3 节向读者讲解存储器实例时，其中用到的数组 memory_data 也属于固定数组，该数组的声明格式见如下代码：

```
reg[DATA_WIDTH - 1:0] memory_data [0:MEM_DEPTH - 1];
```

该固定数组是 reg［DATA_WIDTH-1:0］类型且长度为 MEM_DEPTH 的数组，即存储的深度。

还可以声明二维数组，声明格式的参考代码如下：

```
bit[31:0] arr4[2][4];//bit[31:0]类型,长和宽为 2 * 4 的二维数组
```

固定数组可以使用单引号和花括号进行初始化赋值,参考代码如下:

```
arr3 = '{7,8,9,10,11,12,13,14};    //对长度为 8 的 bit[31:0]型数组中的 8 个元素进行赋值
arr3 = '{default:7};               //对长度为 8 的 bit[31:0]型数组中的 8 个元素都赋值为 7
arr4 = '{'{7,1,0,3},'{2,4,1,6}};   //对 bit[31:0]类型长和宽为 2 * 4 的三维数组中的 8 个元素
                                   //赋初值
```

可以通过数组索引访问数组元素,参考代码如下:

```
foreach(arr1[idx]) begin
  $display("arr1[ %0d] is %0d",idx,arr1[idx]);
end
```

还可以对二维数组进行遍历访问,参考代码如下:

```
foreach(arr4[idx,idy]) begin
  $display("arr4[ %0d, %0d] is %0d",idx,idy,arr4[idx][idy]);
end
```

这里使用了 SystemVerilog 中的 foreach 遍历,其实是一种特殊的循环语句,可以对数组或下面即将介绍的队列类型中的元素进行遍历操作,例如这里对数组中所有的元素值进行了遍历打印。

也可以使用%p 来打印,将会按照赋值模式方式将数据对象的值打印出来,参考下面代码:

```
$display("arr3 is %p",arr3);
```

打印结果如下:

```
arr3 is '{'h7, 'h8, 'h9, 'ha, 'hb, 'hc, 'hd, 'he}
```

注意:%p 可以用来打印数组、队列、结构体、类对象等数据。

大多数仿真工具支持 32 位数据存储格式,因此假设一个变量的位宽小于仿真工具支持的位宽,高位部分则是未被使用的部分。也就是说,即使变量小于 32 比特,但是依然会以 32 比特的数据存储格式作为一个存储单位进行存储,如图 6-1 所示。

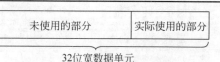

图 6-1　数据存储单元格式

例如下面的数组就是非压缩的数组,参考代码如下:

```
bit[7:0] arr5[4];  //bit[7:0]类型,长度为 4 的非压缩数组
```

其存储单元格式如图 6-2 所示。

可以看到,为了尽可能地利用图 6-2 中未用到的部分,可以将上面的数组声明为压缩数

组类型,参考代码如下:

```
bit[3:0][7:0] arr6;          //bit[7:0]类型,长度为 4 的压缩数组
bit[4][8] arr6;              //bit 类型,长度为 4 * 8 的压缩数组,和上面写法等价
```

压缩数组即将数组中所有的比特位以紧挨着的位向量格式进行存储,其存储格式如图 6-3 所示。

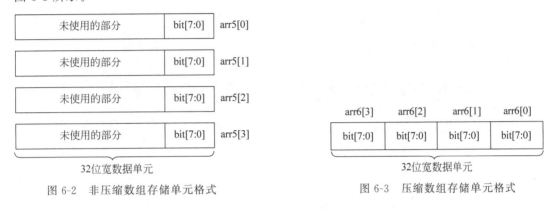

图 6-2 非压缩数组存储单元格式   图 6-3 压缩数组存储单元格式

注意:通过观察可以发现,只要把非压缩数组名称后面的[n]放在数组名称之前即可变成压缩数组,也可以将[n]改写成[n-1:0],两种写法最终的效果是一样的。

类似地,二维非压缩数组和压缩数组可以参考的代码如下:

```
bit[3:0] arr7[3][2];          //bit[3:0]类型,长和宽为 3 * 2 的非压缩二维数组
bit[2:0][1:0][3:0] arr8;      //bit[3:0]类型,长和宽为 3 * 2 的压缩二维数组
```

也可以混合压缩数组和非压缩数组:

```
bit[1:0][3:0] arr9[3];        //bit[3:0]类型,长和宽为 3 的混合压缩二维数组
```

参考示例代码如下:

```
//文件路径:6.1.4.1/demo_tb.sv
module top;
    int arr1[0:15];            //int 类型,长度为 16 的数组
    int arr2[16];              //int 类型,长度为 16 的数组,与 arr1 等价
    bit[31:0] arr3[8];         //bit[31:0]类型,长度为 8 的数组
    bit[31:0] arr4[2][4];      //bit[31:0]类型,长和宽为 2 * 4 的二维数组
    bit[7:0] arr5[4];          //bit[7:0]类型,长度为 4 的非压缩数组
    bit[3:0][7:0] arr6;        //bit[7:0]类型,长度为 4 的压缩数组
    //bit[4][8] arr6;          //bit 类型,长度为 4 * 8 的压缩数组,和上面写法等价
    bit[3:0] arr7[3][2];       //bit[3:0]类型,长和宽为 3 * 2 的非压缩二维数组
    bit[2:0][1:0][3:0] arr8;   //bit[3:0]类型,长和宽为 3 * 2 的压缩二维数组
    bit[3:0][2:0] arr9[2];     //bit[3:0][2:0]类型,长度为 2 的数组
```

```
    initial begin
      $display(" %0t -> Start!!!", $time);
      arr1 = {0,1,2,3,4,5,6,7,8,9,10,11,12,13,14,15};
      $display("arr1 is %p",arr1);
      foreach(arr1[idx]) $display("arr1[ %0d] is %0d",idx,arr1[idx]);
      arr1 = '{16{'d1}};
      foreach(arr1[idx]) $display("arr1[ %0d] is %0d",idx,arr1[idx]);
      arr2 = '{default:'d2};
      foreach(arr2[idx]) $display("arr2[ %0d] is %0d",idx,arr2[idx]);
      arr3 = '{7,8,9,10,11,12,13,14};
      $display("arr3 is %p",arr3);
      arr4 = '{'{7,1,0,3},'{2,4,1,6}};
      foreach(arr4[idx, idy]) begin
        $display("arr4[ %0d][ %0d] is %0h",idx,idy,arr4[idx][idy]);
      end
      foreach(arr4[idx, idy]) begin
        arr4[idx][idy] = 'h12345678;
        $display("arr4[ %0d][ %0d] is %0h",idx,idy,arr4[idx][idy]);
      end
      arr5 = '{2,3,4,5};
      $display("arr5 is %p",arr5);
      arr6 = {8'hc2,8'hd3,8'he4,8'hf5};
      $display("arr6 is %h",arr6);
      foreach(arr6[idx])begin
        $display("arr6[ %0d] is %h",idx,arr6[idx]);
      end
      foreach(arr6[idx, idy])begin
        $display("arr6[ %0d][ %0d] is %h",idx,idy,arr6[idx][idy]);
      end
      arr7 = '{'{0,1},'{3,5},'{2,9}};
      $display("arr7 is %p",arr7);
      arr8 = 24'h13529;
      $display("arr8 is %h",arr8);
      foreach(arr8[idx])begin
        $display("arr8[ %0d] is %h",idx,arr8[idx]);
      end
      arr9 = '{12'h013,12'h529};
      $display("arr9 is %p",arr9);
      $display(" %0t -> Finish!!!", $time);
      $finish;
    end
endmodule
```

仿真结果如下：

```
0 -> Start!!!
arr1 is '{0, 1, 2, 3, 4, 5, 6, 7, 8, 9, 10, 11, 12, 13, 14, 15}
arr1[0] is 0
arr1[1] is 1
arr1[2] is 2
arr1[3] is 3
```

```
arr1[4] is 4
arr1[5] is 5
arr1[6] is 6
arr1[7] is 7
arr1[8] is 8
arr1[9] is 9
arr1[10] is 10
arr1[11] is 11
arr1[12] is 12
arr1[13] is 13
arr1[14] is 14
arr1[15] is 15
arr1[0] is 1
arr1[1] is 1
arr1[2] is 1
arr1[3] is 1
arr1[4] is 1
arr1[5] is 1
arr1[6] is 1
arr1[7] is 1
arr1[8] is 1
arr1[9] is 1
arr1[10] is 1
arr1[11] is 1
arr1[12] is 1
arr1[13] is 1
arr1[14] is 1
arr1[15] is 1
arr2[0] is 2
arr2[1] is 2
arr2[2] is 2
arr2[3] is 2
arr2[4] is 2
arr2[5] is 2
arr2[6] is 2
arr2[7] is 2
arr2[8] is 2
arr2[9] is 2
arr2[10] is 2
arr2[11] is 2
arr2[12] is 2
arr2[13] is 2
arr2[14] is 2
arr2[15] is 2
arr3 is '{'h7, 'h8, 'h9, 'ha, 'hb, 'hc, 'hd, 'he}
arr4[0][0] is 7
arr4[0][1] is 1
arr4[0][2] is 0
arr4[0][3] is 3
arr4[1][0] is 2
arr4[1][1] is 4
```

```
arr4[1][2] is 1
arr4[1][3] is 6
arr4[0][0] is 12345678
arr4[0][1] is 12345678
arr4[0][2] is 12345678
arr4[0][3] is 12345678
arr4[1][0] is 12345678
arr4[1][1] is 12345678
arr4[1][2] is 12345678
arr4[1][3] is 12345678
arr5 is '{'h2, 'h3, 'h4, 'h5}
arr6 is c2d3e4f5
arr6[3] is c2
arr6[2] is d3
arr6[1] is e4
arr6[0] is f5
arr6[3][7] is 1
arr6[3][6] is 1
arr6[3][5] is 0
arr6[3][4] is 0
arr6[3][3] is 0
arr6[3][2] is 0
arr6[3][1] is 1
arr6[3][0] is 0
arr6[2][7] is 1
arr6[2][6] is 1
arr6[2][5] is 0
arr6[2][4] is 1
arr6[2][3] is 0
arr6[2][2] is 0
arr6[2][1] is 1
arr6[2][0] is 1
arr6[1][7] is 1
arr6[1][6] is 1
arr6[1][5] is 1
arr6[1][4] is 0
arr6[1][3] is 0
arr6[1][2] is 1
arr6[1][1] is 0
arr6[1][0] is 0
arr6[0][7] is 1
arr6[0][6] is 1
arr6[0][5] is 1
arr6[0][4] is 1
arr6[0][3] is 0
arr6[0][2] is 1
arr6[0][1] is 0
arr6[0][0] is 1
arr7 is '{'{'h0, 'h1}, '{'h3, 'h5}, '{'h2, 'h9}}
arr8 is 013529
arr8[2] is 01
```

```
arr8[1] is 35
arr8[0] is 29
arr9 is '{'h13, 'h529}
0 -> Finish!!!
```

2. 动态数组

动态数组,即数组的长度是动态可配置的,可通过 new 的方式来指定动态数组的大小,并且可以在仿真运行时动态地改变数组的大小,从而提高灵活性。

动态数组的声明格式的参考代码如下:

```
int arr1[];
logic[3:0] arr2[];
bit[2:0] arr3[][];
initial begin
  arr1 = new[3];              //声明长度为 3 的 int 型数组
  arr2 = new[5];              //声明长度为 5 的 logic[3:0]类型数组
  arr3 = new[4];              //声明长度为 4 的 bit[2:0]类型的数组
  foreach(arr3[idx])begin
    arr3[idx] = new[2];       //声明长和宽为 4*2 的 bit[2:0]类型的二维数组
  end
end
```

动态数组也可以使用单引号和花括号进行初始化赋值,参考代码如下:

```
arr1 = '{7,8,9};                        /对长度为 3 的 int 型数组中的 3 个元素赋值
arr2 = '{0,1,2,3,4};                    //对长度为 5 的 logic[3:0]类型数组中的 5 个元素赋值
arr3 = '{'{0,2},'{1,3},'{7,4},'{3,6}};  //对长和宽为 4*2 的 bit[2:0]类型数组赋值
```

动态数组和固定数组的主要区别在于:

(1) 动态数组在声明时[]内数组的长度为空。

(2) 动态数组在仿真运行时需要通过 new[n]的方式将数组的长度指定为 n。

参考示例代码如下:

```
//文件路径:6.1.4.2/demo_tb.sv
module top;
  int arr1[];
  logic[3:0] arr2[];
  bit[2:0] arr3[][];

  initial begin
    $display(" %0t -> Start!!!", $time);
    arr1 = new[3];              //声明长度为 3 的 int 型数组
    arr2 = new[5];              //声明长度为 5 的 logic[3:0]类型数组
    arr3 = new[4];              //声明长和宽为 4*2 的 bit[2:0]类型的二维数组
    foreach(arr3[idx])begin
      arr3[idx] = new[2];
  end
//对长度为 3 的 int 型数组中的 3 个元素赋值
```

```
    arr1 = '{7,8,9};
    //对长度为 5 的 logic[3:0]类型数组中的 5 个元素赋值
    arr2 = '{0,1,2,3,4};
    //对长和宽为 4 * 2 的 bit[2:0]类型数组赋值
        arr3 = '{'{0,2},'{1,3},'{7,4},'{3,6}};
        $display("arr1 is %p",arr1);
        $display("arr2 is %p",arr2);
        $display("arr3 is %p",arr3);
        $display(" %0t -> Finish!!!", $time);
        $finish;
      end
    endmodule
```

仿真结果如下：

```
0 -> Start!!!
arr1 is '{7, 8, 9}
arr2 is '{'h0, 'h1, 'h2, 'h3, 'h4}
arr3 is '{'{'h0, 'h2} , '{'h1, 'h3} , '{'h7, 'h4} , '{'h3, 'h6} }
0 -> Finish!!!
```

3. 队列

用于存储数据的队列，其声明格式的参考代码如下：

```
int q1[$];              //声明 int 型的队列
string q2[$];           //声明 string 类型的队列
```

可以采用花括号赋值的方式对队列进行初始化赋值，参考代码如下：

```
q1 = {3,2,9,4};              //对 int 型队列中的 4 个元素赋值
q2 = {"red","green","blue"}; //给 string 类型队列中的 3 个元素赋值
```

类似数组，同样可以使用索引访问队列元素，参考代码如下：

```
foreach(q1[idx]) begin
  $display("q1[ %0d] is %0d",idx,q1[idx]);
end
```

但与数组不同的是，在队列中符号 $的索引表示最后一个队列元素，以此类推，则 $-1 表示倒数第 2 个队列元素，参考代码如下：

```
$display("the first item of q1 is %0d",q1[0]);          //q1[0]的值为 3
$display("the last item of q1 is %0d",q1[$]);           //q1[ $]的值为 4
$display("the prev last item of q1 is %0d",q1[ $-1]); //q1[ $-1]的值为 9
```

注意：数组和队列的索引都是从 0 开始的。

SystemVerilog 为队列类型提供了方便的数据存取方法，最常用的是 push_back 和 pop_front 方法，可以很方便地进行入队列和出队列操作。正是由于可以方便且频繁地通过出入

队列操作实现增删数据,因此队列很适合在记分板中使用。

使用 push_back 方法可以很方便地将数据从队列的末尾写入,即将元素 item 写入队列后成为队列的最后一个元素,如图 6-4 所示。

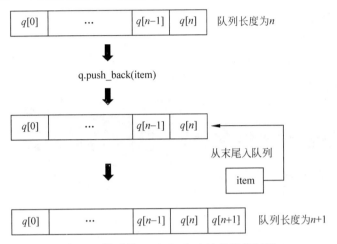

图 6-4　队列的 push_back 方法的操作过程

使用 pop_front 方法可以很方便地将数据从队列的开头取出,即取出队列的第 1 个元素,如图 6-5 所示。

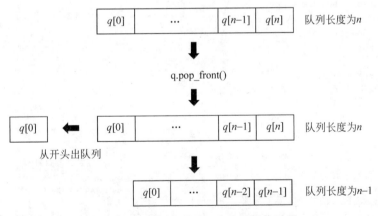

图 6-5　队列的 pop_front 方法的操作过程

除此之外,还提供了其他一些方便的操作方法,包括以下几种。

(1) insert(index, item):将元素 item 插入队列的索引位置为 index 元素的前面。

(2) delete(index):如果传入参数 index,则删除索引为 index 的元素;如果不传入参数 index,则清空整个队列。

(3) pop_back():和 pop_front 方法类似,不同的是 pop_back 方法从队列的末尾出队列,即取出队列的最后一个元素。

（4）push_front(item)：和 push_back 方法类似，不同的是 push_front 方法从队列的开头入队列，即将元素 item 写入队列后成为队列的第 1 个元素。

（5）size()：返回队列的长度。

参考示例代码如下：

11min

```
//文件路径:6.1.4.3/demo_tb.sv
module top;
  int q1[ $];
  int pop_data;
  string q2[ $];

  initial begin
    $display(" %0t -> Start!!!", $time);

    q1 = {3,2,9,4};                                   //对 int 型队列中的 4 个元素赋值
    q2 = {"red","green","blue"};                      //对 string 类型队列中的 3 个元素赋值
    $display("q1 is %p",q1);
    $display("q2 is %p",q2);
    foreach(q1[idx])begin
      $display("q1[ %0d] is %0d",idx,q1[idx]);
    end
    foreach(q2[idx])begin
      $display("q2[ %0d] is %s",idx,q2[idx]);
    end
    $display("the first item of q1 is %0d",q1[0]);        //q1[0]的值为 3
    $display("the last item of q1 is %0d",q1[ $]);        //q1[ $]的值为 4
    $display("the prev last item of q1 is %0d",q1[ $ - 1]); //q1[ $ - 1]的值为 9
    q1.push_back('d1);                                   //{3,2,9,4,1}
    q1.push_back('d2);                                   //{3,2,9,4,1,2}
    pop_data = q1.pop_front();                           //{2,9,4,1,2}
    $display("pop data is %0d",pop_data);                //3
    pop_data = q1.pop_front();                           //{9,4,1,2}
    $display("pop data is %0d",pop_data);                //2
    pop_data = q1.pop_back();                            //{9,4,1}
    $display("pop data is %0d",pop_data);                //2
    q1.push_front('d7);                                  //{7,9,4,1}
    q1.insert(1,6);                                      //{7,6,9,4,1}
    q1.insert(2,5);                                      //{7,6,5,9,4,1}
    q1.delete(4);                                        //{7,6,5,9,1}
    foreach(q1[idx])begin
      $display("q1[ %0d] is %0d",idx,q1[idx]);
    end
    $display("q1 size is %0d",q1.size());                //5
    q1.delete();
    $display("after delete q1, q1 size is %0d",q1.size());
    $display(" %0t -> Finish!!!", $time);
    $finish;
  end
endmodule
```

仿真结果如下:

```
0 -> Start!!!
q1 is '{3, 2, 9, 4}
q2 is '{"red", "green", "blue"}
q1[0] is 3
q1[1] is 2
q1[2] is 9
q1[3] is 4
q2[0] is red
q2[1] is green
q2[2] is blue
the first item of q1 is 3
the last item of q1 is 4
the prev last item of q1 is 9
pop data is 3
pop data is 2
pop data is 2
q1[0] is 7
q1[1] is 6
q1[2] is 5
q1[3] is 9
q1[4] is 1
q1 size is 5
after delete q1, q1 size is 0
0 -> Finish!!!
```

4. 关联数组

关联数组,又叫作稀疏数组,类似于 Python 中的字典数据类型,即存储 key-value 的键-值对数据,其声明格式的参考代码如下:

```
int q1[int];          //声明 key 和 value 都为 int 类型的关联数组
bit[2:0] q2[string];  //声明 key 为 string 类型,value 为 bit[2:0]类型的关联数组
```

如果使用关联数组来对存储空间进行建模,则 key 就是存储空间的地址,value 就是地址所指向的存储空间中存储的数值。使用关联数组可以实现 2GB 内存的计算机来模拟 4GB 的存储,因为一般来讲并不需要对整个 4GB 的存储空间进行遍历访问,而只需对实际访问的地址存储空间进行建模,即只对"黑色"部分建立数组存储实体,其余没有被访问的空间不需要进行建模,因此看起来比较"稀疏",如图 6-6 所示。

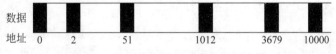

图 6-6 使用关联数组对存储空间建模

由于只对实际访问的空间进行数值的存储建模,从而可以有效地节约内存,提升效率,因此对较大数组空间的建模通常会使用关联数组。

　　除此之外,关联数组还可以用于对特定索引的关联数据的建模,因此在记分板和参考模型中比较常用。

　　可以采用花括号赋值的方式对关联数组进行初始化赋值,参考代码如下:

```
q1 = '{1:3,5:2,9:6,14:5};           //向关联数组中添加 4 个元素
q2 = '{"red":2,"green":1,"blue":5};  //向关联数组中添加 3 个元素
```

　　类似地,可以使用索引访问关联数组元素,参考代码如下:

```
foreach(q1[idx]) begin
    $display("q1[ %0d] is %0d",idx,q1[idx]);
end
foreach(q2[idx]) begin
    $display("q2[ %0s] is %0d",idx,q2[idx]);
end
```

　　SystemVerilog 为关联数组提供了方便的操作方法,常用的包括以下几种方法。

　　(1) size():返回关联数组的长度。

　　(2) delete(index):如果传入参数 index,则删除索引为 index 的元素;如果不传入参数 index,则清空整个关联数组。

　　(3) exists(index):判断索引为 index 的元素是否存在,如果存在,则返回 1,否则返回 0。

　　(4) first(index):获取关联数组的第 1 个元素的索引值,并将其赋值给变量 index,如果关联数组为空,则返回值为 0,否则返回值为 1。

　　(5) last(index):获取关联数组的最后一个元素的索引值,并将其赋值给变量 index,如果关联数组为空,则返回值为 0,否则返回值为 1。

　　(6) next(index):获取关联数组当前索引值为 index 元素的后一个元素的索引值,并将其赋值给变量 index 进行覆盖,如果存在下一个元素,则返回值为 1,否则返回值为 0,并且索引值 index 不变。

　　(7) prev(index):获取关联数组当前索引值为 index 元素的前一个元素的索引值,并将其赋值给变量 index 进行覆盖,如果存在前一个元素,则返回值为 1,否则返回值为 0,并且索引值 index 不变。

　　参考示例代码如下:

```
//文件路径:6.1.4.4/demo_tb.sv
module top;
  int q1[int];
  bit[2:0] q2[string];
  int q1_idx;
  string q2_idx;

  initial begin
    $display(" %0t -> Start!!!", $time);
```

```
q1 = '{1:3,5:2,9:6,14:5};          //向关联数组 q1 中添加 4 个元素
q2 = '{"red":2,"green":1,"blue":5}; //向关联数组 q2 中添加 3 个元素
q1[19] = 'd99;                      //向关联数组 q1 中再添加 1 个元素
q2["yellow"] = 'd3;                 //向关联数组 q2 中再添加 1 个元素
$display("q1 is %p,q1);
$display("q2 is %p,q2);
foreach(q1[idx]) begin
   $display("q1[ %0d] is %0d",idx,q1[idx]);
end
foreach(q2[idx]) begin
   $display("q2[ %0s] is %0d",idx,q2[idx]);
end
$display("q1 size is %0d, q2 size is %0d",q1.size(),q2.size());
if(q2.exists("red"))
   $display("exist key -> red in q2");
else
   $display("not exist key -> red in q2");
if(q2.exists("black"))
   $display("exist key -> black in q2");
else
   $display("not exist key -> black in q2");
if(q1.first(q1_idx))
   $display("first item of q1 is q1[ %0d]",q1_idx);
else
   $display("q1 is empty");
if(q2.first(q2_idx))
   $display("first item of q2 is q2[ %s]",q2_idx);
else
   $display("q2 is empty");
if(q1.last(q1_idx))
   $display("last item of q1 is q1[ %0d]",q1_idx);
else
   $display("q1 is empty");
if(q2.last(q2_idx))
   $display("last item of q2 is q2[ %s]",q2_idx);
else
   $display("q2 is empty");
repeat(q2.size() + 1)begin
   if(q2.next(q2_idx))
      $display("next item of q2 is q2[ %s]",q2_idx);
   else
      $display("not exist next item of q2");
end
repeat(q2.size() + 1)begin
   if(q2.prev(q2_idx))
      $display("prev item of q2 is q2[ %s]",q2_idx);
   else
      $display("not exist prev item of q2");
end
q1.delete();
q2.delete();
```

```
        $display("q1 size is %0d, q2 size is %0d",q1.size(),q2.size());
        $display(" %0t -> Finish!!!", $time);
        $finish;
    end
endmodule
```

仿真结果如下：

```
0 -> Start!!!
q1 is '{0x1:3, 0x5:2, 0x9:6, 0xe:5, 0x13:99}
q2 is '{"blue":'h5, "green":'h1, "red":'h2, "yellow":'h3}
q1[1] is 3
q1[5] is 2
q1[9] is 6
q1[14] is 5
q1[19] is 99
q2[blue] is 5
q2[green] is 1
q2[red] is 2
q2[yellow] is 3
q1 size is 5, q2 size is 4
exist key -> red in q2
not exist key -> black in q2
first item of q1 is q1[1]
first item of q2 is q2[blue]
last item of q1 is q1[19]
last item of q2 is q2[yellow]
not exist next item of q2
not exist next item of q2
not exist next item of q2
not exist next item of q2
not exist next item of q2
prev item of q2 is q2[red]
prev item of q2 is q2[green]
prev item of q2 is q2[blue]
not exist prev item of q2
not exist prev item of q2
q1 size is 0, q2 size is 0
0 -> Finish!!!
```

5. 数组和队列方法

除了之前向读者介绍过的分别针对队列和关联数组的操作方法以外，SystemVerilog
还提供了以下通用的操作方法，常用的包括以下几种。

1）搜索类方法

用于对数组（包括固定数组、动态数组和关联数组）和队列进行搜索定位的方法，包括以
下几种。

（1）find with（关于 item 的表达式）：返回一个与元素数据类型相同的队列，其中包含
所有满足表达式的元素。

（2）find_index with（关于 item 的表达式）：返回一个 int 类型的队列，其中包含所有满足表达式的元素所对应的索引值。

（3）find_first with（关于 item 的表达式）：返回一个与元素数据类型相同的队列，其中包含满足表达式的第 1 个元素。

（4）find_first_index with（关于 item 的表达式）：返回一个 int 类型的队列，其中包含满足表达式的第 1 个元素所对应的索引值。

（5）find_last with（关于 item 的表达式）：返回一个与元素数据类型相同的队列，其中包含满足表达式的最后一个元素。

（6）find_last_index with（关于 item 的表达式）：返回一个 int 类型的队列，其中包含满足表达式的最后一个元素所对应的索引值。

注意：如果要将 item 替换为 x 来表示数组和队列的元素，则可以将 find with（关于 item 的表达式）替换为 find(x) with（关于 x 的表达式），这一条规则适合所有可以配合使用 with 的方法。

除此之外，还有一类搜索定位方法，包括以下几种。

（1）min()：返回一个与元素数据类型相同的队列，其中包含目标数组或队列中的最小值的元素，如果是字符串类型，则按照字母表顺序从大到小进行搜索定位。

（2）max()：返回一个与元素数据类型相同的队列，其中包含目标数组或队列中的最大值的元素，如果是字符串类型，则按照字母表顺序从大到小进行搜索定位。

（3）unique()：返回一个与元素数据类型相同的队列，其中包含剔除目标数组或队列中重复的元素之后剩下的元素。

（4）unique_index()：返回一个 int 类型的队列，其中包含剔除目标数组或队列中重复的元素之后剩下的元素所对应的索引值。

参考示例代码如下：

```
//文件路径:6.1.4.5.1/demo_tb.sv
module top;
  initial begin
    $display(" %0t -> Start!!!", $time);
    $display("------------------- fixed size array --------------");
    begin
      int arr1[8];
      int q_tmp1[ $];
      arr1 = '{11,7,9,6,24,5,14,9};
      $display("arr1 is %p",arr1);
      q_tmp1 = arr1.find with(item >= 9);
      $display("item >= 9 of arr1 is %p",q_tmp1);
      q_tmp1 = arr1.find(x) with(x >= 9);
      $display("item >= 9 of arr1 is %p",q_tmp1);
      q_tmp1 = arr1.find_index with(item >= 9);
      $display("item >= 9 of arr1 index is %p",q_tmp1);
```

```
    q_tmp1 = arr1.find_first with(item >= 9);
     $display("first item >= 9 of arr1 is %p",q_tmp1);
    q_tmp1 = arr1.find_first_index with(item >= 9);
     $display("first item >= 9 of arr1 index is %p",q_tmp1);
    q_tmp1 = arr1.find_last with(item >= 9);
     $display("last item >= 9 of arr1 is %p",q_tmp1);
    q_tmp1 = arr1.find_last_index with(item >= 9);
     $display("last item >= 9 of arr1 index is %p",q_tmp1);
    q_tmp1 = arr1.min();
     $display("min of arr1 is %p",q_tmp1);
    q_tmp1 = arr1.max();
     $display("max of arr1 is %p",q_tmp1);
    q_tmp1 = arr1.unique();
     $display("unique of arr1 is %p",q_tmp1);
    q_tmp1 = arr1.unique_index();
     $display("unique index of arr1 is %p",q_tmp1);
  end
  $display(" --------------------- dynamic array --------------- ");
  begin
    logic[5:0] arr2[];
    logic[5:0] q_tmp2_item[$];
    int q_tmp2_index[$];
    arr2 = new[8];
    arr2 = '{11,7,9,6,24,5,14,9};
     $display("arr2 is %p",arr2);
    q_tmp2_item = arr2.find with(item >= 9);
     $display("item >= 9 of arr2 is %p",q_tmp2_item);
    q_tmp2_item = arr2.find(x) with(x >= 9);
     $display("item >= 9 of arr2 is %p",q_tmp2_item);
    q_tmp2_index = arr2.find_index with(item >= 9);
     $display("item >= 9 of arr2 index is %p",q_tmp2_index);
    q_tmp2_item = arr2.find_first with(item >= 9);
     $display("first item >= 9 of arr2 is %p",q_tmp2_item);
    q_tmp2_index = arr2.find_first_index with(item >= 9);
     $display("first item >= 9 of arr2 index is %p",q_tmp2_index);
    q_tmp2_item = arr2.find_last with(item >= 9);
     $display("last item >= 9 of arr2 is %p",q_tmp2_item);
    q_tmp2_index = arr2.find_last_index with(item >= 9);
     $display("last item >= 9 of arr2 index is %p",q_tmp2_index);
    q_tmp2_item = arr2.min();
     $display("min of arr2 is %p",q_tmp2_item);
    q_tmp2_item = arr2.max();
     $display("max of arr2 is %p",q_tmp2_item);
    q_tmp2_item = arr2.unique();
     $display("unique of arr2 is %p",q_tmp2_item);
    q_tmp2_index = arr2.unique_index();
     $display("unique index of arr2 is %p",q_tmp2_index);
  end
  $display(" --------------------- associate array ------------- ");
  begin
    int arr3[int];
```

```
    int q_tmp3[ $];
    string arr4[string];
    arr3 = '{0:11,1:7,2:9,3:6,4:24,5:5,6:14,7:9};
    $display("arr3 is %p",arr3);
    arr4 = '{"red":"r","blue":"b","yellow":"y","green":"g"};
    $display("arr4 is %p",arr4);
    q_tmp3 = arr3.find with(item > = 9);
    $display("item > = 9 of arr3 is %p",q_tmp3);
    q_tmp3 = arr3.find(x) with(x > = 9);
    $display("item > = 9 of arr3 is %p",q_tmp3);
    q_tmp3 = arr3.find_index with(item > = 9);
    $display("item > = 9 of arr3 index is %p",q_tmp3);
    q_tmp3 = arr3.find_first with(item > = 9);
    $display("first item > = 9 of arr3 is %p",q_tmp3);
    q_tmp3 = arr3.find_first_index with(item > = 9);
    $display("first item > = 9 of arr3 index is %p",q_tmp3);
    q_tmp3 = arr3.find_last with(item > = 9);
    $display("last item > = 9 of arr3 is %p",q_tmp3);
    q_tmp3 = arr3.find_last_index with(item > = 9);
    $display("last item > = 9 of arr3 index is %p",q_tmp3);
    q_tmp3 = arr3.min();
    $display("min of arr3 is %p",q_tmp3);
    q_tmp3 = arr3.max();
    $display("max of arr3 is %p",q_tmp3);
    q_tmp3 = arr3.unique();
    $display("unique of arr3 is %p",q_tmp3);
    q_tmp3 = arr3.unique_index();
    $display("unique index of arr3 is %p",q_tmp3);
    $display("min of arr4 is %p",arr4.min());
    $display("unique of arr4 is %p",arr4.unique());
    $display("unique index of arr4 is %p",arr4.unique_index());
end
$display(" -------------------- queue ------------------------ ");
begin
    logic[7:0] q[ $];
    logic[7:0] q_tmp4_item[ $];
    int q_tmp4_index[ $];
    q = {11,7,9,6,24,5,14,9};
    $display("q is %p",q);
    q_tmp4_item = q.find with(item > = 9);
    $display("item > = 9 of q is %p",q_tmp4_item);
    q_tmp4_item = q.find(x) with(x > = 9);
    $display("item > = 9 of q is %p",q_tmp4_item);
    q_tmp4_index = q.find_index with(item > = 9);
    $display("item > = 9 of q index is %p",q_tmp4_index);
    q_tmp4_item = q.find_first with(item > = 9);
    $display("first item > = 9 of q is %p",q_tmp4_item);
    q_tmp4_index = q.find_first_index with(item > = 9);
    $display("first item > = 9 of q index is %p",q_tmp4_index);
    q_tmp4_item = q.find_last with(item > = 9);
    $display("last item > = 9 of q is %p",q_tmp4_item);
```

```
        q_tmp4_index = q.find_last_index with(item >= 9);
        $display("last item >= 9 of q index is %p",q_tmp4_index);
        q_tmp4_item = q.min();
        $display("min of q is %p",q_tmp4_item);
        q_tmp4_item = q.max();
        $display("max of q is %p",q_tmp4_item);
        q_tmp4_item = q.unique();
        $display("unique of q is %p",q_tmp4_item);
        q_tmp4_index = q.unique_index();
        $display("unique index of q is %p",q_tmp4_index);
      end
      $display(" %0t -> Finish!!!", $time);
      $finish;
  end
endmodule
```

仿真结果如下：

```
0 -> Start!!!
------------------ fixed size array --------------
arr1 is '{11, 7, 9, 6, 24, 5, 14, 9}
item >= 9 of arr1 is '{11, 9, 24, 14, 9}
item >= 9 of arr1 is '{11, 9, 24, 14, 9}
item >= 9 of arr1 index is '{0, 2, 4, 6, 7}
first item >= 9 of arr1 is '{11}
first item >= 9 of arr1 index is '{0}
last item >= 9 of arr1 is '{9}
last item >= 9 of arr1 index is '{7}
min of arr1 is '{5}
max of arr1 is '{24}
unique of arr1 is '{11, 7, 9, 6, 24, 5, 14}
unique index of arr1 is '{0, 1, 2, 3, 4, 5, 6}
------------------ dynamic array --------------
arr2 is '{'hb, 'h7, 'h9, 'h6, 'h18, 'h5, 'he, 'h9}
item >= 9 of arr2 is '{'hb, 'h9, 'h18, 'he, 'h9}
item >= 9 of arr2 is '{'hb, 'h9, 'h18, 'he, 'h9}
item >= 9 of arr2 index is '{0, 2, 4, 6, 7}
first item >= 9 of arr2 is '{'hb}
first item >= 9 of arr2 index is '{0}
last item >= 9 of arr2 is '{'h9}
last item >= 9 of arr2 index is '{7}
min of arr2 is '{'h5}
max of arr2 is '{'h18}
unique of arr2 is '{'hb, 'h7, 'h9, 'h6, 'h18, 'h5, 'he}
unique index of arr2 is '{0, 1, 2, 3, 4, 5, 6}
------------------ associate array --------------
arr3 is '{0x0:11, 0x1:7, 0x2:9, 0x3:6, 0x4:24, 0x5:5, 0x6:14, 0x7:9}
arr4 is '{"blue":"b", "green":"g", "red":"r", "yellow":"y"}
item >= 9 of arr3 is '{11, 9, 24, 14, 9}
item >= 9 of arr3 is '{11, 9, 24, 14, 9}
```

```
item >= 9 of arr3 index is '{0, 2, 4, 6, 7}
first item >= 9 of arr3 is '{11}
first item >= 9 of arr3 index is '{0}
last item >= 9 of arr3 is '{9}
last item >= 9 of arr3 index is '{7}
min of arr3 is '{5}
max of arr3 is '{24}
unique of arr3 is '{11, 7, 9, 6, 24, 5, 14}
unique index of arr3 is '{0, 1, 2, 3, 4, 5, 6}
min of arr4 is '{"b"}
unique of arr4 is '{"b", "g", "r", "y"}
unique index of arr4 is '{"blue", "green", "red", "yellow"}
-------------------- queue --------------------
q is '{'hb, 'h7, 'h9, 'h6, 'h18, 'h5, 'he, 'h9}
item >= 9 of q is '{'hb, 'h9, 'h18, 'he, 'h9}
item >= 9 of q is '{'hb, 'h9, 'h18, 'he, 'h9}
item >= 9 of q index is '{0, 2, 4, 6, 7}
first item >= 9 of q is '{'hb}
first item >= 9 of q index is '{0}
last item >= 9 of q is '{'h9}
last item >= 9 of q index is '{7}
min of q is '{'h5}
max of q is '{'h18}
unique of q is '{'hb, 'h7, 'h9, 'h6, 'h18, 'h5, 'he}
unique index of q is '{0, 1, 2, 3, 4, 5, 6}
0 -> Finish!!!
```

2）排序类方法

用于对数组（包括固定数组、动态数组）和队列进行排序的方法，包括以下几种。

（1）reverse()：对数组或队列中的元素顺序进行反转。

（2）sort()：将数组或队列中的元素按照值或字母表从 A 到 Z 的顺序进行排列，也可以通过 sort with(item 相关变量或表达式)指定按照元素中相关变量或表达式的大小顺序进行排列。

（3）rsort()：与 sort()类似，不同的是，按照值或字母表从 Z 到 A 的顺序进行排列。

（4）shuffle()：将数组或队列中的元素进行乱序重排。

注意：对关联数组的排序没有意义，因为关联数组的索引数据类型及值都是被指定的，而其他数组或队列的索引都是固定从 0 开始的。

参考示例代码如下：

```
//文件路径:6.1.4.5.2/demo_tb.sv
module top;
  initial begin
    $display(" %0t -> Start!!!", $time);
    $display("-------------------- fixed size array ---------------- ");
    begin
```

```systemverilog
      int arr1[8];
      arr1 = '{11,7,9,6,24,5,14,9};
       $display("arr1 is %p",arr1);
      arr1.reverse();
       $display("reverse arr1 is %p",arr1);
      arr1.sort();
       $display("sort arr1 is %p",arr1);
      arr1.rsort();
       $display("rsort arr1 is %p",arr1);
      arr1.shuffle();
       $display("shuffle arr1 is %p",arr1);
      foreach(arr1[idx])begin
         $display("arr1[ %0d][2:0] is %0d ,arr1[ %0d] is %0d", idx,arr1[idx][2:0], idx,arr1
[idx]);
      end
      arr1.sort with(item[2:0]);
       $display("sort with item[2:0] arr1 is %p",arr1);
    end
    $display(" -------------------- dynamic array ---------------- ");
    begin
      logic[5:0] arr2[];
      arr2 = new[8];
      arr2 = '{11,7,9,6,24,5,14,9};
       $display("arr2 is %p",arr2);
      arr2.reverse();
       $display("reverse arr2 is %p",arr2);
      arr2.sort();
       $display("sort arr2 is %p",arr2);
      arr2.rsort();
       $display("rsort arr2 is %p",arr2);
      arr2.shuffle();
       $display("shuffle arr2 is %p",arr2);
    end
    $display(" -------------------- queue ------------------------- ");
    begin
      logic[7:0] q[ $];
      q = {11,7,9,6,24,5,14,9};
       $display("q is %p",q);
      q.reverse();
       $display("reverse q is %p",q);
      q.sort();
       $display("sort q is %p",q);
      q.rsort();
       $display("rsort q is %p",q);
      q.shuffle();
       $display("shuffle q is %p",q);
    end
    $display(" %0t -> Finish!!!", $time);
     $finish;
  end
endmodule
```

仿真结果如下：

```
0 -> Start!!!
------------------ fixed size array --------------
arr1 is '{11, 7, 9, 6, 24, 5, 14, 9}
reverse arr1 is '{9, 14, 5, 24, 6, 9, 7, 11}
sort arr1 is '{5, 6, 7, 9, 9, 11, 14, 24}
rsort arr1 is '{24, 14, 11, 9, 9, 7, 6, 5}
shuffle arr1 is '{6, 9, 5, 9, 11, 7, 24, 14}
arr1[0][2:0] is 6 ,arr1[0] is 6
arr1[1][2:0] is 1 ,arr1[1] is 9
arr1[2][2:0] is 5 ,arr1[2] is 5
arr1[3][2:0] is 1 ,arr1[3] is 9
arr1[4][2:0] is 3 ,arr1[4] is 11
arr1[5][2:0] is 7 ,arr1[5] is 7
arr1[6][2:0] is 0 ,arr1[6] is 24
arr1[7][2:0] is 6 ,arr1[7] is 14
sort with item[2:0] arr1 is '{24, 9, 9, 11, 5, 6, 14, 7}
------------------ dynamic array ---------------
arr2 is '{'hb, 'h7, 'h9, 'h6, 'h18, 'h5, 'he, 'h9}
reverse arr2 is '{'h9, 'he, 'h5, 'h18, 'h6, 'h9, 'h7, 'hb}
sort arr2 is '{'h5, 'h6, 'h7, 'h9, 'h9, 'hb, 'he, 'h18}
rsort arr2 is '{'h18, 'he, 'hb, 'h9, 'h9, 'h7, 'h6, 'h5}
shuffle arr2 is '{'h5, 'h9, 'h18, 'he, 'h6, 'hb, 'h7, 'h9}
------------------ queue ----------------------
q is '{'hb, 'h7, 'h9, 'h6, 'h18, 'h5, 'he, 'h9}
reverse q is '{'h9, 'he, 'h5, 'h18, 'h6, 'h9, 'h7, 'hb}
sort q is '{'h5, 'h6, 'h7, 'h9, 'h9, 'hb, 'he, 'h18}
rsort q is '{'h18, 'he, 'hb, 'h9, 'h9, 'h7, 'h6, 'h5}
shuffle q is '{'h7, 'h9, 'hb, 'h5, 'he, 'h18, 'h6, 'h9}
0 -> Finish!!!
```

3）缩减运算类

（1）sum()：对数组或队列中的元素值求和。

（2）product()：对数组或队列中的元素值求积。

（3）and()：将数组或队列中的元素值逐个相与。

（4）or()：将数组或队列中的元素值逐个相或。

（5）xor()：将数组或队列中的元素值逐个相异或。

注意：以上缩减运算都可以配合 with(item 相关表达式)按照指定运算表达式的结果进行相应的运算。

参考示例代码如下：

```
//文件路径:6.1.4.5.3/demo_tb.sv
module top;
  initial begin
    $display(" %0t -> Start!!!", $time);
    $display("------------------ fixed size array --------------");
```

```
begin
  int arr1[8];
  arr1 = '{11,7,9,6,24,5,14,9};
  $display("arr1 is %p",arr1);
  $display("sum of arr1 is %0d",arr1.sum());
  $display("sum & item + 1 of arr1 is %0d",arr1.sum with(item + 1));
  $display("product of arr1 is %0d",arr1.product());
  $display("product & item - 1 of arr1 is %0d",arr1.product with(item - 1));
  arr1 = '{1,0,1,1,0,1,1,1};
  $display("and of arr1 is %0d",arr1.and());
  $display("or of arr1 is %0d",arr1.or());
  $display("xor of arr1 is %0d",arr1.xor());
end
$display(" -------------------- dynamic array --------------- ");
begin
  int arr2[];
  arr2 = new[8];
  arr2 = '{11,7,9,6,24,5,14,9};
  $display("arr2 is %p",arr2);
  $display("sum of arr2 is %0d",arr2.sum());
  $display("sum & item + 1 of arr2 is %0d",arr2.sum with(item + 1));
  $display("product of arr2 is %0d",arr2.product());
  $display("product & item - 1 of arr2 is %0d",arr2.product with(item - 1));
  arr2 = '{1,0,1,1,0,1,1,1};
  $display("and of arr2 is %0d",arr2.and());
  $display("or of arr2 is %0d",arr2.or());
  $display("xor of arr2 is %0d",arr2.xor());
end
$display(" -------------------- associate array ------------- ");
begin
  int arr3[int];
  arr3 = '{0:11,1:7,2:9,3:6,4:24,5:5,6:14,7:9};
  $display("arr3 is %p",arr3);
  $display("sum of arr3 is %0d",arr3.sum());
  $display("sum & item + 1 of arr3 is %0d",arr3.sum with(item + 1));
  $display("product of arr3 is %0d",arr3.product());
  $display("product & item - 1 of arr3 is %0d",arr3.product with(item - 1));
  arr3 = '{0:1,1:0,2:1,3:1,4:0,5:1,6:1,7:1};
  $display("and of arr3 is %0d",arr3.and());
  $display("or of arr3 is %0d",arr3.or());
  $display("xor of arr3 is %0d",arr3.xor());
end
$display(" -------------------- queue ----------------------- ");
begin
  int q[$];
  q = {11,7,9,6,24,5,14,9};
  $display("q is %p",q);
  $display("sum of q is %0d",q.sum());
  $display("sum & item + 1 of q is %0d",q.sum with(item + 1));
  $display("product of q is %0d",q.product());
  $display("product & item - 1 of q is %0d",q.product with(item - 1));
```

```
        q = {1,0,1,1,0,1,1,1};
        $display("and of q is %0d",q.and());
        $display("or of q is %0d",q.or());
        $display("xor of q is %0d",q.xor());
    end
    $display(" %0t -> Finish!!!", $time);
    $finish;
  end
endmodule
```

仿真结果如下:

```
0 -> Start!!!
------------------ fixed size array ---------------
arr1 is '{11, 7, 9, 6, 24, 5, 14, 9}
sum of arr1 is 85
sum & item + 1 of arr1 is 93
product of arr1 is 62868960
product & item - 1 of arr1 is 22963200
and of arr1 is 0
or of arr1 is 1
xor of arr1 is 0
------------------ dynamic array ----------------
arr2 is '{11, 7, 9, 6, 24, 5, 14, 9}
sum of arr2 is 85
sum & item + 1 of arr2 is 93
product of arr2 is 62868960
product & item - 1 of arr2 is 22963200
and of arr2 is 0
or of arr2 is 1
xor of arr2 is 0
------------------ associate array -------------
arr3 is '{0x0:11, 0x1:7, 0x2:9, 0x3:6, 0x4:24, 0x5:5, 0x6:14, 0x7:9}
sum of arr3 is 85
sum & item + 1 of arr3 is 93
product of arr3 is 62868960
product & item - 1 of arr3 is 22963200
and of arr3 is 0
or of arr3 is 1
xor of arr3 is 0
------------------ queue ------------------
q is '{11, 7, 9, 6, 24, 5, 14, 9}
sum of q is 85
sum & item + 1 of q is 93
product of q is 62868960
product & item - 1 of q is 22963200
and of q is 0
or of q is 1
xor of q is 0
0 -> Finish!!!
```

注意：如果觉得上面的数组和队列方法的学习记忆过于烦琐，则可以自己编写代码实现同样的效果，即使用 foreach 遍历循环查找进行相应的搜索、排序或缩减运算。

8min

4min

6.1.5 自定义类型

通过关键字 typedef 声明自定义的数据类型，为了便于区分变量的类型，通常以 _t 结尾。

自定义数据类型的声明格式，参考代码如下：

```
//文件路径:6.1.5/demo_tb.sv
module top;
  typedef int unsigned uint_t;
  typedef bit[15:0] double_Bytes_t;

  uint_t u1,u2;
  double_Bytes_t db1,db2;

  initial begin
    $display(" %0t -> Start!!!", $time);
    u1 = 'd66;
    $display("u1 is %0d",u1);
    u2 = 'd99;
    $display("u2 is %0d",u2);
    db1 = 'hffff;
    $display("db1 is %0h",db1);
    db2 = 'hf1234;
    $display("db2 is %0h",db2);
    $display(" %0t -> Finish!!!", $time);
    $finish;
  end
endmodule
```

仿真结果如下：

```
0 -> Start!!!
u1 is 66
u2 is 99
db1 is ffff
db2 is 1234
0 -> Finish!!!
```

6.1.6 结构体和联合体类型

1. 结构体

结构体数据类型就是数据类型的打包集合，可以通过关键字 struct 声明结构体类型，配合 typedef 声明自定义的结构体类型，为了便于区分变量的类型，通常以 _s 结尾。

结构体数据类型的声明格式,参考代码如下:

```
typedef struct {
  int a;
  Byte b;
  bit[7:0] c;
} my_struct_s;

my_struct_s my_s;
```

结构体可以直接对其中的数据成员进行赋值,参考代码如下:

```
my_s.a = 'd3;
my_s.b = 'h34;
my_s.c = 'h56;
```

类似于数组的初始化赋值方式,结构体也可以使用单引号和花括号进行初始化赋值,参考代码如下:

```
my_s = '{32'd4,8'h66,8'h99};          //对结构体中的 3 个元素赋值
my_s = '{default:'d7};                 //将结构体中的所有元素都赋值为'd7
my_s = '{Byte:'d3, default:'d7};       //将结构体中 Byte 类型的成员赋值为'd3
//对其他类型成员赋值为'd7
my_s = '{a:'d1,b:'d2,c:'d3};           //也可以分别对变量成员赋值
```

压缩结构体数据类型的声明格式,参考代码如下:

```
typedef struct packed{
  int a;
  Byte b;
  bit[7:0] c;
} my_packed_struct_s;

my_packed_struct_s my_ps;
```

注意:由于 real 和 shortreal 数据类型不是连续的位数据,因此不能组成压缩结构体数据。

可以使用单引号和花括号对压缩结构体进行初始化赋值,参考代码如下:

```
my_ps = '{32'd4,8'h66,8'h99};
```

由于是压缩结构体类型,类似于压缩数组,以紧挨着的位向量的存储格式进行存储,因此也可以直接进行赋值,参考代码如下:

```
my_ps = 48'h4_66_99;
```

参考示例代码如下:

```
//文件路径:6.1.6.1/demo_tb.sv
module top;
  initial begin
    $display(" %0t -> Start!!!", $time);
    $display("------------------- struct --------------");
    begin
      typedef struct {
        int a;
        Byte b;
        bit[7:0] c;
      } my_struct_s;

      my_struct_s my_s;
      my_s.a = 'h3;
      my_s.b = 'h34;
      my_s.c = 'h56;
      $display("my_s is %p",my_s);
      $display("a is %h, b is %h, c is %h",my_s.a,my_s.b,my_s.c);
      my_s = '{32'h4,8'h66,8'h99};
      //my_s = 48'h100_66_99;//错误
      $display("my_s is %p",my_s);
      my_s = '{default:'d7};
      $display("my_s is %p",my_s);
      my_s = '{Byte:'d3,default:'d7};
      $display("my_s is %p",my_s);
      my_s = '{a:'d1,b:'d2,c:'d3};
      $display("my_s is %p",my_s);
    end
    $display("------------------- packed struct --------------");
    begin
      typedef struct packed{
        int a;
        Byte b;
        bit[7:0] c;
      } my_packed_struct_s;

      my_packed_struct_s my_ps;
      my_ps = '{32'd4,8'h66,8'h99};
      $display("a is %h, b is %h, c is %h",my_ps.a,my_ps.b,my_ps.c);
      my_ps = 48'h4_66_99;
      $display("a is %h, b is %h, c is %h",my_ps.a,my_ps.b,my_ps.c);
    end
    $display(" %0t -> Finish!!!", $time);
    $finish;
  end
endmodule
```

仿真结果如下：

```
0 -> Start!!!
------------------- struct --------------
```

```
my_s is '{a:3, b:52, c:'h56}
a is 00000003, b is 34, c is 56
my_s is '{a:4, b:102, c:'h99}
my_s is '{a:7, b:7, c:'h7}
my_s is '{a:7, b:3, c:'h7}
my_s is '{a:1, b:2, c:'h3}
-------------------- packed struct ---------------
a is 00000004, b is 66, c is 99
a is 00000004, b is 66, c is 99
0 -> Finish!!!
```

从仿真效率上考虑,如果要访问的数据是一个 struct 打包的格式,则最好采用关键字 packed 进行压缩;而如果要访问的数据是 struct 中的变量成员,则最好不要使用 packed 进行压缩,而应该采用默认的非压缩结构体数据类型。

2. 联合体

类似于结构体数据类型,联合体数据类型也是数据类型的打包集合,可以通过关键字 union 声明联合体类型,配合 typedef 声明自定义的联合体类型,为了便于区分变量的类型,通常以_u 结尾。

联合体数据类型的声明格式,参考代码如下:

```
typedef union {
    int a;
    Byte b;
    bit[7:0] c;
} my_union_u;

my_union_u my_u;
```

联合体和结构体的区别在于:

(1) 结构体中的变量成员各自占用相应的存储空间,相互之间没有影响。

(2) 联合体中的变量成员共用一块存储空间,以其中成员所占用的最大空间决定最终联合体变量所占的空间大小。例如,这里变量成员 a 是整型,占用 32 比特,占用空间最大,其余变量成员 b 和 c 都只占用 8 比特,因此将由成员 a 来决定最终联合体变量所占空间大小,即这里联合体所占的空间大小为 32 比特。

压缩联合体数据类型的声明格式,参考代码如下:

```
typedef union packed{
    int a;
    my_struct_ps b;
    bit[31:0] c;
} my_union_pu;

my_union_pu my_pu;
```

注意：压缩联合体类型里面所有变量成员的位宽必须相同。

参考示例代码如下：

```
//文件路径:6.1.6.2/demo_tb.sv
module top;
  initial begin
    $display(" %0t -> Start!!!", $time);
    $display(" ------------------ union -------------- ");
    begin
      typedef union {
        int a;
        Byte b;
        bit[7:0] c;
      } my_union_u;

      my_union_u my_u;
      my_u.a = 'h3;
      my_u.b = 'h34;
      my_u.c = 'h56;
      $display("my_u is %p",my_u);
      $display("a is %h, b is %h, c is %h",my_u.a,my_u.b,my_u.c);
    end
    $display(" ------------------- packed union --------------- ");
    begin
      typedef struct packed{
        bit[15:0] a;
        bit[15:0] b;
      } my_struct_ps;

      typedef union packed{
        int a;
        my_struct_ps b;
        bit[31:0] c;
      } my_union_pu;

      my_union_pu my_pu;
      my_pu.a = 'h3;
      my_pu.b = 'h34;
      my_pu.c = 'h56;
      $display("my_pu is %p",my_pu);
      $display("a is %h, b is %h, c is %h",my_pu.a,my_pu.b,my_pu.c);
    end
    $display(" %0t -> Finish!!!", $time);
    $finish;
  end
endmodule
```

仿真结果如下：

```
0 -> Start!!!
-------------------- union ---------------
my_u is '{a:86, b:86, c:'h56}
a is 00000056, b is 56, c is 56
-------------------- packed union ---------------
my_pu is 'h56
a is 00000056, b is 00000056, c is 00000056
0 -> Finish!!!
```

6.1.7　常量

通过在变量类型前添加 const 关键字使变量变为一个常量,其值可以在声明时进行初始化,初始化之后不容许再被修改,参考代码如下:

```
//文件路径:6.1.7/demo_tb.sv
module top;
  initial begin
    $display(" %0t -> Start!!!", $time);
    begin
      const logic[3:0] c1 = 'd3;
      const int c2 = 'd5;
      const real c3 = 3.1415;
      //c1 = 'd4;//报错,因为 c1 被声明为常量后不容许再被修改
      $display("c1 is %0d",c1);
      $display("c2 is %0d",c2);
      $display("c3 is %g",c3);
    end
    $display(" %0t -> Finish!!!", $time);
    $finish;
  end
endmodule
```

仿真结果如下:

```
0 -> Start!!!
c1 is 3
c2 is 5
c3 is 3.1415
0 -> Finish!!!
```

6.1.8　变量转换

1. 类型转换

通过如下语法格式,可以实现对表达式结果的数据类型进行强制转换:

目标数据类型'(表达式)

这里强制将表达式的值转换为目标数据类型。

10min

5min

参考代码如下：

```
real r = 3.1415;
longint li;
if( $cast(li,r))     //3
   $display(" $cast(int li,real r) -> li: %g, r: %g",li,r);
else
   $display(" $cast(int li,real r) -> ERROR");
```

还可以使用系统函数 $cast 完成数据类型的转换，语法格式如下：

```
$cast(目标变量,源表达式)
```

左边参数是目标变量，右边是源表达式，$cast 会尝试把源表达式赋值转换给目标变量，即将源表达式的值按照目标变量的数据类型来表示。如果赋值转换成功，则返回 1，否则返回 0，参考代码如下：

```
real r = 3.1415;
longint li;
if( $cast(li,r))     //3
   $display(" $cast(int li,real r) -> li: %g, r: %g",li,r);
else
   $display(" $cast(int li,real r) -> ERROR");
```

$cast 还可以很方便地将表达式的结果赋值给枚举类型变量，参考代码如下：

```
typedef enum { red, green, blue, yellow, white, black } Colors;
Colors col;
$cast(col,2+3);//black
```

参考示例代码如下：

```
//文件路径:6.1.8.1/demo_tb.sv
module top;
  initial begin
    $display(" %0t -> Start!!!", $time);
    begin
      real r = 3.1415;
      int i;
      longint li;
      $display("int'(r) value is %g",int'(r));//3
      if( $cast(i,r))
        $display(" $cast(int i,real r) -> i: %g, r: %g",i,r);
      else
        $display(" $cast(int i,real r) -> ERROR");
      if( $cast(li,r))     //3
        $display(" $cast(int li,real r) -> li: %g, r: %g",li,r);
      else
        $display(" $cast(int li,real r) -> ERROR");
```

```
      end
      begin
        typedef enum { red, green, blue, yellow, white, black } Colors;
        Colors col;
        if( $cast(col,2 + 3))      //black
          $display(" $cast(col,2 + 3) -> col name: %s , col value: %0d",col.name(),col);
        else
          $display(" $cast(col,2 + 3) -> ERROR");
        if( $cast(col,2 + 8))        //不存在
          $display(" $cast(col,2 + 8) -> col name: %s , col value: %0d",col.name(),col);
        else
          $display(" $cast(col,2 + 8) -> ERROR");
      end
      $display(" %0t -> Finish!!!", $time);
      $finish;
  end
endmodule
```

仿真结果如下：

```
0 -> Start!!!
int'(r) value is 3
$cast( int i,real r) -> i: 3, r: 3.1415
$cast( int li,real r) -> li: 3, r: 3.1415
$cast(col,2 + 3) -> col name: black , col value: 5
$cast(col,2 + 8) -> ERROR
0 -> Finish!!!
```

2. 符号转换

通过如下语法格式，可以实现对表达式结果的数据符号进行强制转换：

```
signed'(表达式)
unsigned'(表达式)
```

参考代码如下：

```
bit[3:0] a,b,y;
a = 4'b0001;
b = 4'b1101;
y = signed'(a) + signed'(b);       //1 + ( -3 ) = -2
y = unsigned'(a) + unsigned'(b);   //1 + (13) = 14
```

这里的符号转换与系统函数 $signed 和 $unsigned 的用法类似，参考如下实例代码：

```
//文件路径:6.1.8.2/demo_tb.sv
module top;
  reg [7:0] regA, regB;
  reg signed [7:0] regS;

  initial begin
```

```
        $display(" %0t -> Start!!!", $time);
      regA = unsigned'(-4);                      //regA = 8'b11111100
        $display(" %0t -> regA is %0b", $time,regA);
      regB = unsigned'(-4'd4);                    //regB = 8'b00001100
        $display(" %0t -> regB is %0b", $time,regB);
      regS = signed'(4'b1100);                    //regS = -4
        $display(" %0t -> regS is %0b", $time,regS);
      begin
        bit[3:0] a,b,y;
        a = 4'b0001;
        b = 4'b1101;
        y = signed'(a) + signed'(b);        //1 + (-3) = -2
         $display(" %0d( %b) + %0d( %b) = %0d( %b)",a,a,b,b,signed'(y),y);
        y = unsigned'(a) + unsigned'(b);       //1 + (13) = 14
         $display(" %0d( %b) + %0d( %b) = %0d( %b)",a,a,b,b,unsigned'(y),y);
      end
      $display(" %0t -> Finish!!!", $time);
       $finish;
    end
endmodule
```

仿真结果如下：

```
0 -> Start!!!
0 -> regA is 11111100
0 -> regB is 1100
0 -> regS is 11111100
1(0001) + 13(1101) = -2(1110)
1(0001) + 13(1101) = 14(1110)
0 -> Finish!!!
```

3. 位宽转换

通过如下语法格式,可以实现对表达式结果的数据位宽进行强制转换：

目标数据位宽'(表达式)

即强制将表达式的值转换为目标数据位宽。

如果转换后的值的位宽比原来小,则高位自动截断；如果转换后的表达式位宽比原来大,则对于无符号表达式结果使用 0 扩展高位,对于有符号表达式结果,则使用符号位扩展高位。

参考如下实例代码：

```
//文件路径:6.1.8.3/demo_tb.sv
module top;
   initial begin
     $display(" %0t -> Start!!!", $time);
     begin
       bit[3:0] a,b;              //等价于 bit unsigned[3:0] a,b,即默认为无符号的数据类型
       a = 3;
```

```
      b = 13;
      $display(" %0d( %b)  *  %0d( %b) =  %0d( %b)",a,a,b,b,(a * b),(a * b));
      $display(" %0d( %b)  *  %0d( %b) =  %0d( %b)",a,a,b,b,2'(a * b),2'(a * b));
      $display(" %0d( %b)  *  %0d( %b) =  %0d( %b)",a,a,b,b,6'(a * b),6'(a * b));
    end
    begin
      bit signed [3:0] c,d;
      c = 3;
      d = - 2;
      $display(" %0d( %b)  *  %0d( %b) =  %0d( %b)",c,c,d,d,(c * d),(c * d));
      $display(" %0d( %b)  *  %0d( %b) =  %0d( %b)",c,c,d,d,2'(c * d),2'(c * d));
      $display(" %0d( %b)  *  %0d( %b) =  %0d( %b)",c,c,d,d,6'(c * d),6'(c * d));
    end
    $display(" %0t -> Finish!!!", $time);
    $finish;
  end
endmodule
```

仿真结果如下：

```
0 -> Start!!!
3(0011) * 13(1101) = 7(0111)
3(0011) * 13(1101) = 3(11)
3(0011) * 13(1101) = 39(100111)
3(0011) * - 2(1110) = - 6(1010)
3(0011) * - 2(1110) = - 2(10)
3(0011) * - 2(1110) = - 6(111010)
0 -> Finish!!!
```

6.2　运算符

本节主要介绍 SystemVerilog 扩展的赋值运算符，见表 6-1。

表 6-1　扩展的赋值运算符

运　算　符	描　　　　述
++	将变量自增 1
--	将变量自减 1
+=	将等号左右两边变量相加并将结果赋值给左边变量
-=	将等号左边变量减去右边变量并将结果赋值给左边变量
*=	将等号左右两边变量相乘并将结果赋值给左边变量
/=	将等号左边变量除以右边变量并将结果赋值给左边变量
%=	将等号左边变量对右边变量取余并将结果赋值给左边变量
&=	将等号左右两边变量相与并将结果赋值给左边变量
|=	将等号左右两边变量相或并将结果赋值给左边变量
^=	将等号左右两边变量相异或并将结果赋值给左边变量

运 算 符	描 述
<<=	将等号左边变量进行逻辑左移右边变量的长度并将结果赋值给左边变量
>>=	将等号左边变量进行逻辑右移右边变量的长度并将结果赋值给左边变量
<<<=	将等号左边变量进行算术左移右边变量的长度并将结果赋值给左边变量
>>>=	将等号左边变量进行算术右移右边变量的长度并将结果赋值给左边变量

参考如下实例代码：

```
//文件路径:6.2/demo_tb.sv
module top;
  initial begin
    $display(" %0t -> Start!!!", $time);
    begin
      int a,b,b_tmp;
      a = 3;
      $display("a: %0d",a);
      $display("a++: %0d",a++);
      $display("after a++, a: %0d",a);
      a = 3;
      $display("a: %0d",a);
      $display("++a: %0d",++a);
      $display("after ++a: %0d",a);
      a = 3;
      $display("a: %0d",a);
      $display("a-- : %0d",a-- );
      $display("after a-- , a: %0d",a);
      a = 3;
      $display("a: %0d",a);
      $display(" -- a: %0d", -- a);
      $display("after -- a: %0d",a);
      b_tmp = 3;
      b = 3;
      b += 1;
      $display("b: %0d '+= 1' result: %0d",b_tmp,b);
      b = 3;
      b -= 1;
      $display("b: %0d '-= 1' result: %0d",b_tmp,b);
      b = 3;
      b * = 2;
      $display("b: %0d '* = 2' result: %0d",b_tmp,b);
      b = 3;
      b / = 3;
      $display("b: %0d '/ = 3' result: %0d",b_tmp,b);
      b = 3;
      b % = 2;
      $display("b: %0d '%% = 2' result: %0d",b_tmp,b);
    end
    begin
      bit[2:0] b_tmp,b;
```

```
      b_tmp = 3'b011;
      b = 3'b011;
      b &= 3'b101;
      $display("b: %b '&= 3'b101' result: %b",b_tmp,b);
      b = 3'b011;
      b |= 3'b101;
      $display("b: %b '|= 3'b101' result: %b",b_tmp,b);
      b = 3'b011;
      b ^= 3'b101;
      $display("b: %b '^= 3'b101' result: %b",b_tmp,b);
    end
    begin
      bit[5:0] b_tmp,b;
      b_tmp = 6'b100011;
      b = 6'b100011;
      b <<= 3;
      $display("unsigned b: %0b '<< 3' result: %b",b_tmp,b);
      b = 6'b100011;
      b <<<= 3;
      $display("unsigned b: %0b '<<< 3' result: %b",b_tmp,b);
      b = 6'b100011;
      b >>= 3;
      $display("unsigned b: %0b '>> 3' result: %b",b_tmp,b);
      b = 6'b100011;
      b >>>= 3;
      $display("unsigned b: %0b '>>> 3' result: %b",b_tmp,b);
    end
    begin
      bit signed[5:0] b_tmp,b;
      b_tmp = 6'b100011;
      b = 6'b100011;
      b <<= 3;
      $display("signed b: %0b '<< 3' result: %b",b_tmp,b);
      b = 6'b100011;
      b <<<= 3;
      $display("signed b: %0b '<<< 3' result: %b",b_tmp,b);
      b = 6'b100011;
      b >>= 3;
      $display("signed b: %0b '>> 3' result: %b",b_tmp,b);
      b = 6'b100011;
      b >>>= 3;
      $display("signed b: %0b '>>> 3' result: %b",b_tmp,b);
    end
    $display(" %0t -> Finish!!!", $time);
    $finish;
  end

endmodule : top
```

注意:

(1) 对于运算符++和——来讲,变量在符号左边和右边的目前的结果是不一样的,但在运算完成之后,不管变量在符号左边还是右边,最终的结果是一样的。

(2) 以上赋值运算符采用的都是阻塞赋值方式,不要在时序逻辑电路中使用。

(3) 为了打印符号%,需要使用%%来转义实现。除此之外,还有一些较为常用的特殊的打印符号的转义方式如下:

- 使用\n来打印换行。
- 使用\t来打印 Tab 缩进。
- 使用\\来打印符号\。
- 使用\"来打印符号"。

仿真结果如下:

```
0 -> Start!!!
a:3
a++ : 3
after a++, a:4
a:3
++a: 4
after ++a:4
a:3
a-- : 3
after a--, a:2
a:3
 --a: 2
after --a:2
b: 3 '+= 1' result: 4
b: 3 '-= 1' result: 2
b: 3 '* = 2' result: 6
b: 3 '/ = 3' result: 1
b: 3 '% = 2' result: 1
b: 011 '& = 3'b101' result: 001
b: 011 '| = 3'b101' result: 111
b: 011 '^ = 3'b101' result: 110
unsigned b: 100011 '<< 3' result: 011000
unsigned b: 100011 '<<< 3' result: 011000
unsigned b: 100011 '>> 3' result: 000100
unsigned b: 100011 '>>> 3' result: 000100
signed b: 100011 '<< 3' result: 011000
signed b: 100011 '<<< 3' result: 011000
signed b: 100011 '>> 3' result: 000100
signed b: 100011 '>>> 3' result: 111100
0 -> Finish!!!
```

为了让读者更容易学习理解,其他扩展运算符的用法在后面相关章节再向读者介绍。

6.3 任务和函数

6.3.1 Verilog 与 SystemVerilog 的差异

3.8 节在讲解任务和函数时提到过 Verilog 相比 SystemVerilog 在任务和函数的用法上有以下一些限制：

(1) 在 Verilog 中函数端口类型只能是 input，不能有 output 或者 inout，而输出只能通过 return 返回，而 SystemVerilog 中则没有这个限制。

(2) 在 Verilog 中函数必须至少有 1 个 input，而在 SystemVerilog 中则没有这个限制，即可没有输入。

(3) 在 Verilog 中函数必须声明返回值类型，即使没有返回值也要声明为 void 类型，而在 SystemVerilog 中则没有这个限制。

存在以上限制很正常，因为 SystemVerilog 是 Verilog 的兼容扩展语言，因此相比 Verilog来讲，SystemVerilog 更加易用，使用 SystemVeriog 来做设计和验证将更加灵活和方便。

对于存在返回值的函数，通常会在调用该函数时将返回值赋值给对应返回值数据类型的变量，参考代码如下：

```
int random_number;
random_number = get_random_number(1);
```

如果要忽略该返回值，即不将返回值赋值给变量，则可以在前面通过 void'实现，参考代码如下：

```
void'(get_random_number(1));
```

参考如下实例代码：

```
//文件路径:6.3.1/demo_tb.sv
module top;
  initial begin
    $display(" %0t -> Start!!!", $time);
    begin
      int random_number;
      random_number = get_random_number(1);
      $display("get random number %0d",random_number);
      void'(get_random_number(1));
    end
    $display(" %0t -> Finish!!!", $time);
    $finish;
  end

  function int get_random_number;
    input mode;
```

```
    $display("call get_random_number!");
    if(mode)
      return $urandom_range(10,0);
    else
      return $urandom_range(20,10);
  endfunction

endmodule : top
```

仿真结果如下：

```
0 -> Start!!!
call get_random_number!
get random number 6
call get_random_number!
0 -> Finish!!!
```

6.3.2　支持 ref 端口类型

除了 input、output 和 inout 端口类型以外，SystemVerilog 还提供了一种 ref 端口类型，用来在函数和任务中传递变量参数。

ref 端口类型传递变量参数的方式是指针传递，而其他两种端口类型（input 和 output）传递变量参数的方式是值传递，即需要占用额外的内存空间，复制一份变量参数的值进行传递。由于采用指针传递的方式不用对值进行复制，不占用额外的内存空间，效率更高，因此通常使用 ref 端口类型来传递占用内存空间较大的数组或队列数据。

由于 ref 端口类型采用的是指针传递的方式，因此如果该变量的值在函数或任务中被修改，则该变量的值立刻会发生改变，而不是像原本值复制的方式那样保持不变。

如果不会在函数或任务中修改 ref 端口传递的变量，则可以在前面添加 const 关键字来指定传递的为常量，即不能在任务或函数中被修改，同时编译工具会帮着做这项检查，确保在函数或任务中没有被修改。

参考如下实例代码：

```
//文件路径:6.3.2/demo_tb.sv
module top;
  initial begin
    $display(" %0t -> Start!!!", $time);
    begin
      int q_in[ $],q_out[ $];
      q_in = {0,1,2,3,4};
      $display("q_in is %p",q_in);
      get_double1(q_in,q_out);
      $display("get_double1 -> q_out is %p",q_out);
      get_double2(q_in,q_out);
      $display("get_double2 -> q_out is %p",q_out);
```

```
      fork
        q_in = {0,1,2,3,4};
        $display("q_in is %p",q_in);
        begin
          #10ns;
          q_in = {5,6,7,8,9};
          $display("after delay 10ns, q_in change to %p",q_in);
        end
        begin
          get_double1(q_in,q_out);
          $display("get_double1 -> q_out is %p",q_out);
        end
        begin
          get_double2(q_in,q_out);
          $display("get_double2 -> q_out is %p",q_out);
        end
        begin
          get_double3(q_in,q_out);
          $display("get_double3 -> q_out is %p",q_out);
        end
      join
    end
    $display(" %0t -> Finish!!!", $time);
    $finish;
end

task get_double1;
  input int q_in[ $];
  output int q_out[ $];

  #20ns;
  $display("finish delay 20ns in get_double1");
  foreach(q_in[idx])
    q_out[idx] = q_in[idx] * 2;
endtask

task get_double2;
  ref int q_in[ $];
  output int q_out[ $];

  #20ns;
  $display("finish delay 20ns in get_double2");
  foreach(q_in[idx])
    q_out[idx] = q_in[idx] * 2;
endtask

task get_double3;
  //const ref int q_in[ $];
  ref int q_in[ $];
  output int q_out[ $];
```

```
        #20ns;
        $display("finish delay 20ns in get_double2");
        #10ns;
        q_in = {0,6,9};
        $display("get_double3 -> modify q_in to %p",q_in);
        foreach(q_in[idx])
            q_out[idx] = q_in[idx] * 2;
    endtask

endmodule : top
```

仿真结果如下：

```
0 -> Start!!!
q_in is '{0, 1, 2, 3, 4}
finish delay 20ns in get_double1
get_double1 -> q_out is '{0, 2, 4, 6, 8}
finish delay 20ns in get_double2
get_double2 -> q_out is '{0, 2, 4, 6, 8}
q_in is '{0, 1, 2, 3, 4}
after delay 10ns, q_in change to '{5, 6, 7, 8, 9}
finish delay 20ns in get_double1
get_double1 -> q_out is '{0, 2, 4, 6, 8}
finish delay 20ns in get_double2
get_double2 -> q_out is '{10, 12, 14, 16, 18}
finish delay 20ns in get_double2
get_double3 -> modify q_in to '{0, 6, 9}
get_double3 -> q_out is '{0, 12, 18}
70 -> Finish!!!
```

6.4 循环及其控制语句

6.4.1 循环语句

1. for 循环

在 Verilog 中，for 循环的次数控制变量必须提前声明，而在 SystemVerilog 中则对此进行了简化，即可在 for 循环内部声明该控制变量，参考代码如下：

```
integer i;                          //在 Verilog 中必须先声明循环控制变量
for(i = 0; i < n; i++) begin        //然后才能使用该变量来控制 for 循环次数
    语句;
end

//而在 SystemVerilog 中可以直接在循环内部声明和使用循环控制变量
for(int i = 0; i < n; i++) begin
    语句;
end
```

2. do⋯while 循环

3.7.2 节介绍过 repeat、forever、for 及 while 循环,这里再补充一种循环语句,即 do⋯while 循环,当满足条件表达式时(结果为真),执行 do begin⋯end 中的语句,直到条件表达式不满足(为假)为止。如果一开始条件就不满足,则 do begin⋯end 中的语句也会被执行一次,参考代码如下:

```
do begin
    语句;
end while(表达式);
```

注意 do⋯while 与 while 循环的区别,即当满足条件表达式时(结果为真),执行 while 语句,直到条件表达式不满足(为假)为止。如果一开始条件就不满足,则 while 语句一次也不会被执行,参考代码如下:

```
while(表达式)begin
    语句;
end
```

3. foreach 循环

6.1.4 节介绍过 foreach 遍历循环,常常用于对数组和队列的操作访问。参考如下实例代码:

```
//文件路径:6.4.1/demo_tb.sv
module top;
  initial begin
    $display(" %0t -> Start!!!", $time);
    $display("------------ for -------------------");
    begin
      integer i;
      for(i = 0;i < 3;i++)
        $display("i is %0d",i);
      for(int i = 0;i < 3;i++)
        $display("i is %0d",i);
    end
    $display("------------ do...while ------------");
    begin
      int i = 0;
      do begin
        i++;
        $display("i is %0d",i);
      end while(i < 3);
      do begin
        $display("Hello in do...while");
      end while(0);
      while(0) begin
        $display("Hello in while");
```

```
            end
        end
        $display(" ------------ foreach ---------------- ");
        begin
            int q[ $] = {0,1,2,3};
            foreach(q[ idx])begin
                $display("q[ %0d] is %0d",idx,q[ idx]);
            end
        end
        $display(" %0t -> Finish!!!", $time);
        $finish;
    end

endmodule : top
```

仿真结果如下：

```
0 -> Start!!!
------------ for --------------------
i is 0
i is 1
i is 2
i is 0
i is 1
i is 2
------------ do...while -------------
i is 1
i is 2
i is 3
Hello in do...while
------------ foreach ----------------
q[0] is 0
q[1] is 1
q[2] is 2
q[3] is 3
0 -> Finish!!!
```

6.4.2 控制及结束语句

用于对循环进行控制，以便在满足条件时使其结束，控制及结束语句包括以下几种。

(1) continue 语句：用来跳过本轮循环，直接执行下一轮循环。

(2) break 语句：用来结束循环。

(3) return 语句：用来结束函数或任务，如果是函数，则在结束的同时返回值。

参考如下实例代码：

```
//文件路径:6.4.2/demo_tb.sv
module top;

    initial begin
```

```
      $display(" %0t -> Start!!!", $time);
      $display(" ------------ continue --------------- ");
   begin
      for(int i = 0; i < 8; i++)begin
         if(i == 4)
            continue;
         $display("i is %0d",i);
      end
   end
    $display(" ------------ break -------------------- ");
   begin
      for(int i = 0; i < 8; i++)begin
         if(i == 4)
            break;
         else
            $display("i is %0d",i);
      end
   end
    $display(" ------------ demo_func1 ------------- ");
   demo_func1;
    $display(" ------------ demo_func2 ------------- ");
   begin
      int y;
      y = demo_func2();
      $display("output y is %0d",y);
   end
    $display(" ------------ demo_task ------------- ");
   demo_task;
   $display(" %0t -> Finish!!!", $time);
   $finish;
end

function void demo_func1;
   for(int i = 0; i < 8; i++)begin
      if(i == 4)
         break;
      else
         $display("i is %0d",i);
   end
   return;
   $display("here is in demo_func1");          //该语句永远不会被执行
endfunction

function int demo_func2;
   int y;
   y = 0;
   for(int i = 0; i < 8; i++)begin
      if(i == 4)
         break;
```

```
            else
              $display("i is %0d",i);
            y++;
          end
          return y;
          $display("here is in demo_func2");        //该语句永远不会被执行
      endfunction

      task demo_task;
        for(int i = 0;i < 8;i++)begin
          if(i == 4)
            break;
          else
            $display("i is %0d",i);
        end
        $display("here is in demo_task");
        return;
        $display("here is in demo_task at last");    //该语句永远不会被执行
      endtask

endmodule : top
```

仿真结果如下：

```
0 -> Start!!!
------------ continue -----------------
i is 0
i is 1
i is 2
i is 3
i is 5
i is 6
i is 7
------------ break --------------------
i is 0
i is 1
i is 2
i is 3
------------ demo_func1 ---------------
i is 0
i is 1
i is 2
i is 3
------------ demo_func2 ---------------
i is 0
i is 1
i is 2
i is 3
output y is 4
```

```
------------ demo_task ------------
i is 0
i is 1
i is 2
i is 3
here is in demo_task
0 -> Finish!!!
```

6.5　结构语句

6.5.1　final 语句

和 initial 语句类似,只是 final 语句在仿真结束时执行,并且只执行一次。另外,在 final 语句中不能包含 ♯ 延迟或 wait 等消耗仿真时间的语句,因为 final 语句是在仿真工具调用 $finish 结束仿真时自动调用的一个函数,而函数是不消耗仿真时间的。

通常 final 语句用来做仿真结束时的功能检查或报告打印,参考代码如下:

```
final begin
    语句;
end
```

参考如下实例代码:

```
//文件路径:6.5.1/demo_tb.sv
module top;

  initial begin
    $display(" %0t -> Start!!!", $time);
    #10ns;
    $display("delay 10ns in initial block");
    $display("here in initial block");
    $display(" %0t -> Finish!!!", $time);
    $finish;
  end

  final begin
    $display(" %0t -> Start!!!", $time);
    // #10ns;//不容许在 final 语句中进行延迟
    $display("here in final block");
    $display(" %0t -> Finish!!!", $time);
  end

endmodule : top
```

仿真结果如下:

```
0 -> Start!!!
delay 10ns in initial block
here in initial block
10 -> Finish!!!
$finish called from file "demo_tb.sv", line 10
10 -> Start!!!
here in final block
10 -> Finish!!!
$finish at simulation time                    10
```

6.5.2 always_comb 和 always_ff 语句

always_comb 用于描述组合逻辑电路,实现类似 Verilog 中@ * 的效果,避免了声明敏感信号列表所带来的烦琐。

always_ff 语句用于描述时序逻辑电路。

参考如下实例代码:

```
//文件路径:6.5.2/demo_tb.sv
module top;
   bit clk,rst_n;                   //定义时钟和复位信号
   int a,b,c;                       //定义变量

   initial begin
     $display(" %0t -> Start!!!", $time);
     #100;                          //将仿真时长设置为 100 个仿真时间单位
     $display(" %0t -> Finish!!!", $time);
     $finish;
   end

//组合逻辑电路,实现一个加法运算
   always_comb begin
     c = a + b;
     $display(" a is %0d, b is %0d, c is %0d",a,b,c);
   end

//产生时钟翻转信号
   initial begin
     clk = 0;
     forever begin
       #10;
       clk = ~clk;
     end
   end

//产生复位信号
   initial begin
     rst_n = 0;
```

```
    #5;
    rst_n = 1;
  end

//时序逻辑电路,实现在复位信号有效时对变量进行初始化,在时钟上升沿对变量进行加1
  always_ff@(posedge clk or negedge rst_n)begin
    if(!rst_n)begin
      a <= 0;
      b <= 0;
    end
    else begin
      a <= (a + 1);
      b <= (b + 1);
    end
  end

endmodule : top
```

仿真结果如下:

```
0 -> Start!!!
a is 0, b is 0, c is 0
a is 1, b is 1, c is 2
a is 2, b is 2, c is 4
a is 3, b is 3, c is 6
a is 4, b is 4, c is 8
a is 5, b is 5, c is 10
100 -> Finish!!!
```

6.5.3 末尾标签

可以在 endmodule、endtask、endfunction 后面通过":"添加末尾标签,从而增加可读性。还可以给程序块语句添加标签,除了可以增加可读性,还可以很方便地使用 disable 来结束程序块的运行。

参考如下实例代码:

```
//文件路径:6.5.3/demo_tb.sv
module top;
  initial begin
    $display(" %0t -> Start!!!", $time);
    fork : f1
      begin : b1
        $display("here in b1");
        #10ns;
        disable b2;
      end
      begin : b2
```

```
            #20ns;
            $display("here in b2");
        end
        begin : b3
            #50ns;
            $display(" %0t -> delay 50ns in f1", $time);
        end
    join
    demo_task;
    demo_func;
    $display(" %0t -> Finish!!!", $time);
    $finish;
end

task demo_task;
    $display(" %0t -> here in demo_task", $time);
endtask : demo_task

function void demo_func;
    $display(" %0t -> here in demo_func", $time);
endfunction : demo_func

endmodule : top
```

仿真结果如下：

```
0 -> Start!!!
here in b1
50 -> delay 50ns in f1
50 -> here in demo_task
50 -> here in demo_func
50 -> Finish!!!
```

6.6 并行执行程序块语句

3.4.2 节介绍过并行执行程序语句 fork…join，这里再补充介绍几个它的"孪生兄弟"并放在一起做一个对比。

（1）fork…join 语句：用来等待所有的子线程都执行完毕后再继续执行后面的程序。

（2）fork…join_any 语句：用来等待子线程中任意一个执行完毕后再继续执行后面的程序，同时其他子线程继续保持执行，直至都执行完毕。

（3）fork…join_none 语句：不等待子线程执行完，直接执行后面的程序，其中所有子线程继续保持执行，直至都执行完毕。

以上执行过程如图 6-7 所示。

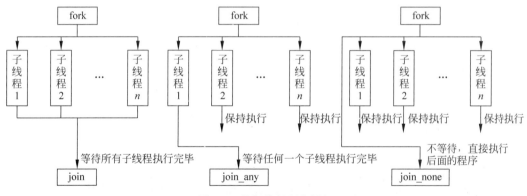

图 6-7 并行执行程序语句

参考如下实例代码：

```
//文件路径:6.6/demo_tb.sv
module top;
  initial begin
    $display(" %0t -> Start!!!", $time);
    begin
      $display(" %0t -> ----------- fork_join_block ----------- ", $time);
      fork: fork_join_block
        begin: begin_block1
          $display(" %0t -> begin_block1 start ", $time);
          #10ns;
          $display(" %0t -> begin_block1 finish ", $time);
        end
        begin: begin_block2
          $display(" %0t -> begin_block2 start ", $time);
          #20ns;
          $display(" %0t -> begin_block2 finish ", $time);
        end
        begin: begin_block3
          $display(" %0t -> begin_block3 start ", $time);
          #30ns;
          $display(" %0t -> begin_block3 finish ", $time);
        end
      join
      $display(" %0t -> get out of fork_join_block!", $time);
    end
    begin
      $display(" %0t -> ----------- fork_join_any block ---------- ", $time);
      fork: fork_join_any_block
        begin: begin_block1
          $display(" %0t -> begin_block1 start ", $time);
          #10ns;
          $display(" %0t -> begin_block1 finish ", $time);
        end
        begin: begin_block2
```

```
            $display(" %0t -> begin_block2 start ", $time);
            #20ns;
            $display(" %0t -> begin_block2 finish ", $time);
         end
      begin: begin_block3
            $display(" %0t -> begin_block3 start ", $time);
            #30ns;
            $display(" %0t -> begin_block3 finish ", $time);
         end
      join_any
      $display(" %0t -> get out of fork_join_any_block!", $time);
      #50ns;
    end
    begin
      $display(" %0t -> ----------- fork_join_none block ---------- ", $time);
      fork: fork_join_none_block
        begin: begin_block1
            $display(" %0t -> begin_block1 start ", $time);
            #10ns;
            $display(" %0t -> begin_block1 finish ", $time);
         end
        begin: begin_block2
            $display(" %0t -> begin_block2 start ", $time);
            #20ns;
            $display(" %0t -> begin_block2 finish ", $time);
         end
        begin: begin_block3
            $display(" %0t -> begin_block3 start ", $time);
            #30ns;
            $display(" %0t -> begin_block3 finish ", $time);
         end
      join_none
      disable fork_join_none_block;//等同于 disable fork;
      $display(" %0t -> get out of fork_join_none_block!", $time);
      #50ns;
    end
    $display(" %0t -> Finish!!!", $time);
    $finish;
  end

endmodule : top
```

可以用 disable 来终止 fork 线程,例如在上面的代码中使用 disable 来结束 fork…join_none。

仿真结果如下:

```
0 -> Start!!!
0 -> ----------- fork_join_block -----------
0 -> begin_block1 start
0 -> begin_block2 start
```

```
0 -> begin_block3 start
10 -> begin_block1 finish
20 -> begin_block2 finish
30 -> begin_block3 finish
30 -> get out of fork_join_block!
30 -> ----------- fork_join_any block ---------
30 -> begin_block1 start
30 -> begin_block2 start
30 -> begin_block3 start
40 -> begin_block1 finish
40 -> get out of fork_join_any_block!
50 -> begin_block2 finish
60 -> begin_block3 finish
90 -> ----------- fork_join_none block ---------
90 -> get out of fork_join_none_block!
140 -> Finish!!!
```

6.7 控制语句

11min

6.7.1 wait fork 等待语句

wait fork 用来等待 fork 中的子线程全部执行完毕，但不适用于 fork…join，因为执行到 fork…join 之后的语句时 fork…join 中的子线程已经都执行完毕了，而 fork…join_any 或者 fork…join_none 中还有子线程需要继续保持执行。

参考如下实例代码：

```
//文件路径:6.7.1/demo_tb.sv
module top;
  bit wait_signal;

  initial begin
    wait_signal = 0;
    #100ns;
    wait_signal = 1;
  end

  initial begin
    $display(" %0t -> Start!!!", $time);
    $display(" %0t -> ----------- wait start ----------- ", $time);
    wait(wait_signal);
    $display(" %0t -> ----------- wait finish ---------- ", $time);
    begin
      $display(" %0t -> ----------- fork_join_none block ---------- ", $time);
      fork: fork_join_none_block
        begin: begin_block1
          $display(" %0t -> begin_block1 start ", $time);
          #10ns;
```

```
            $display(" %0t -> begin_block1 finish ", $time);
          end
          begin: begin_block2
            $display(" %0t -> begin_block2 start ", $time);
            #20ns;
            $display(" %0t -> begin_block2 finish ", $time);
          end
          begin: begin_block3
            $display(" %0t -> begin_block3 start ", $time);
            #30ns;
            $display(" %0t -> begin_block3 finish ", $time);
          end
        join_none
        $display(" %0t -> get out of fork_join_none_block!", $time);
        $display(" %0t -> ------------ wait fork start ----------- ", $time);
        wait fork; //只对 fork...join_any 或 join_none 有意义
        $display(" %0t -> ------------ wait fork finish ----------- ", $time);
        #50ns;
      end
      $display(" %0t -> Finish!!!", $time);
      $finish;
  end

endmodule : top
```

仿真结果如下：

```
0 -> Start!!!
0 -> ------------ wait start ------------
100 -> ------------ wait finish -----------
100 -> ------------ fork_join_none block ----------
100 -> get out of fork_join_none_block!
100 -> ------------ wait fork start -----------
100 -> begin_block1 start
100 -> begin_block2 start
100 -> begin_block3 start
110 -> begin_block1 finish
120 -> begin_block2 finish
130 -> begin_block3 finish
130 -> ------------ wait fork finish -----------
180 -> Finish!!!
```

6.7.2　iff 条件控制语句

通常配合 always 或 always_iff 语句来使用，从而增加敏感触发条件。
参考如下实例代码：

```
//文件路径:6.7.2/demo_tb.sv
module top;
```

```
 bit clk, rst_n;
 int a, b, c;

 initial begin
    $display(" %0t -> Start!!!", $time);
   a = 0;
   b = 0;
   repeat(10) begin
     #10;
     a++;
     b++;
   end
   #100;
   $display(" %0t -> Finish!!!", $time);
   $finish;
 end

 initial begin
   clk = 0;
   forever begin
     #10;
     clk = ~clk;
   end
 end

 initial begin
   rst_n = 0;
   #5;
   rst_n = 1;
 end

 always_ff@(posedge clk iff rst_n) begin
   c <= (a + b);
   $display(" a is %0d, b is %0d, c is %0d",a,b,c);
 end

endmodule : top
```

这里只有复位信号为高电平且时钟信号为上升沿时才能触发时序逻辑电路的执行。
仿真结果如下：

```
0 -> Start!!!
a is 1, b is 1, c is 0
a is 3, b is 3, c is 2
a is 5, b is 5, c is 6
a is 7, b is 7, c is 10
a is 9, b is 9, c is 14
a is 10, b is 10, c is 18
a is 10, b is 10, c is 20
a is 10, b is 10, c is 20
```

```
a is 10, b is 10, c is 20
a is 10, b is 10, c is 20
200 -> Finish!!!
```

注意：这里时序逻辑中的非阻塞赋值会在下一个时钟的上升沿完成赋值，因此打印出来的计算结果相比运算操作数延迟了一个时钟周期。

6.7.3　inside 匹配语句

inside 直译过来即"在里面"的意思，相当于匹配，参考代码如下：

```
logic[2:0] a;
if(a inside {3'b001,3'b101,3'b100})
 ...
```

上面判断语句等同于如下代码：

```
if((a == 3'b001)||(a == 3'b101)||(a = 3'b100))
```

还可以使用"?"来匹配高阻值或不定值，参考代码如下：

```
if(a inside {3'b1?1})
```

还可以配合 case 来使用，此时只需指定想要匹配的条件分支，即不需要将所有可能的分支都列出来，也不需要使用 default 指定默认分支。

参考示例代码如下：

```
//文件路径:6.7.3/demo_tb.sv
module top;
  logic[3:0] op;
  logic[15:0] rslt;
  logic[3:0] a,b;

  initial begin
    $display(" %0t -> Start!!!", $time);
    begin
      logic[2:0] a;
      a = 3'b001;
      if(a inside {3'b001,3'b101,3'b100})
        $display("a is inside {3'b001,3'b101,3'b100}!");
      else
        $display("a is not inside {3'b001,3'b101,3'b100}!");
      a = 3'b100;
      if((a == 3'b001)||(a == 3'b101)||(a = 3'b100))
        $display("a is inside {3'b001,3'b101,3'b100}!");
      else
        $display("a is not inside {3'b001,3'b101,3'b100}!");
```

```
        //a = 3'b1x1;
        a = 3'b1z1;
        if(a inside {3'b1?1})
           $display("a is inside {3'b1?1}!");
        else
           $display("a is not inside {3'b1?1}!");
      end
      #150;
      $display(" %0t -> Finish!!!", $time);
      $finish;
   end

   initial begin
      op = 0;
      a = 0;
      b = 0;
      repeat(20)begin
         #10;
         op++;
         a++;
         b++;
      end
   end

   always_comb begin
      case(op) inside
         4'b00??: begin
           rslt = a + b;
           $display("op: %b(add) -> a: %d, b: %d -> rslt: %d",op,a,b,rslt);
         end
         4'b01??: begin
           rslt = a - b;
           $display("op: %b(sub) -> a: %d, b: %d -> rslt: %d",op,a,b,rslt);
         end
         4'b11??: begin
           rslt = a * b;
           $display("op: %b(mul) -> a: %d, b: %d -> rslt: %d",op,a,b,rslt);
         end
      endcase
   end

endmodule : top
```

仿真结果如下：

```
0 -> Start!!!
a is inside {3'b001,3'b101,3'b100}!
a is inside {3'b001,3'b101,3'b100}!
a is inside {3'b1?1}!
op: 0000(add) -> a: 0, b: 0 -> rslt: 0
op: 0000(add) -> a: 0, b: 0 -> rslt: 0
```

```
op: 0001(add) -> a: 1, b: 1 -> rslt: 2
op: 0010(add) -> a: 2, b: 2 -> rslt: 4
op: 0011(add) -> a: 3, b: 3 -> rslt: 6
op: 0100(sub) -> a: 4, b: 4 -> rslt: 0
op: 0101(sub) -> a: 5, b: 5 -> rslt: 0
op: 0110(sub) -> a: 6, b: 6 -> rslt: 0
op: 0111(sub) -> a: 7, b: 7 -> rslt: 0
op: 1100(mul) -> a: 12, b: 12 -> rslt: 144
op: 1101(mul) -> a: 13, b: 13 -> rslt: 169
op: 1110(mul) -> a: 14, b: 14 -> rslt: 196
150 -> Finish!!!
```

6.7.4　进程控制类

SystemVerilog 提供了 process 类,可以实现对进程的访问和控制,其中定义了一个枚举型变量 state,用来表示当前进程的执行状态,包括以下几种。

(1) FINISHED:进程结束。

(2) RUNNING:进程正在运行中。

(3) WAITING:进程正在阻塞等待中。

(4) SUSPENDED:进程被挂起,等待被恢复(resume)。

(5) KILLED:进程被杀死,即被强制终止。

并且 process 类还提供了一些进程控制方法,主要包括以下几种。

(1) self():返回当前进程的句柄。

(2) status():返回当前进程的运行状态。

(3) kill():杀死进程及其子进程,即终止进程。

(4) await():阻塞等待其他进程执行结束。

(5) suspend():挂起进程。

(6) resume():恢复进程。

注意:

(1) process 类只能通过 self()方法获取,而不能通过 new 的方式来构造例化。

(2) await()方法不能用来等待本进程执行结果,即不能等待其自己执行结果,只能等待其他进程执行结束。

参考示例代码如下:

```
//文件路径:6.7.4/demo_tb.sv
module top;
  process job[4];

  initial begin
    $display("%0t -> Start!!!", $time);
    $display("%0t -> fork ... join start", $time);
    fork
```

```
      begin
        job[0] = process::self();
        $display(" %0t -> get job[0] handle", $time);
        #10;
      end
      begin
        job[1] = process::self();
        $display(" %0t -> get job[1] handle", $time);
        $display(" %0t -> suspend job[1]", $time);
        job[1].suspend();
        #100;
        $display(" %0t -> job[1] finish", $time);
      end
      begin
        job[2] = process::self();
        $display(" %0t -> get job[2] handle", $time);
        job[0].await();
        $display(" %0t -> wait job[0] finish", $time);
        if(job[0].status() != process::FINISHED)
          $display(" %0t -> ERROR : job[0] should be already finished", $time);
        #30;
        $display(" %0t -> resume job[1]", $time);
        job[1].resume();
      end
      begin
        job[3] = process::self();
        $display(" %0t -> get job[3] handle", $time);
        #100;
        $display(" %0t -> kill job[3]", $time);
        job[3].kill();
        #100;
      end
    join
    $display(" %0t -> fork ... join end", $time);

    if(job[3].status == process::KILLED)
      $display(" %0t -> kill job[3] successful", $time);

    $display(" %0t -> Finish!!!", $time);
    $finish;
  end

endmodule : top
```

在上面的代码中，在父进程 fork…join 中通过 4 个 begin…end 创建了 4 个并行的子进程，并且分别调用 process 类的 self()方法获取相应的句柄，具体说明如下。

（1）job[0]进程：等待 10 个仿真时间单位，然后结束。

（2）job[1]进程：调用 process 类的 suspend()方法挂起当前进程，然后等待进程恢复之后，再等待 100 个仿真时间单位，然后结束。

（3）job[2]进程：调用 process 类的 await()方法阻塞等待 job[0]进程执行完毕，并且判断如果此时 job[0]的状态不是 FINISHED，则报错，再等待 30 个仿真时间单位后调用 process 类的 resume()方法恢复 job[1]进程，然后结束。

（4）job[3]进程：等待 100 个仿真时间单位，然后调用 process 类的 kill()方法强制终止进程，然后结束。

在父进程 fork…join 执行完毕后，判断 job[3]进程的状态是 KILLED，即确实处于被强制终止的状态，最后仿真结束。

仿真结果如下：

```
0  -> Start!!!
0  -> fork ... join start
0  -> get job[0] handle
0  -> get job[1] handle
0  -> suspend job[1]
0  -> get job[2] handle
0  -> get job[3] handle
10  -> wait job[0] finish
40  -> resume job[1]
100  -> kill job[3]
140  -> job[1] finish
140  -> fork ... join end
140  -> kill job[3] successful
140  -> Finish!!!
```

6.8　分支语句

之前在 3.7.1 节向读者介绍过 case 分支语句，还可以通过关键字 unique 和 priority 修饰 case 实现两种比较特殊的分支语句。

（1）unique case：唯一分支选择语句，当且仅有一个分支满足匹配条件，即所有并行的分支彼此互斥。

（2）priority case：优先级分支选择语句，至少有一个分支满足匹配条件，当存在多个分支满足匹配条件时，按照从上到下的顺序，排在第 1 个的分支会被执行。

参考示例代码如下：

```
//文件路径:6.8/demo_tb.sv
module top;
  logic[1:0] op;
  logic[15:0] rslt1,rslt2;
  logic[3:0] a,b;

  initial begin
    $display(" %0t -> Start!!!", $time);
    #100;
```

```systemverilog
      $display(" %0t -> Finish!!!", $time);
      $finish;
   end

   initial begin
     op = 0;
     a = 0;
     b = 0;
     repeat(5)begin
       #10;
       op++;
       a++;
       b++;
     end
   end

   always_comb begin
     unique case(op) inside
       2'b00: begin
         rslt1 = a + b;
         $display("unique case -> op: %b(add) -> a: %d, b: %d -> rslt1: %d",op,a,b,rslt1);
       end
       2'b01: begin
         rslt1 = a - b;
         $display("unique case -> op: %b(sub) -> a: %d, b: %d -> rslt1: %d",op,a,b,rslt1);
       end
       2'b10: begin
         rslt1 = a * b;
         $display("unique case -> op: %b(mul) -> a: %d, b: %d -> rslt1: %d",op,a,b,rslt1);
       end
       2'b11: begin
         rslt1 = a / b;
         $display("unique case -> op: %b(div) -> a: %d, b: %d -> rslt1: %d",op,a,b,rslt1);
       end
     endcase
   end

   always_comb begin
     priority case(op) inside
       2'b0?: begin
         rslt2 = a + b;
         $display("priority case -> op: %b(add) -> a: %d, b: %d -> rslt2: %d",op,a,b,
rslt2);
       end
       2'b00: begin
         rslt2 = a - b;
         $display("priority case -> op: %b(sub) -> a: %d, b: %d -> rslt2: %d",op,a,b,
rslt2);
       end
       default: begin
         rslt2 = a * b;
```

```
        $display("priority case -> op: %b(mul) -> a: %d, b: %d -> rslt2: %d",op,a,b,
rslt2);
      end
    endcase
  end

endmodule : top
```

仿真结果如下：

```
0 -> Start!!!
unique case -> op: 00(add) -> a: 0, b: 0 -> rslt1: 0
priority case -> op: 00(add) -> a: 0, b: 0 -> rslt2: 0
unique case -> op: 00(add) -> a: 0, b: 0 -> rslt1: 0
priority case -> op: 00(add) -> a: 0, b: 0 -> rslt2: 0
unique case -> op: 01(sub) -> a: 1, b: 1 -> rslt1: 0
priority case -> op: 01(add) -> a: 1, b: 1 -> rslt2: 2
unique case -> op: 10(mul) -> a: 2, b: 2 -> rslt1: 4
priority case -> op: 10(mul) -> a: 2, b: 2 -> rslt2: 4
unique case -> op: 11(div) -> a: 3, b: 3 -> rslt1: 1
priority case -> op: 11(mul) -> a: 3, b: 3 -> rslt2: 9
unique case -> op: 00(add) -> a: 4, b: 4 -> rslt1: 8
priority case -> op: 00(add) -> a: 4, b: 4 -> rslt2: 8
unique case -> op: 01(sub) -> a: 5, b: 5 -> rslt1: 0
priority case -> op: 01(add) -> a: 5, b: 5 -> rslt2: 10
unique case -> op: 01(sub) -> a: 9, b: 9 -> rslt1: 0
priority case -> op: 01(add) -> a: 9, b: 9 -> rslt2: 18
100 -> Finish!!!
```

6.9 面向对象编程

6.9.1 面向对象的概念

与面向对象编程（Object Oriented Programming，OOP）相对的是面向过程编程，举个例子，如图 6-8 所示。

图 6-8 面向对象和面向过程的比较

例如有一天想吃包子，那么一般来讲会有以下两种方法可以吃到：

（1）自己做包子：买面粉、蔬菜和调料等，然后洗净、切菜、和面、发面、包包子、上锅蒸。

（2）现成的包子：去门口包子铺购买。

这里（1）可以理解为面向过程，而（2）则可以理解为面向对象。

可以发现,面向过程是具体化的,为了实现一个目标或功能,需要一步一步地去完成,而面向对象是抽象化的,省去了很多烦琐的细节,只需去包子铺购买现成的包子就可以了,因为那些烦琐的细节已经被封装成一个对象了。至于里面的过程细节到底是什么,即厨师到底是怎么做出来的不需要去知道,只管吃就行了。

因此面向对象的底层其实还是面向过程,把面向过程抽象成一个对象,然后封装,方便去使用的就是面向对象。

6.9.2 结构体和类

1. 结构体

通过前面的例子,读者已经明白了什么是面向对象,下面依然以这个例子来说明什么是结构体。

众所周知,一个菜包子是由好几种材料组成的,那么如何描述一个包子呢?

为了方便,可以使用结构体来描述,通过关键字 struct 来定义声明,参考代码如下:

```
struct baozi{
    string name;
    int weight;
    int skin;
    int filling;
    int flavor;
}
```

可以看到它有 5 个数据成员,分别如下:

(1) string 类型的名字 name,例如"caibaozi"即代表菜包子。

(2) int 型包子的质量 weight,例如 150 即代表包子的质量是 150g。

(3) int 型的面皮 skin,例如 0 代表高筋面粉,1 代表中筋面粉等。

(4) int 型的馅料 filling,例如 0 代表青菜,1 代表萝卜丝等。

(5) int 型的调料 flavor,例如 0 代表酱油,1 代表盐等。

通过结构体将包子中的材料封装到了一起,即将数据成员封装到了一起。

在向读者介绍面向对象概念时,已经向读者提到过,面向对象是抽象化的,省去了很多烦琐的细节,只需去门口的包子铺购买现成的包子就可以了,因为那些烦琐的细节已经被封装成一个对象了。

但结构体是封装的对象吗?

注意它还不是,即还不是前面所讲的封装的对象。

因为结构体只有做包子的材料,还不能把包子做出来,还需要会做才行,那么就需要有做包子的方法,而下面将向读者介绍的类既提供了包子的材料又提供了做包子的方法,因此类才是封装的对象。

2. 类

包子和类的封装对应关系,如图 6-9 所示。

前面提到的那些做包子的烦琐细节其实被封装在一个抽象的类里,而这个类提供了为实现这个目标或功能所需要的数据(材料,即菜包子的皮和馅及调料),以及实现所需的方法(和面的技术、捏包子的技术,火候及时间的把握技术等)。

包子=做包子的材料+做包子的方法

类=数据成员变量+操作数据成员方法

图 6-9　包子和类的对应关系

因此结构体其实缺少的是实现的方法,那么加上实现所需的方法,就是前面所讲的封装的对象了(方法指的是类里的函数或任务,下同),这里的实现方法即 make_baozi,用来"做包子",参考代码如下:

```
//文件路径:6.9.2/baozi.svh
class baozi;
    string name;
    int weight;
    int skin;
    int filling;
    int flavor;

    function new(string name,int weight);
        this.name = name;
        this.weight = weight;
    endfunction

    function void make_baozi();
        $display("A baozi is completed!");
        $display("Baozi name is %s",name);
        $display("Baozi weight is %d",weight);
        $display("Baozi skin is %d",skin);
        $display("Baozi filling is %d",filling);
        $display("Baozi flavor is %d",flavor);
    endfunction
endclass
```

这里函数 new 为构造函数,调用 new 函数可以创建声明该类的对象,并且可以在构造时传递参数,这里的 new 函数接收两种参数,即 name 和 weight,它们分别用来指定包子的名字和质量,然后赋值给类的内部成员变量,通过关键字 this 来指定在当前类中进行查找成员变量,如果找不到,则默认到上一级(其父类)继续查找,直到找到为止,如果最终没有找到,则会报错。

注意:

(1) this 一般用于在很深的底层作用域,却想明确地引用当前类的成员变量或方法时使用。

(2) 除了 this 以外,还有 super 的作用与此类似,只是其引用的是当前类的父类的成员变量或方法。

(3) 如果不需要在构造类对象时传递参数,则在类对象里的 new 函数可以省略不写。

为了方便对代码的阅读理解,使类中包含的数据成员和方法一目了然,可以使用关键字 extern 和::范围操作符将类中的方法在类的外部进行实现,参考代码如下:

```
//文件路径:6.9.2/baozi.svh
class baozi;
    string name;
    int weight;
    int skin;
    int filling;
    int flavor;

    extern function new(string name,int weight);
    extern function void make_baozi();
endclass

function baozi::new(string name,int weight);
    this.name = name;
    this.weight = weight;
endfunction

function void baozi::make_baozi();
    $display("A baozi is completed!");
    $display("Baozi name is %s",name);
    $display("Baozi weight is %d",weight);
    $display("Baozi skin is %d",skin);
    $display("Baozi filling is %d",filling);
    $display("Baozi flavor is %d",flavor);
endfunction
```

尤其当在类中包含的方法较多且方法的实现代码较长时,可以大大缩短类的代码长度, 从而提高代码的可读性。

当一个类被定义好后,需要将其实例化才可以使用。当实例化完成后,可以调用其中的 方法,参考代码如下:

```
//文件路径:6.9.2/demo_tb.sv
module top;
    baozi baozi_h;

    initial begin
        baozi_h = new(.name("caibaozi"),.weight(150));
        baozi_h.skin = 0;
        baozi_h.filling = 1;
        baozi_h.flavor = 0;
        baozi_h.make_baozi();
    end

endmodule : top
```

这里 new 为构造函数,通过 new 创建声明了一个 baozi 对象,该对象的句柄是 baozi_h,

并在构造时完成传参。当然也可以通过直接引用,即句柄加点的指定路径的方式给该类的成员变量赋值,然后调用 make_baozi()方法来做包子。

仿真结果如下:

```
A baozi is completed!
Baozi name is caibaozi
Baozi weight is          150
Baozi skin is            0
Baozi filling is            1
Baozi flavor is              0
```

可以看到,已经成功做好了一个"菜包子"。

注意:面向对象最重要的特点是,绝大多数的功能用封装好的类去实现。

6.9.3 类的封装

在 6.9.2 节中,通过指定路径的直接引用方式对类的成员变量进行赋值,见如下代码:

```
baozi_h.skin = 0;
baozi_h.filling = 1;
baozi_h.flavor = 0;
```

此时类中的数据成员对于外部来讲都是可见的,相当于全局变量,这是比较危险的,因为不小心改变该类的内部数据成员变量的值可能会带来意想不到的问题。为了避免发生这样的问题,可以在声明该成员变量时前面加上关键字 local,参考代码如下:

```
//文件路径:6.9.3/baozi.svh
class baozi;
    string name;
    int weight;
    local int skin;
    local int filling;
    local int flavor;
    ...
endclass
```

此时,变量将只能在类的内部由类的方法进行访问,在类外部使用前采用指定路径的直接引用方式进行访问会报错。

由于不能通过之前指定路径的直接引用方式进行访问了,因此需要在类的内部定义一种方法来对目标成员变量进行访问,参考代码如下:

```
//文件路径:6.9.3/baozi.svh
function void init(int skin, int filling, int flavor);
    this.skin = skin;
    this.filling = filling;
    this.flavor = flavor;
endfunction
```

顶层模块的代码如下：

```
//文件路径:6.9.3/demo_tb.sv
module top;
   baozi baozi_h;

   initial begin
      baozi_h = new(.name("caibaozi"),.weight(150));
      baozi_h.init(0,1,0);
      baozi_h.make_baozi();
   end

endmodule : top
```

可以看到，此时可以使用 init 方法来对类的内部成员变量进行赋值。

仿真结果如下：

```
A baozi is completed!
Baozi name is caibaozi
Baozi weight is              150
Baozi skin is                0
Baozi filling is                  1
Baozi flavor is                   0
```

发现成功做了一个"菜包子"。

除了成员变量可以被定义为 local 类型外，类里面的方法也可以被定义为 local 类型，参考代码如下：

```
//文件路径:6.9.3/baozi.svh
local function void B();
    $display("do something...");
endfunction
```

同样，被定义为 local 属性的方法也只能在类的内部进行访问，当在类的外部访问时会报错。

```
module top;
   baozi baozi_h;

   initial begin
      baozi_h = new(.name("caibaozi"),.weight(150));
      baozi_h.B();   //报错
   end

endmodule : top
```

因此通过关键字 local 定义的成员变量和方法，只有类自己的内部能够访问，相当于将类封装了起来。

6.9.4 类的继承

上面已经有了一个叫 baozi 的类,用来对包子对象进行封装。那么包子也有很多种,刚刚只是做普通的包子,如果是小笼包呢,该如何去封装?

只需对原先的类,即父类 baozi,进行继承并新增一些新的特性 feature,以及 make_xiaolongbao 方法来"做小笼包",这样就得到了子类 xiaolongbao,如图 6-10 所示。

参考代码如下:

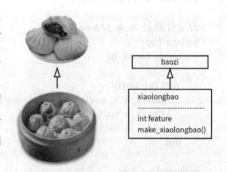

图 6-10　包子和小笼包的继承关系

```
//文件路径:6.9.4/xiaolongbao.svh
class xiaolongbao extends baozi;
    int feature;

    function new(string name, int weight, int feature);
        super.new(name, weight);
        this.feature = feature;
    endfunction

    function void make_xiaolongbao();
        $display("A xiaolongbao is completed!");
        $display("Xiaolongbao name is %s", name);
        $display("Xiaolongbao weight is %d", weight);
        $display("Xiaolongbao skin is %d", skin);
        $display("Xiaolongbao filling is %d", filling);
        $display("Xiaolongbao flavor is %d", flavor);
        $display("Xiaolongbao feature is %d", feature);
    endfunction
endclass
```

此时,在原来 baozi 类的基础上派生了 xiaolongbao 子类,增加了一个成员变量 feature,用以代表小笼包的特点。这里 new 构造函数中的 super 用于调用父类的方法,这里调用的是父类的构造函数,然后增加了一个 make_xiaolongbao 的方法用来做小笼包。

下面例化 xiaolongbao 这个子类,然后做一个小笼包,参考代码如下:

```
//文件路径:6.9.4/demo_tb.sv
module top;

    xiaolongbao xiaolongbao_h;

    initial begin
        xiaolongbao_h = new("xiaolongbao",50,2);
        xiaolongbao_h.make_xiaolongbao();
    end
endmodule : top
```

运行仿真将会报错。

原因是之前在 baozi 的父类里对一些成员变量使用了关键字 local,当其子类 xiaolongbao 在 make_xiaolongbao 方法里直接引用这些成员变量时就会报错。那么子类想访问父类中的成员,同时又不想让这些成员被外部访问,该怎么办呢?

可以将父类中的这些变量声明为 protected 类型,即将父类中的关键字 local 替换为 protected。

再次运行仿真,结果如下:

```
A xiaolongbao is completed!
Xiaolongbao name is xiaolongbao
Xiaolongbao weight is              50
Xiaolongbao skin is        0
Xiaolongbao filling is          0
Xiaolongbao flavor is           0
Xiaolongbao feature is          2
```

可以看到,成功做了一个“小笼包”,这样原先的父类 baozi 的代码就得到了重用。

注意:与 local 类似,protected 关键字同样可以应用于方法中,这里不再赘述。

6.9.5 类的多态

做包子的最终目的当然是为了吃,所以类中还缺一个“吃包子”的方法。

现在就给 baozi 类中新增一种方法,叫作 eat 方法,用来“吃包子”,吃包子这件事情很简单,把包子放到嘴里就行了,即 Put it straight in your mouth!,参考代码如下:

```
//文件路径:6.9.5/baozi.svh
class baozi;
    string name;
    int weight;
    protected int skin;
    protected int filling;
    protected int flavor;

    function new(string name, int weight);
        this.name = name;
        this.weight = weight;
    endfunction

    function void eat();
        $display("Put it straight in your mouth!");
    endfunction
    ...
endclass
```

但是小笼包的吃法不一样,通常需要先蘸醋,然后吃,因此需要在 xiaolongbao 子类中也新增一种方法,也叫作 eat,用来“吃小笼包”,但内容换成了 Dip it in vinegar and put it in your mouth!,参考代码如下：

```
//文件路径:6.9.5/xiaolongbao.svh
class xiaolongbao extends baozi;
    int feature;

    function new(string name,int weight,int feature);
        super.new(name,weight);
        this.feature = feature;
    endfunction

    function void eat();
        $display("Dip it in vinegar and put it in your mouth!");
endfunction
    ...
endclass
```

接下来,在测试模块里分别做一个包子和小笼包然后吃掉,参考代码如下：

```
//文件路径:6.9.5/demo_tb.sv
module top;

    baozi baozi_h;
    xiaolongbao xiaolongbao_h;

    initial begin
        baozi_h = new(.name("caibaozi"),.weight(150));
        baozi_h.init(0,1,0);
        baozi_h.make_baozi();

        xiaolongbao_h = new("xiaolongbao",50,2);
        xiaolongbao_h.make_xiaolongbao();

        baozi_h.eat();
        xiaolongbao_h.eat();
    end

endmodule : top
```

仿真结果如下：

```
Put it straight in your mouth!
Dip it in vinegar and put it in your mouth!
```

但如果像这样,把小笼包的句柄 xiaolongbao_h 赋给包子的句柄 baozi_h,参考代码
如下：

```
module top;
    ...
    initial begin
        ...
```

```
        baozi_h = xiaolongbao_h;
        baozi_h.eat();
    end
endmodule : top
```

然后仿真,则会发现仿真结果如下:

```
Put it straight in your mouth!
```

此时吃到嘴里的并不是小笼包,还是之前普通的包子!

说明虽然将小笼包的句柄 xiaolongbao_h 赋给了包子的句柄 baozi_h,但是调用的还是吃包子的方法,不是吃小笼包的方法。

可想吃的是小笼包,怎么办?

可以使用关键字 virtual 将父类中的方法定义成虚方法,即可暗示 SystemVerilog 忽略变量的表面,去更深入地查看存放在句柄变量里的对象类型,然后就可以找到真正的方法了。

即在父类 baozi 的 eat 方法前加上关键字 virtual,参考代码如下:

```
//文件路径:6.9.5/baozi.svh
class baozi;
    ...
    virtual function void eat();
        $display("Put it straight in your mouth!");
    endfunction
    ...
endclass
```

再次仿真的结果如下:

```
Dip it in vinegar and put it in your mouth!
```

此时如愿以偿地吃到了小笼包,因为此时调用的是真正的变量对应的对象类型的方法,即这里继承各自的 eat()方法。同样都是调用 eat()函数,但是输出的结果却不同,表现出了不同的形态,即类的多态,而类的多态特性依赖于 virtual 实现,即这里通过关键字 virtual来对父类的方法进行声明,以便在后续的继承类中可以重新定义该方法。

6.9.6 类的模板

可以使用 virtual 关键字声明抽象类,只要在 class 前添加关键字 virtual 即可,参考代码如下:

```
//文件路径:6.9.6/baozi.svh
virtual class baozi;
    ...
endclass
```

　　抽象类只能当作父类,即只能用于给其他类继承,而不能对抽象类进行实例化,否则会报错。例如原先那样试图例化一个 baozi_h 对象,参考代码如下:

```
initial begin
    baozi baozi_h;
    baozi_h = new(.name("caibaozi"),.weight(150));
end
```

　　此时仿真结果会报错。

　　前面介绍过,通过在方法前面添加 virtual 关键字可以实现类的多态,还可以在方法前面添加 pure virtual 关键字,从而指定该方法为一个模板,并且该方法无须包含具体的实现内容,也无须使用 endtask 或 endfunction 结尾。

注意:

　　(1) pure virtual 只能在抽象类里对方法进行声明。

　　(2) 必须对抽象类进行继承,并且编写实现在抽象类中使用 pure virtual 关键字声明的方法。

　　首先编写一个抽象类,其中包含使用 pure virtual 关键字声明的模板方法 say_sth,该模板接收一个字符串参数,用于"吃完之后说几句感受",参考代码如下:

```
//文件路径:6.9.6/baozi.svh
virtual class baozi;
    string name;
    int weight;
    protected int skin;
    protected int filling;
    protected int flavor;

    extern function new(string name,int weight);
    extern function void init(int skin,int filling,int flavor);
    extern function void make_baozi();
    extern virtual function void eat();

    pure virtual function void say_sth(string sth);

endclass

function baozi::new(string name,int weight);
    this.name = name;
    this.weight = weight;
endfunction

function void baozi::init(int skin,int filling,int flavor);
    this.skin = skin;
    this.filling = filling;
    this.flavor = flavor;
```

```
endfunction

function void baozi::make_baozi();
    $display("A baozi is completed!");
    $display("Baozi name is %s",name);
    $display("Baozi weight is %d",weight);
    $display("Baozi skin is %d",skin);
    $display("Baozi filling is %d",filling);
    $display("Baozi flavor is %d",flavor);
endfunction

function void baozi::eat();
    $display("Put it straight in your mouth!");
endfunction
```

然后对上述抽象类进行继承并编写实现在抽象类中使用 pure virtual 关键字声明的模板方法,参考代码如下:

```
//文件路径:6.9.6/xiaolongbao.svh
class xiaolongbao extends baozi;
    int feature;

    extern function new(string name,int weight,int feature);
    extern function void make_xiaolongbao();
    extern virtual function void eat();
    extern virtual function void say_sth(string sth);

endclass

function xiaolongbao::new(string name,int weight,int feature);
    super.new(name,weight);
    this.feature = feature;
endfunction

function void xiaolongbao::eat();
    $display("Dip it in vinegar and put it in your mouth!");
endfunction

function void xiaolongbao::make_xiaolongbao();
    $display("A xiaolongbao is completed!");
    $display("Xiaolongbao name is %s", name);
    $display("Xiaolongbao weight is %d", weight);
    $display("Xiaolongbao skin is %d", skin);
    $display("Xiaolongbao filling is %d", filling);
    $display("Xiaolongbao flavor is %d", flavor);
    $display("Xiaolongbao feature is %d", feature);
endfunction

function void xiaolongbao::say_sth(string sth);
    $display("I want to say '%s'",sth);
endfunction
```

最后对上述类进行例化并调用内部的实现方法,调用 new 函数实例化一个小笼包,接着调用 make_xiaolongbao 方法做一个小笼包,然后调用 eat 方法吃小笼包,最后调用 say_sth 方法来点评,具体的测试模块的参考代码如下:

```
//文件路径:6.9.6/demo_tb.sv
module top;

    baozi baozi_h;
    xiaolongbao xiaolongbao_h;

    initial begin
        //baozi_h = new(.name("caibaozi"),.weight(150));//不能实例化抽象类
        xiaolongbao_h = new("xiaolongbao",50,2);
        xiaolongbao_h.make_xiaolongbao();
        xiaolongbao_h.eat();
        xiaolongbao_h.say_sth("wa, it is delicious!");
    end

endmodule : top
```

仿真结果如下:

```
A xiaolongbao is completed!
Xiaolongbao name is xiaolongbao
Xiaolongbao weight is              50
Xiaolongbao skin is                0
Xiaolongbao filling is                0
Xiaolongbao flavor is                0
Xiaolongbao feature is               2
Dip it in vinegar and put it in your mouth!
I want to say 'wa, it is delicious!'
```

6.9.7 类的静态和动态变量及方法

1. 静态和动态变量

通过 static 关键字声明静态变量,通过 automatic 关键字声明动态变量。如果不显示,则可通过关键字 static 或 automatic 来指明,那么默认情况下的变量会是普通变量,当然这还取决于变量是否是方法内部的成员变量,此外还会受到静态和动态方法类型的影响,参考代码如下:

```
static int var1;          //静态整型变量
automatic int var2;       //动态整型变量
int var3;                 //普通整型变量
```

静态变量将会一直存在,而动态变量当使用完毕后会被系统回收。

还以之前的包子为例,只是这里声明创建了静态变量、动态变量及默认的变量,都用于统计吃包子的次数,参考代码如下:

```
//文件路径:6.9.7.1/baozi.svh
class baozi;
  string name;
  int weight;
  protected int skin;
  protected int filling;
  protected int flavor;

  static int eat_cnt1 = 0;          //声明静态变量
  int eat_cnt2 = 0;                 //声明普通变量

  extern function new(string name,int weight);
  extern function void init(int skin,int filling,int flavor);
  extern function void make_baozi();
  extern virtual function void eat();


endclass

function baozi::new(string name,int weight);
  this.name = name;
  this.weight = weight;
endfunction

function void baozi::init(int skin,int filling,int flavor);
  this.skin = skin;
  this.filling = filling;
  this.flavor = flavor;
endfunction

function void baozi::make_baozi();
  $display("A baozi is completed!");
  $display("Baozi name is %s",name);
  $display("Baozi weight is %d",weight);
  $display("Baozi skin is %d",skin);
  $display("Baozi filling is %d",filling);
  $display("Baozi flavor is %d",flavor);
endfunction

function void baozi::eat();
  automatic int eat_cnt3 = 0;       //声明动态变量
  $display("Put it straight in your mouth!");
  $display("We have already eat static cnt: %0d baozi",++eat_cnt1);
  $display("We have already eat normal cnt: %0d baozi",++eat_cnt2);
  $display("We have already eat automatic cnt: %0d baozi",++eat_cnt3);
endfunction
```

注意：automatic 变量只能在程序块语句中进行声明,例如在类的方法中。

然后在测试模块中实例化多个包子并分别调用 eat 方法来统计一共吃了多少个包子,

参考代码如下：

```
//文件路径:6.9.7.1/demo_tb.sv
module top;

  baozi baozi_h[3];

  initial begin
    foreach(baozi_h[idx])begin
      baozi_h[idx] = new(.name("caibaozi"),.weight( $urandom_range(150,100)));
      baozi_h[idx].make_baozi();
      repeat(2) baozi_h[idx].eat();
       $display("\n");
  end
 $display("At last, static cnt: eat_cnt1 value is %0d",baozi::eat_cnt1);
   end

endmodule : top
```

仿真结果如下：

```
A baozi is completed!
Baozi name is caibaozi
Baozi weight is            132
Baozi skin is              0
Baozi filling is               0
Baozi flavor is                0
Put it straight in your mouth!
We have already eat static cnt: 1 baozi
We have already eat normal cnt: 1 baozi
We have already eat automatic cnt: 1 baozi
Put it straight in your mouth!
We have already eat static cnt: 2 baozi
We have already eat normal cnt: 2 baozi
We have already eat automatic cnt: 1 baozi

A baozi is completed!
Baozi name is caibaozi
Baozi weight is            120
Baozi skin is              0
Baozi filling is               0
Baozi flavor is                0
Put it straight in your mouth!
We have already eat static cnt: 3 baozi
We have already eat normal cnt: 1 baozi
We have already eat automatic cnt: 1 baozi
Put it straight in your mouth!
We have already eat static cnt: 4 baozi
We have already eat normal cnt: 2 baozi
We have already eat automatic cnt: 1 baozi
```

```
A baozi is completed!
Baozi name is caibaozi
Baozi weight is              110
Baozi skin is                0
Baozi filling is                 0
Baozi flavor is                  0
Put it straight in your mouth!
We have already eat static cnt: 5 baozi
We have already eat normal cnt: 1 baozi
We have already eat automatic cnt: 1 baozi
Put it straight in your mouth!
We have already eat static cnt: 6 baozi
We have already eat normal cnt: 2 baozi
We have already eat automatic cnt: 1 baozi

At last, static cnt: eat_cnt1 value is 6
```

可以看到统计的静态变量值是在不断累加的,一共有 3 个类的实例,每个类的实例都调用了两次 eat 方法,因此静态变量一直累加到 6。这是由于静态变量可以被同一个类的所有实例所共享,并且使用范围仅限于这个类,因此可以在该类中作为全局变量进行传递。

统计的普通变量作为类的数据成员变量,对于每个类的实例来讲是相互独立的,因此每个实例调用几次 eat 方法就会累加几次,因此只累加到了 2。统计的动态变量值却没有再累加,因为动态变量在每次调用 eat 方法时创建声明并赋初值为 0,方法执行完毕后,只累加一次,随后该动态变量就被释放回收了。

即使不对 baozi 类进行例化,也可以通过范围操作符::实现对静态变量的访问,例如上面测试模块代码中的直接对静态变量 eat_cnt1 的访问。

2. 静态和动态方法

通过 static 关键字声明静态方法,通过 automatic 关键字声明动态方法。如果不显示,则可通过关键字 static 或 automatic 来指明,那么默认情况下是动态方法,因此默认方法里的变量都是动态的,参考代码如下:

```
static task name1;        //静态方法
   ...
endtask

task automatic name2;     //动态方法
   ...
endtask
```

在静态方法和动态方法里声明的变量默认都是动态的,当然也可以通过关键字 static 在方法里声明静态变量,这样每次调用该方法时,静态变量不会被重新创建声明,并且会维持上一次的值,但其他默认的动态变量都会被重新创建声明,调用执行完毕后会被动态地释放,即被系统回收,参考代码如下:

```
//文件路径:6.9.7.2/baozi.svh
class baozi;
  string name;
  int weight;
  protected int skin;
  protected int filling;
  protected int flavor;

  extern function new(string name,int weight);
  extern function void init(int skin,int filling,int flavor);
  extern function void make_baozi();
  extern static function void eat1();
  extern function automatic void eat2();
  extern function void eat3();

endclass

function baozi::new(string name,int weight);
  this.name = name;
  this.weight = weight;
endfunction

function void baozi::init(int skin,int filling,int flavor);
  this.skin = skin;
  this.filling = filling;
  this.flavor = flavor;
endfunction

function void baozi::make_baozi();
  $display("A baozi is completed!");
  $display("Baozi name is %s",name);
  $display("Baozi weight is %d",weight);
  $display("Baozi skin is %d",skin);
  $display("Baozi filling is %d",filling);
  $display("Baozi flavor is %d",flavor);
endfunction

function void baozi::eat1();
  static int eat_cnt1 = 0;
  automatic int eat_cnt2 = 0;
  int eat_cnt3 = 0;
  $display("static eat -> Put it straight in your mouth!");
  $display("static eat -> We have already eat static cnt: %0d baozi",++eat_cnt1);
  $display("static eat -> We have already eat automatic cnt: %0d baozi",++eat_cnt2);
  $display("static eat -> We have already eat cnt: %0d baozi",++eat_cnt3);
endfunction

function void baozi::eat2();
  static int eat_cnt1 = 0;
  automatic int eat_cnt2 = 0;
  int eat_cnt3 = 0;
```

```
      $display("automatic eat -> Put it straight in your mouth!");
      $display("automatic eat -> We have already eat static cnt: %0d baozi",++eat_cnt1);
      $display("automatic eat -> We have already eat automatic cnt: %0d baozi",++eat_cnt2);
      $display("automatic eat -> We have already eat cnt: %0d baozi",++eat_cnt3);
endfunction

function void baozi::eat3();
   static int eat_cnt1 = 0;
   automatic int eat_cnt2 = 0;
   int eat_cnt3 = 0;
   $display("normal eat -> Put it straight in your mouth!");
   $display("normal eat -> We have already eat static cnt: %0d baozi",++eat_cnt1);
   $display("normal eat -> We have already eat automatic cnt: %0d baozi",++eat_cnt2);
   $display("normal eat -> We have already eat cnt: %0d baozi",++eat_cnt3);
endfunction
```

在上面的代码中,分别声明了 3 种吃包子的方法 eat1、eat2 和 eat3,并且内部定义了静态、动态和普通变量,每次调用上述方法来吃包子时都会把计数加 1 从而统计总共吃了多少个包子。此时用于统计数量的变量如果是动态的,则每次调用方法时该动态变量都会被重新创建声明,这样就不能做到计数的累加了,而如果是静态的,则计数的值会在每次调用方法时进行累加,这样就可以做到数值的统计了。

另外,即使不对 baozi 类进行例化,也可以通过范围操作符::实现对静态方法的调用。

测试模块的参考代码如下:

```
//文件路径:6.9.7.2/demo_tb.sv
module top;

   baozi      baozi_h;

   initial begin
     baozi_h = new(.name("caibaozi"),.weight( $urandom_range(150,100)));
     baozi_h.make_baozi();
     repeat(2) baozi_h.eat1();
      $display("\n");
     repeat(2) baozi_h.eat2();
      $display("\n");
     repeat(2) baozi_h.eat3();
      $display("\n");
     repeat(2) baozi::eat1();
   end

endmodule : top
```

仿真结果如下:

```
static eat -> Put it straight in your mouth!
static eat -> We have already eat static cnt: 1 baozi
static eat -> We have already eat automatic cnt: 1 baozi
```

```
static eat -> We have already eat cnt: 1 baozi
static eat -> Put it straight in your mouth!
static eat -> We have already eat static cnt: 2 baozi
static eat -> We have already eat automatic cnt: 1 baozi
static eat -> We have already eat cnt: 1 baozi

automatic eat -> Put it straight in your mouth!
automatic eat -> We have already eat static cnt: 1 baozi
automatic eat -> We have already eat automatic cnt: 1 baozi
automatic eat -> We have already eat cnt: 1 baozi
automatic eat -> Put it straight in your mouth!
automatic eat -> We have already eat static cnt: 2 baozi
automatic eat -> We have already eat automatic cnt: 1 baozi
automatic eat -> We have already eat cnt: 1 baozi

normal eat -> Put it straight in your mouth!
normal eat -> We have already eat static cnt: 1 baozi
normal eat -> We have already eat automatic cnt: 1 baozi
normal eat -> We have already eat cnt: 1 baozi
normal eat -> Put it straight in your mouth!
normal eat -> We have already eat static cnt: 2 baozi
normal eat -> We have already eat automatic cnt: 1 baozi
normal eat -> We have already eat cnt: 1 baozi

static eat -> Put it straight in your mouth!
static eat -> We have already eat static cnt: 3 baozi
static eat -> We have already eat automatic cnt: 1 baozi
static eat -> We have already eat cnt: 1 baozi
static eat -> Put it straight in your mouth!
static eat -> We have already eat static cnt: 4 baozi
static eat -> We have already eat automatic cnt: 1 baozi
static eat -> We have already eat cnt: 1 baozi
```

可以看到无论调用几次方法，最终的动态变量的统计值都是 1，这是由于动态变量每次都被重新创建和初始化为 0 而开始计数导致的，静态变量则可以正常进行累加来完成对吃包子个数的统计。

6.9.8 类的复制和克隆

有些时候，需要对类进行复制和克隆，因此往往需要在类里提供相应的接口方法。例如有一个叫作 A 的类，其中包含数据成员变量 a、b 和 c，一个用于打印的方法 print，一个用于复制的方法 copy 和一个用于克隆的方法 clone，参考代码如下：

```
//文件路径:6.9.8/A.svh
class A;
  int a,b,c;

  virtual function void print();
    $display("A -> a is %0d, b is %0d, c is %0d",a,b,c);
```

```
        endfunction

        function void copy(A rhs);
          A RHS;
          if(rhs == null)
            $display("ERROR -> Try to copy from a null pointer");
          else if(! $cast(RHS,rhs))
            $display("ERROR -> Try to copy wrong type");
          else begin
            a = RHS.a;
            b = RHS.b;
            c = RHS.c;
          end
        endfunction

        function A clone(A rhs);
          clone = new();
          clone.copy(rhs);
        endfunction

      endclass
```

在用于复制的方法 copy 里接收输入参数 rhs,即被复制的对象,然后判断该类是否为空,如果不是,则继续判断被复制的对象和复制后的对象的类型是否兼容,这里通过系统函数 $cast 实现。如果类型兼容,则可以将 rhs 的对象类型转换给 RHS 的对象类型,此时系统函数返回 1,否则返回 0。接着将被复制对象的数据成员变量的值赋值给当前类对象中的成员变量。

用于克隆的方法 clone 与复制方法 copy 不同的是,clone 会创建例化一个新的对象并且完成复制,因此在 clone 方法里首先会实例化一个对象,对象的类型即函数的返回值,然后进行复制,可以直接调用编写好的 copy 方法实现。

对父类 A 进行继承,从而生成子类 B,并在 B 中新增数据成员变量 d,利用类的多态重新实现打印方法 print,此外,重新实现复制方法 copy 和克隆方法 clone,参考代码如下:

```
//文件路径:6.9.8/B.svh
class B extends A;
    int d;

    virtual function void print();
      $display("B -> a is %0d, b is %0d, c is %0d, d is %0d",a,b,c,d);
    endfunction

    function void copy(A rhs);
      B RHS;
      if(rhs == null)
        $display("ERROR -> Try to copy from a null pointer");
      else if(! $cast(RHS,rhs))
```

```
      $display("ERROR -> Try to copy wrong type");
    else begin
      super.copy(rhs);
      d = RHS.d;
    end
  endfunction

  function B clone(A rhs);
    clone = new();
    clone.copy(rhs);
  endfunction

endclass
```

用于复制的方法 copy 与其父类的复制方法类似，区别在于会通过 super 关键字调用父类的复制方法先完成对父类成员变量的值的赋值，然后完成对当前子类的专属成员变量进行赋值，最终实现被复制对象的数据成员变量的值赋值给当前类对象中的成员变量。

用于克隆的方法 clone 与其父类的克隆方法类似，只是返回数据对象的类型为子类，而不是之前的父类。

接下来使用上面在类对象中编写好的 copy 和 clone 方法实现对类的复制和克隆，参考代码如下：

```
//文件路径:6.9.8/demo_tb.sv
module top;
  A A_h, A_h_copy, A_h_clone;      //声明类对象 A 的句柄
  B B_h, B_h_copy, B_h_clone;      //声明类对象 B 的句柄

  initial begin
    A_h = new();
    A_h_copy = new();
    A_h.a = 1;
    A_h.b = 2;
    A_h.c = 3;
    $display("copy A_h to A_h_copy");
    A_h_copy.copy(A_h);            //将 A_h 复制给 A_h_copy
    A_h_copy.print();             //对 A_h_copy 的成员变量值进行打印
    $display("clone A_h to A_h_clone");
    A_h_clone = A_h.clone(A_h); //将 A_h 克隆给 A_h_clone
    A_h_clone.print();           //对 A_h_clone 的成员变量值进行打印

    B_h = new();
    B_h_copy = new();
    B_h.a = 1;
    B_h.b = 2;
    B_h.c = 3;
    B_h.d = 4;
    $display("copy B_h to B_h_copy");
    B_h_copy.copy(B_h);            //将 B_h 复制给 B_h_copy
```

```
        B_h_copy.print();              //对 B_h_copy 的成员变量值进行打印
        $display("clone B_h to B_h_clone");
        B_h_clone = B_h.clone(B_h);    //将 B_h 克隆给 B_h_clone
        B_h_clone.print();             //对 B_h_clone 的成员变量值进行打印
    end
endmodule : top
```

仿真结果如下:

```
copy A_h to A_h_copy
A -> a is 1, b is 2, c is 3
clone A_h to A_h_clone
A -> a is 1, b is 2, c is 3
copy B_h to B_h_copy
B -> a is 1, b is 2, c is 3, d is 4
clone B_h to B_h_clone
B -> a is 1, b is 2, c is 3, d is 4
```

可以看到,已经成功完成了对类对象 A 和 B 的复制和克隆。

6.9.9　类的参数化

通过给类对象传递参数,可以实现代码的重用。通常传递的参数可以用来改变类中数据成员的位宽、参数的值或者数据变量的类型,参考代码如下:

```
//文件路径:6.9.9/A.svh
class A #(type T = int, int size = 3, int value = 10);
  localparam p = value;
  bit[size - 1:0] a;
  T b;

  function void print();
    $display("p is %0d", value);
    $display("a size is %0d", $bits(a));
    $display("b type is %s", $typename(b));
  endfunction

endclass
```

注意:

(1) 系统函数 $bits 可以返回输入变量参数的位宽大小。

(2) 系统函数 $typename 可以返回输入变量参数的数据类型。

然后实例化该参数化的类,并传递不同的参数,参考代码如下:

```
//文件路径:6.9.9/demo_tb.sv
module top;

  initial begin
```

```
      begin
        A#(int,4,9) A_h;
        A_h = new();
        A_h.print();
      end
      $display("\n");
      begin
        A#(bit[2:0],5,10) A_h;
        A_h = new();
        A_h.print();
      end
      $display("\n");
      begin
        A#(real,7,20) A_h;
        A_h = new();
        A_h.print();
      end
    end

endmodule : top
```

仿真结果如下：

```
p is 9
a size is 4
b type is int

p is 10
a size is 5
b type is bit[2:0]

p is 20
a size is 7
b type is real
```

可以看到，参数化的类根据传递的参数，调用打印方法对参数进行了正确打印。

4min

6.10　接口

6.10.1　基本介绍

7min

接口(interface)，顾名思义，主要起连接作用，如图 6-11 所示。

图 6-11 和图 1-5 一样，为了方便，又贴在了这里，方便读者阅读。

可以看到，通过输入端和输出端接口将 DUT 连接到测试平台。此时通常需要在顶层模块(之前的测试模块)中完成以下三件事：

(1) 声明接口。

(2) 将接口连接到 DUT。

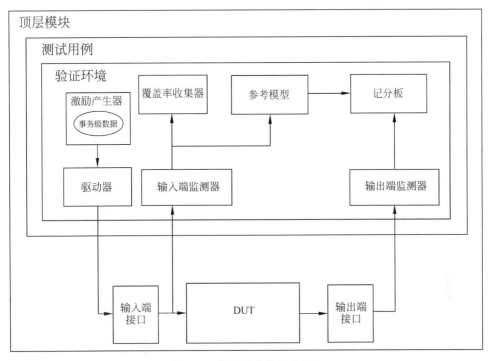

图 6-11　测试平台的组成架构

（3）向验证环境中传递接口,从而使验证环境中的类对象(组件)获得该接口,然后通过该接口来完成对 DUT 信号的驱动和监测。

读者回想一下之前是如何将 DUT 连接到测试平台上的,例如之前的计数器实例的测试模块的代码如下:

```
//文件路径:5.3/sim/testbench/demo_tb.sv
module top;
  logic clk;
  logic rst_n;
  logic load_enable;
  logic[7:0] load_counter;
  logic[7:0] dout;

  counter DUT(.clk(clk),
              .rst_n(rst_n),
              .load_enable(load_enable),
              .load_counter(load_counter),
              .dout(dout));

  ...
endmodule : top
```

可以看到,这里直接例化 DUT,然后将其端口信号连接到测试模块声明的 logic 类型的本地变量,从而实现将 DUT 连接到测试平台。

但是 SystemVerilog 提供了一种对于大型项目更为推荐和规范的连接方式,即通过接口实现。通过关键字 interface…endinterface 声明连接 DUT 到测试平台的接口,然后把原先在测试模块中的 logic 变量声明移动到接口中,参考代码如下:

```
//文件路径:6.10.1/sim/testbench/counter_intf.sv
interface counter_intf(input wire clk,input wire rst_n);
  logic load_enable;
  logic[7:0] load_counter;
  logic[7:0] dout;
endinterface
```

然后通过接口来更方便地连接和管理所有 DUT 上的信号,参考代码如下:

```
//文件路径:6.10.1/sim/testbench/demo_tb.sv
module top;
  logic clk;
  logic rst_n;

  counter_intf intf(clk,rst_n);          //声明接口并连接时钟和复位信号

  counter DUT(.clk(clk),
              .rst_n(rst_n),
              .load_enable(intf.load_enable),
              .load_counter(intf.load_counter),
              .dout(intf.dout));          //通过接口将 DUT 连接到测试平台

  initial begin                           //产生时钟信号
    clk = 0;
    forever begin
      #10;
      clk = ~clk;
    end
  end

  initial begin                           //产生复位信号
    rst_n = 0;
    #50;
    rst_n = 1;
  end

  initial begin
    $display(" %0t -> Start!!!", $time);
    intf.load_enable = 0;
    intf.load_counter = 0;
    #100;

    intf.load_enable = 1;
    std::randomize(intf.load_counter);
```

```
        $display(" %0t -> load_counter is %0d", $time,intf.load_counter);
        #100;

        intf.load_enable = 0;

        #300;
        $display(" %0t -> Finish!!!", $time);
        $finish;
    end

endmodule : top
```

仿真的结果和 5.3 节一致。

以上接口只是简单地把 DUT 上的信号打包在一起并将 DUT 连接到测试平台,实际上接口的作用要强大得多。

(1)接口可以作为一个句柄对象在验证环境中传递,从而方便环境中的类对象对 DUT 信号进行驱动、监测和分析处理。

(2)接口将 DUT 信号进行了封装,使验证中的类对象以事务级数据(Transaction)进行通信成为可能,从而提升仿真效率。

(3)接口使 DUT 端口信号的修改维护变得更容易,并且提升了代码的可重用性。

(4)接口中可以包含任务和函数,从而被验证环境中所有类对象所共享。

(5)接口中可以包含对时序协议的断言检查和对功能覆盖率的收集。

(6)减少因为将 DUT 连接到测试平台所发生的错误概率。

(7)结合关键字 bind 可以更快更方便地将 DUT 连接到测试平台。

(8)可以通过时钟块(Clocking Block)来避免由于仿真环境导致的竞争冒险。

(9)接口可以进一步借助端口分组(Modport)来使 DUT 的信号连接变得更加清晰简洁。

6.10.2　端口分组

可以使用端口分组来对信号进行分组,并且指定端口的方向,从而使 DUT 信号连接变得更加清晰简洁。

首先通过 modport 将信号分组为 tb 和 dut 两组,参考代码如下:

```
//文件路径:6.10.2/sim/testbench/counter_intf.sv
interface counter_intf(input wire clk,input wire rst_n);
  logic load_enable;
  logic[7:0] load_counter;
  logic[7:0] dout;

  modport dut( input load_enable,load_counter, output dout);
  modport tb( output load_enable,load_counter, input dout);
endinterface
```

这里对于 DUT 来讲,使用的是 dut 信号分组,即 load_enable、load_counter 是输入端信号,dout 是输出端信号;而对于测试平台来讲,方向刚好相反,使用的则是 tb 信号分组,即 load_enable、load_counter 是输出端信号(因为要驱动 DUT 的输入端作为激励信号),dout 是输入端信号(监测 DUT 输出端信号从而验证分析结果的正确性)。

注意:

(1)使用 modport 对信号进行分组时只需指定信号的方向和名称,而不需要指定信号的位宽和数据类型。

(2)modport 分组的信号端口类型,除了可以是 input 和 output 以外,还可以是 inout 或 ref 类型,应该根据实际情况进行分组。

(3)在实际工程项目中,通常会根据信号的作用或者主从(master 和 slave)方向进行分组,这里根据 DUT 和测试平台来对信号进行分组仅仅用作讲解。

接着将 DUT 的具体端口信号改为接口,参考代码如下:

```verilog
//文件路径:6.10.2/src/counter.v
module counter(counter_intf intf);
  reg[7:0] counter;

  always@(posedge intf.clk)begin
    if(!intf.rst_n)
      counter <= 'd0;
    else begin
      if(intf.load_enable)
        counter <= intf.load_counter;
      else
        counter = counter + 1;
    end
  end

  assign intf.dout = counter;

endmodule
```

然后添加 testbench 测试模块,同样将具体端口信号改为接口,在其中完成对接口信号的驱动和监测,参考代码如下:

```verilog
//文件路径:6.10.2/sim/testbench/testbench.sv
module testbench(counter_intf intf);

  initial begin
    $display(" %0t -> Start!!!", $time);
    intf.load_enable = 0;
    intf.load_counter = 0;
    #100;

    intf.load_enable = 1;
```

```
      intf.load_counter = $urandom_range(100,50);
      $display(" %0t -> load_counter is %0d", $time,intf.load_counter);
      #100;

      intf.load_enable = 0;

      #300;
      $display(" %0t -> Finish!!!", $time);
      $finish;
    end

endmodule
```

最后在顶层模块(此前测试模块 testbench 和顶层模块 top 在同一个模块中实现,这里分开了)中,例化接口、DUT(代码中的例化名为 DUT)和测试模块(代码中的例化名为 TB),并将接口中 dut 分组信号连接到 DUT 上,将接口中 tb 分组信号连接到测试模块上,并且在顶层模块中产生时钟和复位信号,参考代码如下:

```
//文件路径:6.10.2/sim/testbench/demo_tb.sv
module top;
  logic clk;
  logic rst_n;

  counter_intf intf(clk,rst_n);
  counter DUT( intf.dut);
  testbench TB( intf.tb);

  initial begin
    clk = 0;
    forever begin
      #10;
      clk = ~clk;
    end
  end

  initial begin
    rst_n = 0;
    #50;
    rst_n = 1;
  end
endmodule : top
```

仿真的结果和之前的 5.3 节一致。

6.10.3 时钟块

接口里的时钟块(Clocking Block)用于将接口中的信号与时钟进行同步,从而保证测试平台中的信号与 DUT 信号在理想的采样和驱动时间点进行交互,这样就避免了由于仿真环境本身带来的竞争冒险。

　　消除竞争冒险的关键是设置相对时钟敏感边沿信号的时间偏斜(Skew),设置的输入偏斜(Input Skew)表示在时钟敏感边沿到来之前的偏斜时间点对目标信号进行采样,设置的输出偏斜(Output Skew)表示在时钟敏感边沿到来之后的偏斜时间点对目标信号进行驱动,如图 6-12 所示。

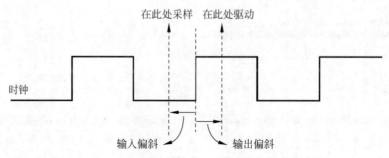

图 6-12　以时钟上升沿为敏感边沿的带时钟偏斜的采样和驱动时序

注意:

　　(1) 默认情况下输入时钟偏斜为 1step,即 1 个时间精度单位,输出时钟偏斜为 0。

　　(2) 可以使用 \`timescale 设置仿真时间单位和精度,如果不同文件使用 \`timescale 设置了不同的仿真时间单位和精度,则对于各个具体的模块、接口或程序来讲,最终的仿真时间单位和精度会受到编译文件顺序的影响,即后编译的文件中的 \`timescale 会覆盖先前编译文件中定义的仿真时间单位和精度,从而带来不确定性,因此,为了消除这种不确定性,更加推荐使用关键字 timeunit 和 timeprecision 设置,这样可以使具体的模块、接口或程序块与时间单位和精度进行绑定,不再受编译顺序的影响。

　　(3) 端口分组用来指明端口信号方向类型并对有关联的端口信号进行打包分组,而时钟块则对需要和时钟信号同步的端口信号进行打包分组,两者之间没有必然的关联性,但端口分组可以重用时钟块中的信号分组。

　　理想情况下,验证环境中的输出信号,即需要驱动到 DUT 接口上的激励信号,需要刚好在时钟敏感边沿触发之后进行驱动,而验证环境中的输入信号,即需要对 DUT 接口进行采样的信号,需要刚好在时钟敏感边沿触发之前进行采样,通过时钟块设置输入/输出偏斜,刚好可以模拟上面这种驱动采样的行为,从而做到与时钟信号的同步,参考代码如下:

```
//文件路径:6.10.3/sim/testbench/counter_intf.sv
interface counter_intf(input wire clk,input wire rst_n);
  logic load_enable;
  logic[7:0] load_counter;
  logic[7:0] dout;

  clocking cb @(posedge clk);
    default input #1step output #0;
    input dout;
    output load_enable,load_counter;
```

```
      endclocking

    modport dut( input load_enable, load_counter, output dout);
    modport tb(clocking cb);
  endinterface
```

使用关键字 clocking…endclocking 声明时钟块 cb,其中设置默认的输入偏斜为 1step,输出偏斜为 0,内部包含的端口信号方向与端口分组 tb 一致,因此端口分组可以重用该时钟块来描述端口方向。

然后添加 testbench 测试模块,需要使用时钟块来完成对接口信号的驱动和监测,参考代码如下:

```
//文件路径:6.10.3/sim/testbench/testbench.sv
module testbench(counter_intf intf);

  initial begin
    $display(" %0t -> Start!!!", $time);
    @intf.cb;
    intf.cb.load_enable  <= 0;
    intf.cb.load_counter <= 0;
    #100;

    @intf.cb;
    intf.cb.load_enable  <= 1;
    intf.cb.load_counter <= $urandom_range(100,50);
    @intf.cb;
    $display(" %0t -> load_counter is %0d", $time, intf.load_counter);
    #100;

    @intf.cb;
    intf.cb.load_enable <= 0;

    #300;
    $display(" %0t -> Finish!!!", $time);
    $finish;
  end

endmodule
```

注意:使用时钟块进行驱动和采样时需要与时钟进行同步,驱动时需要使用非阻塞赋值,采样时需要使用阻塞赋值。

顶层模块及仿真结果和 6.10.2 节一致,不再赘述。

6.10.4 虚接口和接口方法

接口里可以包含一些任务或函数方法,用来对与接口相关的协议进行建模。例如可以将驱动封装成方法 drv_api,并接收驱动值参数,将采样封装成方法 mon_api,并输出采样

值,参考代码如下:

```systemverilog
//文件路径:6.10.4/sim/testbench/counter_intf.sv
interface counter_intf(input wire clk, input wire rst_n);
  logic load_enable;
  logic[7:0] load_counter;
  logic[7:0] dout;

  clocking cb @(posedge clk);
    default input #1step output #0;
    input dout;
    output load_enable, load_counter;
  endclocking

  clocking drv @(posedge clk);
    default input #1step output #0;
    output load_enable, load_counter, dout;
  endclocking

  clocking mon @(posedge clk);
    default input #1step output #0;
    input load_enable, load_counter, dout;
  endclocking

  modport dut(input load_enable, load_counter, output dout);
  modport tb(clocking cb);

  task drv_api(input logic load_enable_value, input logic[7:0] load_counter_value);
    @drv;
    drv.load_enable  <= load_enable_value;//注意驱动采用非阻塞赋值
    drv.load_counter <= load_counter_value;
    $display(" %0t -> drv_api -> load_enable: %0b, load_counter: %0d", $time, load_enable_
value, load_counter_value);
  endtask

  task mon_api(output logic load_enable_value, output logic[7:0] load_counter_value, output
logic[7:0] dout_value);
    @mon;
    load_enable_value  = mon.load_enable;//注意采样采用阻塞赋值
    load_counter_value = mon.load_counter;
    dout_value = mon.dout;
    $display(" %0t -> mon_api -> load_enable: %0b, load_counter: %0d, dout_value: %0b",
$time, load_enable_value, load_counter_value, dout_value);
  endtask

endinterface
```

这里新增了两个时钟块,分别是 drv 和 mon,其中 drv 用来给 DUT 输入端口驱动激励信号,因此对于仿真环境来讲,都是输出端口;mon 用来采样监测 DUT 的端口信号,因此对于仿真环境来讲,都是输入端口。这里使用这两个时钟块来编写用于驱动和采样的接口方法。

注意：事实上，dout 作为 DUT 的输出端口，在仿真环境中并不会对输出类型的端口进行驱动，但为了简便，这里将用于驱动的时钟块 drv 中所有的信号统一声明为 output 类型端口，也没有问题。但从严谨的角度上来讲，dout 应该在这里被声明为 input 类型端口，因为仿真环境中对 DUT 的输出端口只会做监测，那么对于仿真环境来讲，其自然是输入的 input 类型端口，明白这一点对于理解时钟块和环境中的驱动监测的关系很重要。

然后添加 testbench 测试模块，需要使用时钟块来完成对接口信号的驱动和监测，参考代码如下：

```
//文件路径:6.10.4/sim/testbench/testbench.sv
module testbench(counter_intf intf);

  virtual counter_intf vif;
  initial begin
    vif = intf;
    fork
      begin
        $display(" %0t -> Start!!!", $time);
        vif.drv_api(0,0);
        #100;
        vif.drv_api(1, $urandom_range(100,50));
        #100;
        vif.drv_api(0,0);
        #300;
        $display(" %0t -> Finish!!!", $time);
      end
      begin
        logic load_enable_value;
        logic[7:0] load_counter_value;
        logic[7:0] dout_value;
        forever begin
          #30;
          vif.mon_api(load_enable_value,load_counter_value,dout_value);
        end
      end
    join_any
    $finish;
  end

endmodule
```

这里使用了关键字 virtual 声明了虚接口 vif，虚接口是真实接口的指针，虚接口使接口可以在验证环境的类对象中进行传递，验证环境中的类对象可以借助虚接口实现对最终 DUT 端口及内部信号的驱动或监测。这里 fork…join_any 内部的两个并行线程，一个调用接口中的 drv_api 方法来驱动激励，另一个调用接口中的 mon_api 方法来采样监测。

顶层模块及仿真结果与 6.10.2 节一致，不再赘述。

6.11　包

使用 package…endpackage 将验证环境里的类对象文件打包，同时可能还会自定义一些参数或数据类型，从而实现代码的重用和空间域的管理，参考代码如下：

```
//文件路径:6.11/param_pkg.sv
`ifndef PARAM_PKG
`define PARAM_PKG
package param_pkg;
  parameter args1 = 8;
  parameter args2 = 16;
  parameter args3 = 32;
endpackage
`endif

//文件路径:6.11/datatype_pkg.sv
`ifndef DATATYPE_PKG
`define DATATYPE_PKG
package datatype_pkg;
  typedef bit[7:0] u8;
  typedef bit[15:0] u16;
  typedef bit[31:0] u32;
endpackage
`endif

//文件路径:6.11/demo_pkg.sv
`ifndef DEMO_PKG
`define DEMO_PKG
`include "param_pkg.sv";
`include "datatype_pkg.sv";
package demo_pkg;
  import param_pkg::*;
  import datatype_pkg::*;
  `include "demo_class1.sv";
  `include "demo_class2.sv";
  `include "demo_class3.sv";
endpackage
`endif

//文件路径:6.11/demo_class1.sv
class demo_class1;
  function void print;
    input u8 data;
    $display("Print data is %0h, type is %s,width is %0d",data, $typename(data),args1);
  endfunction
endclass

//文件路径:6.11/demo_class2.sv
```

```
class demo_class2;
  function void print;
    input u16 data;
    $display("Print data is %0h, type is %s,width is %0d",data, $typename(data),args2);
  endfunction
endclass

//文件路径:6.11/demo_class3.sv
class demo_class3;
  function void print;
    input u32 data;
    $display("Print data is %0h, type is %s,width is %0d",data, $typename(data),args3);
  endfunction
endclass
```

其中在 param_pkg 中自定义了参数,在 datatype_pkg 中自定义了数据类型,然后在 demo_pkg 里导入上述两个 package,从而在类对象 demo_class1～3 中使用自定义的参数和数据类型,以实现代码的复用。首先会先通过文件包含宏`include 将 param_pkg 和 datatype_pkg 包含进来,让编译器知道存在这两个 package 包文件,然后通过关键字 import 将包文件导入,这样省去了 package 头的声明,即如果不使用 import 进行导入,就必须在使用时指明属于哪个 package,参考代码如下:

```
//文件路径:6.11/demo_pkg.sv
`ifndef DEMO_PKG
`define DEMO_PKG
`include "param_pkg.sv";
`include "datatype_pkg.sv";
package demo_pkg;
  import param_pkg:: * ;
  //import datatype_pkg:: * ;
  `include "demo_class1.sv";
  `include "demo_class2.sv";
  `include "demo_class3.sv";
endpackage
`endif
```

上述代码将 datatype_pkg 的 import 进行注释,由于 demo_class1～3 使用了该 package 中的自定义数据类型,因此使用自定义数据类型时需要指明其来自 datatype_pkg,参考代码如下:

```
//文件路径:6.11/demo_class1.sv
class demo_class1;
  function void print;
    input datatype_pkg::u8 data;//必须通过范围操作符::指明 datatype_pkg
    $display("Print data is %0h, type is %s,width is %0d",data, $typename(data),args1);
  endfunction
endclass
```

```
//文件路径:6.11/demo_class2.sv
class demo_class2;
  function void print;
    input datatype_pkg::u16 data;//必须通过范围操作符::指明 datatype_pkg
    $display("Print data is %0h, type is %s,width is %0d",data, $typename(data),args2);
  endfunction
endclass

//文件路径:6.11/demo_class3.sv
class demo_class3;
  function void print;
    input datatype_pkg::u32 data;//必须通过范围操作符::指明 datatype_pkg
    $display("Print data is %0h, type is %s,width is %0d",data, $typename(data),args3);
  endfunction
endclass
```

然后在顶层测试模块中导入需要用到的 package 包,最终通过导入 package 实现了参数和数据类型的传递,以及类的例化和方法的调用,参考代码如下:

```
//文件路径:6.11/sim/testbench/demo_tb.sv
`include "demo_pkg.sv";
`include "param_pkg.sv";
module top;
  //导入包文件
  import demo_pkg::*;
  import param_pkg::*;

  demo_class1 c1;
  demo_class2 c2;
  demo_class3 c3;
  bit[args1-1:0] data1;
  bit[args2-1:0] data2;
  bit[args3-1:0] data3;
  initial begin
    c1 = new();
    c2 = new();
    c3 = new();
    data1 = 'h12;
    c1.print(data1);
    $display("\n");
    data2 = 'h1234;
    c2.print(data2);
    $display("\n");
    data3 = 'h1234_5678;
    c3.print(data3);
    $display("\n");
  end
endmodule
```

仿真结果如下:

```
Print data is 12, type is bit[7:0],width is 8

Print data is 1234, type is bit[15:0],width is 16

Print data is 12345678, type is bit[31:0],width is 32
```

调用了类对象中的 print 方法打印了类对象中的数据值、数据类型和位宽。

细心的读者可能会发现,在 demo_pkg 里已经导入了 param_pkg,可是在顶层测试模块中又导入了一次 param_pkg,这是因为在顶层测试模块中使用了在 param_pkg 中定义的参数 args1～3,虽然在 demo_pkg 中已经导入了 param_pkg,但是只在 demo_pkg 中可见,在顶层测试模块中并不可见,有没有办法做到只在顶层测试模块导入 demo_pkg,而不用重复导入 param_pkg 呢?

只需在 demo_pkg 里在通过 import param_pkg 语句导入的同时通过 export param_pkg 语句导出,参考代码如下:

```
//文件路径:6.11/demo_pkg.sv
`ifndef DEMO_PKG
`define DEMO_PKG
`include "param_pkg.sv";
`include "datatype_pkg.sv";
package demo_pkg;
  import param_pkg:: * ;
  export param_pkg:: * ;
  ...
endpackage
`endif

//文件路径:6.11/sim/testbench/demo_tb.sv
`include "demo_pkg.sv";
module top;
  import demo_pkg:: * ;

  ...
endmodule
```

注意:

(1) 通常在一个文件里只编写一个 package 或 module,并且会通过`ifndef XXX `define XXX…endfine 的方式来将 package 包文件内容包起来,从而防止重复编译。

(2) import package 之前可以先用`include 来告知编译器存在该 package,也可以将该 package 写在编译文件列表里来告知编译器。

(3) 尽量不要在 $unit 空间通过 import package 语句导入,这样相当于在顶层全局空间的范围进行导入,以后只要修改被 import 在 $unit 空间的 package 包,就会编译几乎整个项目文件,导致增量编译失效,效率降低,尤其对于大型项目来讲更是如此。这里的 $unit 层次,简单理解是 package…endpackage、module…endmodule、interface…endinterface 之外的地方。

（4）除了可以使用范围操作符::结合通配符 * 导入整个 package 以外，还可以只使用范围选择符::来选择性地导入 package 中的某个成员，即明确要导入的内容。

6.12 断言

5min

7min

断言（SystemVerilog Assertions，SVA），主要用来进行 DUT 时序方面的检查和覆盖率收集，分为立即断言（Immediate Assertion）和并发断言（Concurrent Assertion）。

6.12.1 立即断言

立即断言用于判断表达式结果是否为真，如果是，则通过，如果不是，则报错。

例如使用系统函数 $isunknown() 结合条件判断语句来检查变量值是否为不定态或高阻态，参考代码如下：

```
logic a = 0;
initial begin
    #10ns;
    a = 1'bx;   //不小心将变量 a 赋值为不定态 x
    if( $isunknown(a))
        $display("Error, a should not be x or z! please check!");
end
```

除了可以通过条件判断语句实现以外，还可以通过立即断言实现，参考代码如下：

```
logic a = 0;
initial begin
    #10ns;
    a = 1'bx;
    assert(! $isunknown(a));
end
```

以上是立即断言的基本用法，相对条件判断语句来讲会简洁一些。

6.12.2 并发断言

当然也可以通过并发断言实现 6.12.1 节类似的检查，参考代码如下：

```
logic b = 0;

property check_b_value;
    @(posedge clk)                          //并发断言需要基于时钟周期
        $isunknown(b) == 1;                 //期望检查的表达式
endproperty

assert_name : assert property(check_b_value);    //开启对并发断言的检测
```

这里在每个时钟上升沿计算表达式的结果,如果结果为假,则断言报错,否则通过。

assert property 一般用在监测 DUT 中某种状态发生时,需要停止仿真并提示问题以便进行调试的情况,而有些时候只是想统计监测 DUT 中某种状态发生的次数,或者说确认出现过这种关心的状态,此时通常会使用 cover property,参考代码如下:

```
cover_name : cover property(check_b_value);//开启对并发断言覆盖的检测统计
```

关于立即断言和并发断言的实例,参考代码如下:

```
//文件路径:6.12/demo_tb.sv
module top;
  logic a = 0;
  logic b = 0;
  logic clk;

  initial begin
    clk = 0;
    forever begin
      #10;
      clk = ~clk;
    end
  end

  initial begin
    $display(" %0t -> ---------   immediate assertion start---------", $time);
    $display(" %0t -> a value is %0h", $time,a);
    #10ns;
    a = 1'bx;                     //或者将变量 a 赋值为高阻值
    $display(" %0t -> a value is %0h", $time,a);
    if( $isunknown(a))
      $display("Error, a should not be x or z! please check!");
    assert(! $isunknown(a));      //立即断言检测
    $display(" %0t -> ---------   immediate assertion finish---------", $time);
    $display("\n");
    $display(" %0t ->---------   concurrent assertion start---------", $time);
    $display(" %0t -> b value is %0h", $time,b);
    #10ns;
    b = 1'bz;
    $display(" %0t -> b value is %0h", $time,b);
    #10ns;
    $display(" %0t ->---------   concurrent assertion finish---------", $time);
    $finish;
  end

  property check_b_value;
    @(posedge clk)
      $isunknown(b) == 1;        //期望检查的表达式
  endproperty

  int cover_times = 0;
```

```
//开启对并发断言的检测
  assert_name : assert property(check_b_value) $display("OK"); else $display("NOT OK");

//开启对并发断言覆盖的检测统计
  cover_name  : cover property(check_b_value) $display("cover times -> %0d",++cover_times);

  final begin
    $display("we have covered %0d times",cover_times);
  end
endmodule
```

仿真结果如下：

```
0 -> -------    immediate assertion start--------------
0 -> a value is 0
10 -> a value is x
Error, a should not be x or z! please check!
"demo_tb.sv", 23: top.unnamed $ $_3: started at 10ns failed at 10ns
Offending '(! $isunknown(a))'
10 -> -------    immediate assertion finish--------------

10 -> -------    concurrent assertion start--------------
10 -> b value is 0
20 -> b value is z
30 -> -------    concurrent assertion finish--------------
we have covered 1 times
```

通过上面的实例，读者已经简单地学习并理解了断言，实际上断言涉及的语法细节非常多，建议之后根据实际项目的需要再进一步学习相关语法，具体可以参考 SystemVerilog 的标准文档。

6.13　随机化

▶5min

6.13.1　类的随机及约束

1. 类的随机

为了将随机测试激励施加给 DUT，通常需要对输入的激励数据进行随机赋值。

这可以通过以下步骤实现：

▶4min 第 1 步，写一个 class 类。

第 2 步，在其中对要随机的数据成员变量前面加上关键字 rand 或者 randc，区别在于 randc 随机到的值在一轮遍历完成之前不会出现随机值与之前重复的情况，而 rand 则每次随机时都有可能出现随机值与之前重复的情况。

第 3 步，调用 randomize() 方法获取随机值，还可以只随机类中的部分变量，即选择性地进行随机，只要在调用 randomize() 方法时传入要进行随机的目标变量即可。

下面来看个简单示例,参考代码如下:

```
//文件路径:6.13.1.1/demo_tb.sv
class demo_class;
  rand  bit[2:0] a;
  randc bit[2:0] b;
endclass

module top;

  initial begin
    demo_class c1;
    c1 = new();
    repeat(10)begin
      assert(c1.randomize());
      $display(" %0t -> a: %0d, b: %0d", $time,c1.a,c1.b);
    end
     $display("\n");
    repeat(10)begin
      assert(c1.randomize(a));
      $display(" %0t -> a: %0d, b: %0d", $time,c1.a,c1.b);
    end
  end
endmodule
```

在上面的代码中,创建了类对象 demo_class,其中有两个数据成员变量,分别添加关键字 rand 和 randc,然后在顶层测试模块中实例化这个类,并且调用 randomize()方法对这个类进行随机赋值,从而得到类成员变量的随机值,最后打印得到的随机值。randomize()方法如果随机求解成功,则会返回1,因此可以通过立即断言来判断是否成功。

在上面的代码中,调用 randomize()方法时传入了变量 a,即只对变量 a 进行随机,而变量 b 的值保持不变。

仿真结果如下:

```
0 -> a: 6, b: 4
0 -> a: 4, b: 3
0 -> a: 2, b: 0
0 -> a: 6, b: 6
0 -> a: 1, b: 7
0 -> a: 3, b: 5
0 -> a: 7, b: 1
0 -> a: 6, b: 2
0 -> a: 4, b: 7
0 -> a: 4, b: 6

0 -> a: 1, b: 6
0 -> a: 5, b: 6
0 -> a: 4, b: 6
```

```
0 -> a: 4, b: 6
0 -> a: 5, b: 6
0 -> a: 7, b: 6
0 -> a: 6, b: 6
0 -> a: 0, b: 6
0 -> a: 3, b: 6
0 -> a: 2, b: 6
```

可以看到,在随机的前 8 次里,变量 a 的随机值会有重复的情况,而变量 b 则不会,因为 randc 获取的变量值是唯一的,只有全部随机可能的值都出现过一轮(这里是十进制 0～7) 之后才会出现重复值,这也就是 rand 和 randc 的区别。

2. 类的随机约束

可以给类中的数据成员变量施加约束,使其随机到的值是读者想要指定的区间范围,参 考代码如下:

```
//文件路径:6.13.1.2/demo_tb.sv
class demo_class;
  rand   bit[2:0] a;
  randc bit[2:0] b;
endclass

class demo_class_constraint extends demo_class;
  constraint cons_name {a >= 'd0 ; a <= 'd3; b > 'd3;}
endclass

module top;

  initial begin
    $display("%0t -> --- class randomize constraint test start --- ", $time);
    begin
      demo_class_constraint c1;
      c1 = new();
      repeat(15)begin
        c1.randomize();
        $display("%0t -> a: %0d, b: %0d", $time,c1.a,c1.b);
      end
    end
    $display("%0t -> --- class randomize constraint test finish --- ", $time);
    ...
  end
endmodule
```

上述代码对 demo_class 类进行了继承,得到 demo_class_constraint,然后在其中通过 关键字 constraint 来编写随机约束程序块,从而将变量 a 的随机值范围约束为大于或等于 0 并且小于或等于 3,约束变量 b 的随机值范围为大于 3。

上面的随机约束程序块和下面使用关键字 inside 设定约束范围等价,参考代码如下:

```
constraint cons_name {a inside{'d0,'d1,'d2,'d3}; b > 'd3;}
```

或者等价于如下代码:

```
constraint cons_name {a inside{[0:3]}; b > 'd3;}
```

这里的 inside,顾名思义,就是在某个值的区间范围内,这里的区间范围可以使用{'d0,
'd1,'d2,'d3}或[0:3]来表示大于或等于 0 并且小于或等于 3。
仿真结果如下:

```
0 -> --- class randomize constraint test start ---
0 -> a: 0, b: 4
0 -> a: 3, b: 6
0 -> a: 3, b: 5
0 -> a: 0, b: 7
0 -> a: 0, b: 4
0 -> a: 0, b: 7
0 -> a: 2, b: 5
0 -> a: 1, b: 6
0 -> a: 0, b: 7
0 -> a: 1, b: 5
0 -> a: 1, b: 6
0 -> a: 2, b: 4
0 -> a: 2, b: 5
0 -> a: 2, b: 6
0 -> a: 3, b: 7
0 -> --- class randomize constraint test finish ---
```

可以看到,仿真之后随机出来的变量值满足设定的约束范围。
类似地,为了方便对代码的阅读理解,使类中包含的随机约束程序块一目了然,可以使
用关键字 extern 和::范围操作符将类中的随机约束程序块在类的外部进行实现,参考代码
如下:

```
class demo_class;
  rand  bit[2:0] a;
  randc bit[2:0] b;
endclass

class demo_class_constraint extends demo_class;
  extern constraint cons_name;
endclass

constraint demo_class_constraint::cons_name {a >= 'd0 ;
                                              a <= 'd3;
                                              b > 'd3;}
```

尤其在类中包含的随机约束程序块较多且实现代码较长时,可以大大缩小类的代码长
度,从而提高代码的可读性。

但是通过关键字 constraint 编写随机约束程序块在实现一些简单的约束时会稍显麻烦,此时可以采用内联约束的方式实现同样的效果,参考代码如下:

```
//文件路径:6.13.1.2/demo_tb.sv
class demo_class;
  rand  bit[2:0] a;
  randc bit[2:0] b;
endclass

class demo_class_constraint extends demo_class;
  extern constraint cons_name;
endclass

constraint demo_class_constraint::cons_name {a >= 'd0 ; a <= 'd3; b > 'd3;}

module top;

  initial begin
    ...
    $display(" %0t -> --- class randomize simple constraint test start --- ", $time);
    begin
      demo_class c2;
      c2 = new();
      repeat(15)begin
        c2.randomize() with {a >= 'd0 ; a <= 'd3; b > 'd3;};
          $display(" %0t -> a: %0d, b: %0d", $time,c2.a,c2.b);
      end
    end
    $display(" %0t -> --- class randomize simple constraint test finish --- ", $time);
  end
endmodule
```

仿真结果如下:

```
0 -> --- class randomize simple constraint test start ---
0 -> a: 0, b: 6
0 -> a: 1, b: 5
0 -> a: 3, b: 7
0 -> a: 3, b: 4
0 -> a: 1, b: 6
0 -> a: 2, b: 7
0 -> a: 1, b: 4
0 -> a: 0, b: 5
0 -> a: 3, b: 4
0 -> a: 2, b: 6
0 -> a: 2, b: 7
0 -> a: 3, b: 5
0 -> a: 1, b: 6
0 -> a: 0, b: 4
0 -> a: 2, b: 5
0 -> --- class randomize simple constraint test finish ---
```

对于一些简单的随机约束,通过 randomize…with 的方式实现会比较方便,比较复杂的约束还是建议通过关键字 constraint 来编写随机约束程序块实现,读者应该结合实际项目的情况,灵活进行使用。

3. 临时随机约束

有时只想临时获取类中的某个成员变量的随机值,难道也要写一个 class 类把要随机的变量包起来,还要在前面加上关键字 rand 或者 randc 吗? 这未免太麻烦了,其实有更简单的办法,不需要声明 rand 关键字也可以获取随机值,参考代码如下:

```
//文件路径:6.13.1.3/demo_tb.sv
class demo_class;
  rand  bit[2:0] a;
  randc bit[2:0] b;
endclass

module top;

  bit[2:0] c;

  initial begin
    $display(" %0t -> --- easy randomize test start --- ", $time);
    repeat(15)begin
      std::randomize(c);
      $display("%0t -> c: %0d", $time,c);
    end
    $display("easy randomize test with constraint");
    repeat(15)begin
      std::randomize(c) with {c >= 'd0; c <= 'd3;};
      $display("%0t -> c: %0d", $time,c);
    end
    $display(" %0t -> --- easy randomize test finish --- ", $time);
  end
endmodule
```

只要通过 std::randomize()方法实现即可,同样也可以施加约束,从而约束到想要的随机值的范围,其实在 5.2.2 节里已经向读者介绍过。

4. 随机约束的继承

类的一个重要特性就是继承,这意味着子类会默认继承父类的随机约束,但对于父类和子类中同名的方法和随机约束程序块来讲,子类中的方法和随机约束会覆盖父类的方法和随机约束,参考代码如下:

```
//文件路径:6.13.1.4/demo_tb.sv
class demo_class;
  rand  bit[2:0] a;
  randc bit[2:0] b;
  rand  bit[2:0] c;

  extern constraint cons1;
```

```
      extern constraint cons2;

   task print;
      $display("print -> here is in super class");
   endtask
endclass

constraint demo_class::cons1 {a >= 'd0 ; a <= 'd3; b > 'd3;}
constraint demo_class::cons2 {c >= 'd3 ; c <= 'd5;}

class demo_class_constraint extends demo_class;
   extern constraint cons1;
   extern constraint cons3;

   task print;
      $display("print -> here is in child class");
   endtask
endclass

constraint demo_class_constraint::cons1 {a >= 'd0 ; a <= 'd3; b <= 'd3;}
constraint demo_class_constraint::cons3 {a == 'd1 ;}

module top;

   initial begin
      $display(" %0t -> --- demo_class randomize test start --- ", $time);
      begin
        demo_class c1;
        c1 = new();
        c1.print();
        repeat(15)begin
          c1.randomize();
            $display(" %0t -> a: %0d, b: %0d, c: %0d", $time,c1.a,c1.b,c1.c);
        end
      end
      $display(" %0t -> --- demo_class randomize test finish --- ", $time);
      $display("\n");

      $display(" %0t -> --- demo_class_constraint randomize test start --- ", $time);
      begin
        demo_class_constraint c2;
        c2 = new();
        c2.print();
        repeat(15)begin
          c2.randomize();
            $display(" %0t -> a: %0d, b: %0d, c: %0d", $time,c2.a,c2.b,c2.c);
        end
      end
$display(" %0t -> --- demo_class_constraint randomize test finish --- ", $time);
...
   end
endmodule
```

仿真结果如下：

```
0 -> --- demo_class randomize test start ---
print -> here is in super class
0 -> a: 2, b: 4, c: 5
0 -> a: 3, b: 6, c: 3
0 -> a: 1, b: 5, c: 5
0 -> a: 3, b: 7, c: 4
0 -> a: 2, b: 4, c: 4
0 -> a: 3, b: 7, c: 3
0 -> a: 1, b: 5, c: 5
0 -> a: 2, b: 6, c: 4
0 -> a: 2, b: 7, c: 5
0 -> a: 1, b: 5, c: 4
0 -> a: 0, b: 6, c: 3
0 -> a: 3, b: 4, c: 4
0 -> a: 3, b: 5, c: 4
0 -> a: 3, b: 6, c: 4
0 -> a: 3, b: 7, c: 4
0 -> --- demo_class randomize test finish ---

0 -> --- demo_class_constraint randomize test start ---
print -> here is in child class
0 -> a: 1, b: 2, c: 3
0 -> a: 1, b: 1, c: 4
0 -> a: 1, b: 3, c: 5
0 -> a: 1, b: 0, c: 5
0 -> a: 1, b: 2, c: 3
0 -> a: 1, b: 3, c: 4
0 -> a: 1, b: 0, c: 4
0 -> a: 1, b: 1, c: 3
0 -> a: 1, b: 0, c: 5
0 -> a: 1, b: 2, c: 4
0 -> a: 1, b: 3, c: 4
0 -> a: 1, b: 1, c: 5
0 -> a: 1, b: 2, c: 3
0 -> a: 1, b: 0, c: 3
0 -> a: 1, b: 1, c: 5
0 -> --- demo_class_constraint randomize test finish ---
```

从仿真结果可以看到，子类 demo_class_constraint 会默认继承父类 demo_class 的随机约束 cons2，但对于父类和子类中同名的方法 print（）和随机约束程序块 cons1 来讲，子类中的方法 print（）和随机约束程序块 cons1 会覆盖父类的方法 print（）和随机约束程序块 cons1。

随机方法 randomize（）默认为 virtual 的方法，因此这里通过类的多态实现随机约束中的多态行为，参考代码如下：

```
//文件路径:6.13.1.4/demo_tb.sv
...
```

```
module top;

    initial begin
        ...
        $display(" %0t -> --- class cast randomize test start --- ", $time);
        begin
            demo_class c1;
            demo_class_constraint c2;
            c2 = new();
            c1 = c2;
            c1.print();
            repeat(15)begin
                c1.randomize();
                $display(" %0t -> a: %0d, b: %0d, c: %0d", $time,c1.a,c1.b,c1.c);
            end
        end
        $display(" %0t -> --- class cast randomize test finish --- ", $time);

    end
endmodule
```

在上面的代码中,将子类实例化,然后将子类的句柄赋给父类的句柄,此时调用同名方法 print()并调用随机化方法来对类进行随机,仿真结果如下:

```
0 -> --- class cast randomize test start ---
print -> here is in super class
0 -> a: 1, b: 1, c: 4
0 -> a: 1, b: 2, c: 4
0 -> a: 1, b: 0, c: 5
0 -> a: 1, b: 3, c: 3
0 -> a: 1, b: 0, c: 4
0 -> a: 1, b: 2, c: 3
0 -> a: 1, b: 3, c: 5
0 -> a: 1, b: 1, c: 4
0 -> a: 1, b: 2, c: 5
0 -> a: 1, b: 1, c: 3
0 -> a: 1, b: 0, c: 5
0 -> a: 1, b: 3, c: 3
0 -> a: 1, b: 0, c: 4
0 -> a: 1, b: 2, c: 5
0 -> a: 1, b: 3, c: 4
0 -> --- class cast randomize test finish ---
```

可以看到,这里的 print()方法依然调用了父类中的方法,但是随机的结果却是按照子类中的随机约束进行的,因此,虽然是父类的句柄,但最终随机值是子类的随机约束结果。

注意:如果要使这里的 print()方法最终调用的是子类的方法,则只要在父类的 print()方法前加上关键字 virtual,即同样可以利用类的多态实现。

6.13.2 随机种子

用户每次调用 randomize 随机方法,仿真工具都会根据默认的随机算法加上默认的随机种子来计算一个随机值,然后返给用户。但是如果每次随机出来的值都一样,例如每次仿真都使用默认的随机种子,则每次仿真出来的一组随机值都是一样的,这样在某种程度上就失去了随机的意义。因此如果要求每次仿真时随机出来的值都不一样,则可以通过改变随机种子实现,即通过改变随机种子从而改变产生的随机值的顺序,参考代码如下:

```
//文件路径:6.13.2/demo_tb.sv
class demo_class;
  rand  bit[2:0] a;
  randc bit[2:0] b;
endclass

module top;
  bit[2:0] c;

  initial begin
    $display(" %0t -> ---  class rand seed test start --- ", $time);
    begin
      int seed1 = 300;
      int seed2 = 500;
      demo_class c1;
      demo_class c2;
      c1 = new();
      c1.srandom(seed1);          //指定随机种子
      c2 = new();
      c2.srandom(seed2);          //指定随机种子
      repeat(10)begin
        c1.randomize();           //调用随机方法获得随机值
        c2.randomize();           //调用随机方法获得随机值
        $display(" %0t -> c1 -> a: %0d, b: %0d", $time,c1.a,c1.b);
        $display(" %0t -> c2 -> a: %0d, b: %0d", $time,c2.a,c2.b);
      end
    end
    $display(" %0t -> ---  class rand seed test finish --- ", $time);
  end
endmodule
```

可以看到,使用 srandom()方法并传入参数设置随机种子。

仿真结果如下:

```
0 -> ---   class rand seed test start ---
0 -> c1 -> a: 4, b: 0
0 -> c2 -> a: 7, b: 0
0 -> c1 -> a: 3, b: 4
0 -> c2 -> a: 1, b: 4
0 -> c1 -> a: 7, b: 1
0 -> c2 -> a: 2, b: 2
```

```
0 -> c1 -> a: 5, b: 5
0 -> c2 -> a: 7, b: 1
0 -> c1 -> a: 1, b: 2
0 -> c2 -> a: 7, b: 3
0 -> c1 -> a: 7, b: 3
0 -> c2 -> a: 6, b: 6
0 -> c1 -> a: 4, b: 7
0 -> c2 -> a: 0, b: 7
0 -> c1 -> a: 7, b: 6
0 -> c2 -> a: 6, b: 5
0 -> c1 -> a: 2, b: 0
0 -> c2 -> a: 6, b: 7
0 -> c1 -> a: 6, b: 2
0 -> c2 -> a: 1, b: 3
0 -> ---   class rand seed test finish ---
```

还可以通过向 EDA 工具传入仿真参数来指定随机种子,这方面也可以通过脚本实现。

6.13.3 单向约束

如果变量 a 的随机值大于或等于 'd3,则变量 b 的随机值一定等于 a,否则变量 b 的随机值为任意值,参考代码如下:

```
class demo_class;
   rand  bit[2:0] a;
   rand  bit[2:0] b;
endclass

class demo_class_implication_constraint1 extends demo_class;
   constraint cons_name {(a >= 'd3) -> (a == b);}
endclass
```

可以看到,在约束程序块里使用单箭头符号—> 实现单向约束(Implication Constraints),非常形象地表示单向的等效约束。

如果不使用单向约束,则可以在约束程序块里使用条件判断语句实现上面同样的约束效果,参考代码如下:

```
class demo_class_implication_constraint2 extends demo_class;
   constraint cons_name {
     if(a >= 'd3){
       a == b;
     }
   }
endclass
```

完整的实例的参考代码如下:

```
//文件路径:6.13.3/demo_tb.sv
class demo_class;
```

```
    rand  bit[2:0] a;
    rand  bit[2:0] b;
  endclass

class demo_class_implication_constraint1 extends demo_class;
    constraint cons_name {(a >= 'd3) -> (a == b);}
  endclass

class demo_class_implication_constraint2 extends demo_class;
    constraint cons_name {
      if(a >= 'd3){
        a == b;
      }
    }
  endclass

module top;

    initial begin
      $display(" %0t -> --- class implication constraint1 test start --- ", $time);
      begin
        demo_class_implication_constraint1 c1;
        c1 = new();
        repeat(15)begin
          c1.randomize();
            $display(" %0t -> a: %0d, b: %0d", $time,c1.a,c1.b);
          end
        end
      $display(" %0t -> --- class implication constraint1 test finish --- ", $time);
      $display("\n");

      $display(" %0t -> --- class implication constraint2 test start --- ", $time);
      begin
        demo_class_implication_constraint2 c2;
        c2 = new();
        repeat(15)begin
          c2.randomize();
            $display(" %0t -> a: %0d, b: %0d", $time,c2.a,c2.b);
          end
        end
      $display(" %0t -> --- class implication constraint2 test finish --- ", $time);
    end
endmodule
```

仿真结果如下：

```
0 -> --- class implication constraint1 test start ---
0 -> a: 4, b: 4
0 -> a: 0, b: 2
0 -> a: 1, b: 3
0 -> a: 2, b: 6
```

```
0 -> a: 2, b: 1
0 -> a: 1, b: 5
0 -> a: 4, b: 4
0 -> a: 1, b: 5
0 -> a: 0, b: 1
0 -> a: 0, b: 3
0 -> a: 0, b: 7
0 -> a: 2, b: 7
0 -> a: 1, b: 0
0 -> a: 1, b: 2
0 -> a: 2, b: 1
0 -> --- class implication constraint1 test finish ---

0 -> --- class implication constraint2 test start ---
0 -> a: 2, b: 1
0 -> a: 1, b: 1
0 -> a: 2, b: 6
0 -> a: 4, b: 4
0 -> a: 0, b: 1
0 -> a: 0, b: 2
0 -> a: 1, b: 5
0 -> a: 1, b: 1
0 -> a: 3, b: 3
0 -> a: 1, b: 6
0 -> a: 2, b: 2
0 -> a: 1, b: 2
0 -> a: 4, b: 4
0 -> a: 0, b: 1
0 -> a: 2, b: 1
0 -> --- class implication constraint2 test finish ---
```

6.13.4 双向约束

如果 a 的随机值大于或等于 'd3,则 b 的随机值一定小于或等于 'd3;反之,如果 b 的随机值小于或等于 'd3,则 a 的随机值一定大于或等于 'd3,因此是双向的约束,参考代码如下:

```
//文件路径:6.13.4/demo_tb.sv
class demo_class;
  rand  bit[2:0] a;
  rand  bit[2:0] b;
endclass

class demo_class_equivalence_constraint extends demo_class;
  constraint cons_name {(a >= 'd3) <-> (b <= 'd3);}
endclass

module top;
```

```
    initial begin
      $display(" %0t -> --- class equivalence constraint test start --- ", $time);
      begin
        demo_class_equivalence_constraint c3;
        c3 = new();
        repeat(15)begin
          c3.randomize();
          $display(" %0t -> a: %0d, b: %0d", $time,c3.a,c3.b);
        end
      end
      $display(" %0t -> --- class equivalence constraint test finish --- ", $time);
    end
endmodule
```

可以看到，在约束程序块里使用双向箭头符号<-> 实现双向约束（Equivalence Constraints），非常形象地表示双向的等效约束。

仿真结果如下：

```
0 -> --- class equivalence constraint test start ---
0 -> a: 4, b: 1
0 -> a: 0, b: 5
0 -> a: 7, b: 0
0 -> a: 3, b: 3
0 -> a: 2, b: 7
0 -> a: 4, b: 2
0 -> a: 2, b: 6
0 -> a: 1, b: 7
0 -> a: 3, b: 2
0 -> a: 1, b: 6
0 -> a: 6, b: 2
0 -> a: 5, b: 3
0 -> a: 6, b: 0
0 -> a: 6, b: 1
0 -> a: 2, b: 4
0 -> --- class equivalence constraint test finish ---
```

6.13.5　权重分布

可以设置权重分布（Weight Constraints）来指定随机生成的值的概率分布，参考代码如下：

```
//文件路径:6.13.5/demo_tb.sv
class demo_class;
  rand  bit[2:0] a;
  rand  bit[2:0] b;
endclass

class demo_class_weight_constraint extends demo_class;
```

```
    constraint cons_name {
  a dist {'d0: = 20, 'd1: = 20, ['d2:'d7]: = 60};
  b dist {'d0:/20, 'd1:/20, ['d2:'d7]:/60};
    }
endclass

module top;

  initial begin
    $display(" %0t -> --- class weight constraint test start --- ", $time);
    begin
      demo_class_weight_constraint c4;
      c4 = new();
      repeat(15)begin
        c4.randomize();
        $display(" %0t -> a: %0d, b: %0d", $time,c4.a,c4.b);
      end
    end
    $display(" %0t -> --- class weight constraint test finish --- ", $time);
  end
endmodule
```

在随机约束程序块里,变量 a 通过关键字 dist 并采用:＝符号来指定"累计和"的概率,变量 a 的随机值概率分布如下:

```
a = 'd0, weight =    20/(20 + 20 + 6 * 60)
a = 'd1, weight =    20/(20 + 20 + 6 * 60)
a = 'd2, weight =    60/(20 + 20 + 6 * 60)
a = 'd3, weight =    60/(20 + 20 + 6 * 60)
a = 'd4, weight =    60/(20 + 20 + 6 * 60)
a = 'd5, weight =    60/(20 + 20 + 6 * 60)
a = 'd6, weight =    60/(20 + 20 + 6 * 60)
a = 'd7, weight =    60/(20 + 20 + 6 * 60)
```

在随机约束程序块里,变量 b 通过关键字 dist 并采用:/符号来指定"平均"的概率,变量 b 的随机值概率分布如下:

```
b = 'd0, weight =    20/(20 + 20 + 60)
b = 'd1, weight =    20/(20 + 20 + 60)
b = 'd2, weight =    10/(20 + 20 + 60)
b = 'd3, weight =    10/(20 + 20 + 60)
b = 'd4, weight =    10/(20 + 20 + 60)
b = 'd5, weight =    10/(20 + 20 + 60)
b = 'd6, weight =    10/(20 + 20 + 60)
b = 'd7, weight =    10/(20 + 20 + 60)
```

仿真结果如下:

```
0 -> --- class weight constraint test start ---
0 -> a: 7, b: 4
```

```
0 -> a: 2, b: 4
0 -> a: 5, b: 1
0 -> a: 6, b: 3
0 -> a: 4, b: 5
0 -> a: 4, b: 6
0 -> a: 6, b: 7
0 -> a: 0, b: 3
0 -> a: 3, b: 0
0 -> a: 6, b: 0
0 -> a: 4, b: 0
0 -> a: 3, b: 0
0 -> a: 4, b: 6
0 -> a: 7, b: 2
0 -> a: 5, b: 5
0 -> --- class weight constraint test finish ---
```

6.13.6　约束开关控制

默认状态下随机约束程序块都是激活的状态,可以通过给 constraint_mode()方法传入参数 0 来关闭随机约束程序块,通过传入参数 1 来激活随机约束程序块,可以在程序运行中动态地进行开关来对随机约束块进行控制。

在调用 constraint_mode()方法时可以通过路径指定对整个类进行操作,那么此时对该类中所有的随机约束程序块都将生效,或者对某个随机约束程序块进行操作,那么将只对该目标随机约束程序块生效。

如果不传入任何参数,则返回当前随机约束程序块的运行状态,如果返回值为 1,则是激活的状态,如果返回值为 0,则是关闭(非激活)的状态,参考代码如下:

```
//文件路径:6.13.6/demo_tb.sv
class demo_class;
  rand  bit[2:0] a;
  randc bit[2:0] b;

  extern constraint cons1;
  extern constraint cons2;
endclass

constraint demo_class::cons1 {a == 'd3;}
constraint demo_class::cons2 {b == 'd5;}

module top;

  initial begin
    $display(" %0t -> --- demo_class randomize test start --- ", $time);
    begin
      demo_class c1;
      c1 = new();
```

```
        c1.constraint_mode(0);
        if(c1.cons1.constraint_mode())
          $display(" %0t -> cons1 of class is active", $time);
        else
          $display(" %0t -> cons1 of class is inactive", $time);
        repeat(3)begin
          c1.randomize();
          $display(" %0t -> a: %0d, b: %0d", $time,c1.a,c1.b);
        end
        c1.constraint_mode(1);
        if(c1.cons1.constraint_mode())
          $display(" %0t -> cons1 of class is active", $time);
        else
          $display(" %0t -> cons1 of class is inactive", $time);
        repeat(3)begin
          c1.randomize();
          $display(" %0t -> a: %0d, b: %0d", $time,c1.a,c1.b);
        end
        c1.cons2.constraint_mode(0);
        if(c1.cons2.constraint_mode())
          $display(" %0t -> cons2 of class is active", $time);
        else
          $display(" %0t -> cons2 of class is inactive", $time);
        repeat(3)begin
          c1.randomize();
          $display(" %0t -> a: %0d, b: %0d", $time,c1.a,c1.b);
        end
        c1.cons2.constraint_mode(1);
        if(c1.cons2.constraint_mode())
          $display(" %0t -> cons2 of class is active", $time);
        else
          $display(" %0t -> cons2 of class is inactive", $time);
        repeat(3)begin
          c1.randomize();
          $display(" %0t -> a: %0d, b: %0d", $time,c1.a,c1.b);
        end
      end
    $display(" %0t -> --- demo_class randomize test finish --- ", $time);
  end
endmodule
```

仿真结果如下：

```
0 -> --- demo_class randomize test start ---
0 -> cons1 of class is inactive
0 -> a: 2, b: 1
0 -> a: 1, b: 4
0 -> a: 0, b: 0
0 -> cons1 of class is active
0 -> a: 3, b: 5
0 -> a: 3, b: 5
```

```
0 -> a: 3, b: 5
0 -> cons2 of class is inactive
0 -> a: 3, b: 3
0 -> a: 3, b: 6
0 -> a: 3, b: 2
0 -> cons2 of class is active
0 -> a: 3, b: 5
0 -> a: 3, b: 5
0 -> a: 3, b: 5
0 -> --- demo_class randomize test finish ---
```

6.13.7　随机开关控制

除了6.13.6节的随机约束程序块可以进行开关控制以外,类中的变量的随机也可以实现开关控制。

默认状态下只要类中的变量前面有关键字 rand 或 randc,那么调用 randomize()随机方法时就可以获取变量的随机值,也就是默认状态下类变量的随机都是激活的状态,但可以通过 rand_mode()方法传入参数 0 来关闭可随机的状态,相当于去掉变量前的关键字 rand 或 randc,也可以传入参数 1 来激活可随机的状态。

在调用 rand_mode()方法时可以指定对整个类进行操作,那么此时对该类中所有的变量都将生效,或者对某个变量进行操作,那么将只对该目标变量生效。

如果不传入任何参数,则返回当前随机变量的运行状态,如果返回值为1,则是激活的状态,如果返回值为0,则是关闭(非激活)的状态,参考代码如下:

```
//文件路径:6.13.7/demo_tb.sv
class demo_class;
  rand   bit[2:0] a;
  randc bit[2:0] b;
endclass

module top;

  initial begin
    $display(" %0t -> --- demo_class randomize test start --- ", $time);
    begin
      demo_class c1;
      c1 = new();
      c1.rand_mode(0);
      if(c1.a.rand_mode())
        $display(" %0t -> randomize a of class is active", $time);
      else
        $display(" %0t -> randomize a of class is inactive", $time);
      repeat(3)begin
        c1.randomize();
        $display(" %0t -> a: %0d, b: %0d", $time,c1.a,c1.b);
      end
```

```
            c1.rand_mode(1);
            if(c1.a.rand_mode())
               $display(" %0t -> randomize a of class is active", $time);
            else
               $display(" %0t -> randomize a of class is inactive", $time);
            repeat(3)begin
               c1.randomize();
               $display(" %0t -> a: %0d, b: %0d", $time,c1.a,c1.b);
            end
            c1.b.rand_mode(0);
            if(c1.b.rand_mode())
               $display(" %0t -> randomize b of class is active", $time);
            else
               $display(" %0t -> randomize b of class is inactive", $time);
            repeat(3)begin
               c1.randomize();
               $display(" %0t -> a: %0d, b: %0d", $time,c1.a,c1.b);
            end
            c1.b.rand_mode(1);
            if(c1.b.rand_mode())
               $display(" %0t -> randomize b of class is active", $time);
            else
               $display(" %0t -> randomize b of class is inactive", $time);
            repeat(3)begin
               c1.randomize();
               $display(" %0t -> a: %0d, b: %0d", $time,c1.a,c1.b);
            end
         end
         $display(" %0t -> --- demo_class randomize test finish --- ", $time);
      end
endmodule
```

仿真结果如下：

```
0 -> --- demo_class randomize test start ---
0 -> randomize a of class is inactive
0 -> a: 0, b: 0
0 -> a: 0, b: 0
0 -> a: 0, b: 0
0 -> randomize a of class is active
0 -> a: 6, b: 4
0 -> a: 4, b: 3
0 -> a: 2, b: 0
0 -> randomize b of class is inactive
0 -> a: 6, b: 0
0 -> a: 4, b: 0
0 -> a: 7, b: 0
0 -> randomize b of class is active
0 -> a: 1, b: 6
0 -> a: 3, b: 7
0 -> a: 7, b: 2
0 -> --- demo_class randomize test finish ---
```

6.13.8 随机回调方法

每个类里都默认包含随机回调方法 pre_randomize() 和 post_randomize(),在调用 randomize()方法对类进行随机时,系统会先自动调用回调方法 pre_randomize(),然后去调用 randomize()方法获取随机值,最后自动调用回调方法 post_randomize(),参考代码如下:

```
//文件路径:6.13.8/demo_tb.sv
class demo_class;
  rand  bit[2:0] a;
  randc bit[2:0] b;

  function void pre_randomize;
    $display(" %0t -> invoke pre_randomize! a:%0d, b: %0d", $time,a,b);
  endfunction

  function void post_randomize;
    $display(" %0t -> invoke post_randomize! a: %0d, b: %0d", $time,a,b);
  endfunction
endclass

module top;

  initial begin
    $display(" %0t -> --- demo_class randomize test start --- ", $time);
    begin
      demo_class c1;
      c1 = new();
      assert(c1.randomize());
    end
    $display(" %0t -> --- demo_class randomize test finish --- ", $time);
  end
endmodule
```

仿真结果如下:

```
0 -> --- demo_class randomize test start ---
0 -> invoke pre_randomize! a:0, b: 0
0 -> invoke post_randomize! a:6, b: 4
0 -> --- demo_class randomize test finish ---
```

6.13.9 检查器

随机方法 randomize()除了可以用来产生随机值以外,还可以作为检查器使用,此时需要传入参数 null,即检查当前类或变量的值是否在随机约束程序块设定的约束范围内,如果满足随机约束程序块设定的约束范围,则将返回 1,否则返回 0,参考代码如下:

```
//文件路径:6.13.9/demo_tb.sv
class demo_class;
  rand  bit[2:0] a;
  randc bit[2:0] b;

  constraint cons_block {a >= 'd0 ; a <= 'd3; b > 'd3;}
endclass

module top;

  initial begin
    $display(" %0t -> --- demo_class randomize test start --- ", $time);
    begin
      demo_class c1;
      c1 = new();
      c1.a = 2;
      c1.b = 5;
      if(c1.randomize(null))
        $display("a: %0d, b: %0d value is satisfy cons_block",c1.a,c1.b);
      else
        $display("a: %0d, b: %0d value is not satisfy cons_block",c1.a,c1.b);
      c1.a = 4;
      c1.b = 5;
      if(c1.randomize(null))
        $display("a: %0d, b: %0d value is satisfy cons_block",c1.a,c1.b);
      else
        $display("a: %0d, b: %0d value is not satisfy cons_block",c1.a,c1.b);
    end
    $display(" %0t -> --- demo_class randomize test finish --- ", $time);
  end
endmodule
```

仿真结果如下:

```
0 -> --- demo_class randomize test start ---
a: 2, b: 5 value is satisfy cons_block
a: 4, b: 5 value is not satisfy cons_block
0 -> --- demo_class randomize test finish ---
```

6.13.10 约束求解顺序

默认情况下,所有可能随机生成的数值的组合出现的概率都是相等的,这样可以保证对于随机值的空间范围分布尽量均匀,但有些时候,对于一些极端测试用例,会希望某些随机值的空间范围被命中的概率更高一些,例如单向约束,参考代码如下:

```
class B;
  rand bit s;
  rand bit [31:0] d;
```

```
    constraint c { s -> d == 0; }
endclass
```

随机约束程序块 c 的含义是,如果变量 s 的随机值为 1,则变量 d 的随机值为 0,否则变量 d 为任意随机值。那么此时变量 s 有两种可能的随机值,变量 d 则有 2^{32} 种可能的随机值,但是由于随机约束程序块 c 的存在,对于组合 $\{s,d\}$ 则有 $1+2^{32}$ 种可能的随机值,概率分布见表 6-2。

表 6-2 随机值的概率分布

s	d	随机到的概率
1	'h00000000	$1/(1+2^{32})$
0	'h00000000	$1/(1+2^{32})$
0	'h00000001	$1/(1+2^{32})$
0	'h00000002	$1/(1+2^{32})$
0	...	$1/(1+2^{32})$
0	'hfffffffe	$1/(1+2^{32})$
0	'hffffffff	$1/(1+2^{32})$

但是可以通过关键字 solve…before 来指定随机约束求解器进行约束求解的顺序,参考代码如下:

```
class B;
  rand bit s;
  rand bit [31:0] d;

  constraint c { s -> d == 0; }
  constraint order { solve s before d; }
endclass
```

此时将会先对变量 s 进行约束求解,变量 s 值为 0 或 1 的概率都为 50%,如果变量 s 的随机值求解结果为 0,则继续求解变量 d 的值,此时对于组合 $\{s,d\}$ 依然有 $1+2^{32}$ 种可能的随机值,但随机值组合的概率分布产生了变化,概率分布见表 6-3。

表 6-3 指定约束求解顺序后的随机值的概率分布

s	d	随机到的概率
1	'h00000000	$1/2$
0	'h00000000	$1/2 \times 1/2^{32}$
0	'h00000001	$1/2 \times 1/2^{32}$
0	'h00000002	$1/2 \times 1/2^{32}$
0	...	$1/2 \times 1/2^{32}$
0	'hfffffffe	$1/2 \times 1/2^{32}$
0	'hffffffff	$1/2 \times 1/2^{32}$

从概率分布表可以看到,随机值的概率和指定约束求解顺序之前的变化很大,尤其是对于组合{s,d}的值为{1,0}出现的概率来讲,之前的概率几乎为 0,而指定约束求解顺序之后的概率为 50%。

上述完整的实例,参考代码如下:

```
//文件路径:6.13.10/demo_tb.sv
class B;
  rand bit s;
  rand bit [31:0] d;

  constraint c { s -> d == 0; }
  constraint order { solve s before d; }
endclass

module top;

  initial begin
    $display(" %0t -> --- randomize test start ---", $time);
    begin
      B b_h;
      b_h = new();
      repeat(10)begin
        b_h.randomize();
        $display("random value s: %b, d: %h",b_h.s,b_h.d);
      end
    end
    $display(" %0t -> --- randomize test finish ---", $time);
  end
endmodule
```

仿真结果如下:

```
0 -> --- randomize test start ---
random value s: 1, d: 00000000
random value s: 0, d: 0401079a
random value s: 0, d: e1e26284
random value s: 0, d: 6a7dfb0e
random value s: 1, d: 00000000
random value s: 0, d: d2ef4f26
random value s: 1, d: 00000000
random value s: 1, d: 00000000
random value s: 0, d: 9642a094
random value s: 0, d: d918322e
0 -> --- randomize test finish ---
```

注意:

(1) 指定约束求解顺序只对关键字 rand 修饰的变量有效,对 randc 是无效的。

（2）不要同时指定具有闭环依赖性的求解顺序，例如"solve a before b"和"solve b before a"。

6.13.11　权重分支

除了可以通过 6.13.5 节的权重分布设置随机值的概率分布以外，还有一种更简单的方式，即无须创建声明类并在随机约束程序块里对随机值设置权重分布，只需通过关键字 randcase…endcase 设置相应的权重分支，参考代码如下：

```
int a;
randcase
  2: a = 1;
  5: a = 2;
  3: a = 3;
endcase
```

此时权重之和为 10，变量 a 的随机值概率分布见表 6-4。

表 6-4　变量 a 的随机值的概率分布

a	随机到的概率
1	2/10
2	5/10
3	3/10

也可以通过 randcase 设置权重决策树，参考代码如下：

```
//文件路径:6.13.11/demo_tb.sv
module top;
  int a;
  int b;

  initial begin
    $display(" %0t -> --- demo_class randomize test start --- ", $time);
    randcase
      2: a = 1;
      5: a = 2;
      3: a = 3;
    endcase
    $display("a value is %0d",a);

    repeat(3)begin
      randcase
        2: rand_task1;
        5: rand_task2;
        3: rand_task3;
      endcase
      $display("a value is %0d, b value is %0d",a,b);
```

```
      end
      $display(" %0t -> --- demo_class randomize test finish --- ", $time);
   end

   task rand_task1;
      randcase
        2: begin
          a = $urandom_range(5,0);
          b = $urandom_range(5,0);
        end
        4: begin
          a = $urandom_range(10,5);
          b = $urandom_range(10,5);
        end
        4: begin
          a = $urandom_range(20,10);
          b = $urandom_range(20,10);
        end
      endcase
   endtask

   task rand_task2;
      a = $urandom_range(30,20);
      b = $urandom_range(30,20);
   endtask

   task rand_task3;
      a = $urandom_range(40,30);
      b = $urandom_range(40,30);
   endtask
endmodule
```

通过设置权重分支,执行对应的 rand_task,然后可以在 rand_task 里继续设置权重分支,从而实现权重决策树,以得到最终期望的随机值概率分布。

仿真结果如下:

```
0 -> --- demo_class randomize test start ---
a value is 2
a value is 5, b value is 6
a value is 29, b value is 29
a value is 29, b value is 27
0 -> --- demo_class randomize test finish ---
```

6.13.12 软约束

随机约束分为硬约束(Hard Constraints)和软约束(Soft Constraints),两者的区别在于软约束对成员变量进行随机值的范围约束时,前面会添加关键字 soft,而硬约束则没有。另外其中硬约束要求约束求解器求解得到的随机值必须满足该约束条件,否则就会随机求解

失败,而软约束则不一定必须被满足,当和硬约束产生冲突时,可以不满足软约束而优先满足硬约束,参考代码如下:

```
//文件路径:6.13.12/demo_tb.sv
class Packet;
  rand bit mode;
  rand int length;

  constraint deflt {
    soft length inside {32,1024};
    soft mode == 0;
  }
endclass

initial begin
  Packet p = new();
  p.randomize() with { length == 1512;};
  $display("random mode: %b, length: %0d",p.mode,p.length);
  p.randomize() with { length == 1512; mode == 1;};
  $display("random mode: %b, length: %0d",p.mode,p.length);
end
```

第 1 次调用 randomize() 随机方法时,硬约束 length 的随机值为 1512,因此软约束 length 的随机值区间范围可以不被满足,但软约束 mode 的随机值为 0 可以满足,因此最终得到的随机值 mode 为 0,length 为 1512。

第 2 次调用 randomize() 随机方法时,硬约束和软约束冲突,因此丢弃所有的软约束,最终得到的随机值 mode 为 1,length 为 1512。

仿真结果如下:

```
random mode: 0, length: 1512
random mode: 1, length: 1512
```

软约束可以用来设置默认的随机约束,从而实现对变量设置默认随机值,并可以很方便地被后面的随机约束重载替换,参考代码如下:

```
//文件路径:6.13.12/demo_tb.sv
class demo_class1;
  rand int x;
  constraint cons1 { soft x == 3; }
  constraint cons2 { soft x inside { 1,2,3 }; }
  constraint cons3 { soft x == 4; }
endclass

initial begin
  demo_class1 c1 = new();
  repeat(5)begin
    c1.randomize();
```

```
        $display("random a: %0d",c1.x);
    end
end
```

可以看到，这里随机约束程序块 cons1 将变量 x 的默认值指定为 3，随机约束程序块 cons2 将变量 x 的随机范围区间指定为 1~3，但随机约束程序块 cons3 的优先级最高，当和之前的随机约束程序块 cons1 和 cons2 冲突时，以优先级最高的 cons3 进行约束，因此相当于 cons3 对之前的 cons1 和 cons2 进行了重载替换。

仿真结果如下：

```
random a: 4
random a: 4
random a: 4
random a: 4
random a: 4
```

可以使用 disable soft 来放弃之前的软约束，参考代码如下：

```
//文件路径:6.13.12/demo_tb.sv
class demo_class2;
  rand int x;

  constraint cons1 { soft x == 3; }
  constraint cons2 { disable soft x; }
  constraint cons3 { soft x inside { 1,2,3 }; }
endclass

initial begin
  demo_class2 c2 = new();
  repeat(5)begin
    c2.randomize();
    $display("random a: %0d",c2.x);
  end
end
```

这里放弃了随机约束程序块 cons1，仿真结果如下：

```
random a: 1
random a: 3
random a: 3
random a: 1
random a: 2
```

如果没有随机约束程序块 cons2，则仿真结果如下：

```
random a: 3
random a: 3
random a: 3
```

```
random a: 3
random a: 3
```

6.13.13　随机范围

有时需要通过 local::指明随机方法中的变量范围,否则在出现重名的情况时,将容易导致随机求解失败。

例如两个类 demo_class1 和 demo_class2 中都有成员变量 a 和 b,其中包含方法 demo_func1 用于对 demo_class1 进行随机,并约束 demo_class1 的变量 a 的值小于 demo_class2 中的变量 a 的值,约束 demo_class1 的变量 b 的值小于 demo_class2 中的变量 b 的值。此时,由于两个类中的变量名称重复,因此可以通过 local::指明随机方法中的变量 a 和变量 b 为 demo_class2 中的成员变量。

参考代码如下:

```
//文件路径:6.13.13/demo_tb.sv
class demo_class1;
  rand  bit[2:0] a;
  randc bit[2:0] b;
endclass

class demo_class2;
  rand  bit[2:0] a;
  rand  bit[2:0] b;

  function void demo_func1(demo_class1 c1);
    c1.randomize() with {a < local::a; b < local::b;};
    $display("demo_class1 -> a: %0d, b: %0d",c1.a,c1.b);
    $display("demo_class2 -> a: %0d, b: %0d",a,b);
  endfunction

  ...
endclass
...
```

测试部分的参考代码如下:

```
//文件路径:6.13.13/demo_tb.sv
  ...
module top;

  initial begin
    demo_class1 c1;
    demo_class2 c2;
    c1 = new();
    c2 = new();
    $display(" --- demo_func1 test --- ");
```

```
    repeat(5)begin
      c2.randomize();
      c2.demo_func1(c1);
       $display("\n");
    end
  end
  ...
endmodule
```

仿真结果如下：

```
--- demo_func1 test ---
demo_class1 -> a: 4, b: 1
demo_class2 -> a: 6, b: 6

demo_class1 -> a: 2, b: 2
demo_class2 -> a: 3, b: 3

demo_class1 -> a: 3, b: 0
demo_class2 -> a: 5, b: 1

demo_class1 -> a: 0, b: 3
demo_class2 -> a: 2, b: 6

demo_class1 -> a: 0, b: 2
demo_class2 -> a: 2, b: 4
```

可以看到，每次调用随机方法之后，demo_class1 中变量 a 和 b 的值都小于对应 demo_class2 中变量 a 和 b 的值。

如果约束 demo_class1 中变量 a 和 b 的值都小于 demo_class2 中成员变量 c 的值，则此时就不存在上面重名的情况，也就无须再使用 local:: 指明变量范围，参考代码如下：

```
//文件路径:6.13.13/demo_tb.sv
class demo_class1;
  rand  bit[2:0] a;
  randc bit[2:0] b;
endclass

class demo_class2;
  rand  bit[2:0] a;
  rand  bit[2:0] b;
  rand  bit[2:0] c;

  ...

  function void demo_func2(demo_class1 c1);
    c1.randomize() with {a < c; b < c;};
```

```
      $display("demo_class1 -> a: %0d, b: %0d",c1.a,c1.b);
      $display("demo_class2 -> c: %0d",c);
  endfunction
endclass
```

测试部分的参考代码如下:

```
//文件路径:6.13.13/demo_tb.sv
  ...
module top;

  initial begin
    demo_class1 c1;
    demo_class2 c2;
    c1 = new();
c2 = new();
    ...
    $display(" --- demo_func2 test --- ");
    repeat(5)begin
      c2.randomize();
      c2.c = 3;
      c2.demo_func2(c1);
      $display("\n");
    end
  end
endmodule
```

仿真结果如下:

```
--- demo_func2 test ---
demo_class1 -> a: 2, b: 0
demo_class2 -> c: 3

demo_class1 -> a: 2, b: 1
demo_class2 -> c: 3

demo_class1 -> a: 0, b: 1
demo_class2 -> c: 3

demo_class1 -> a: 2, b: 2
demo_class2 -> c: 3

demo_class1 -> a: 2, b: 0
demo_class2 -> c: 3
```

可以看到,每次调用随机方法之后,demo_class1 中变量 a 和 b 的值都小于 demo_class2 中变量 c 的值。

5min

6.14　系统函数

除了 3.10 节介绍过的系统函数以外,本节为读者补充一些在 SystemVerilog 环境下相对常用的系统函数。

6.14.1　$isunknown

用于判断变量的值是否是不定态或高阻态,通常用于检测接口上的信号。例如监测变量 a 的值是否是不定态或高阻态,参考代码如下:

```
if( $isunknown(a) == 1)
    $display("a value %0b is x or z",a);
```

这在 6.12 节介绍过。

6.14.2　$urandom_range

之前在不少章节中使用过,用于获取一个范围区间的无符号随机数。例如获取一个 0~10 范围内的随机整数并赋值给变量 b,参考代码如下:

```
int b;
b = $urandom_range(10,0);
```

6.14.3　$system

用于执行终端命令。例如新建一个 time.log 的日志文件,并把当前时间戳写入该文件,接着将该文件复制为 time_bak.log,参考代码如下:

```
//文件路径:6.14.3/demo_tb.sv
initial begin
    $system("date + \" %s\" > time.log");
    $system("cp time.log time_bak.log");
end
```

$system 通常使用不多,但有时解决一些特定问题会比较方便。

6.14.4　$bits

$bits 在 6.9.9 节介绍过,用于返回变量的位宽,参考代码如下:

```
//文件路径:6.14.4/demo_tb.sv
module top;
  bit[63:0]  a;
  logic[15:0] b;
```

```
    int            c;

    initial begin
      $display(" %0t -> --- start --- ", $time);
      $display("a width is %0d", $bits(a));
      $display("b width is %0d", $bits(b));
      $display("c width is %0d", $bits(c));
      $display(" %0t -> --- finish --- ", $time);
    end
endmodule
```

仿真结果如下：

```
0 -> --- start ---
a width is 64
b width is 16
c width is 32
0 -> --- finish ---
```

6.14.5　$typename

用于返回变量的类型名称，参考代码如下：

```
//文件路径:6.14.5/demo_tb.sv
module top;
    bit[63:0]   a;
    logic[15:0] b;
    int            c;

    initial begin
      $display(" %0t -> --- start --- ", $time);
      $display("a width is %s", $typename(a));
      $display("b width is %s", $typename(b));
      $display("c width is %s", $typename(c));
      $display(" %0t -> --- finish --- ", $time);
    end
endmodule
```

仿真结果如下：

```
0 -> --- start ---
a width is bit[63:0]
b width is logic[15:0]
c width is int
0 -> --- finish ---
```

6.14.6　$left、$right、$size、$dimensions

数组相关的系统函数，相对常用的包括以下几种。

(1) $left 用于返回数组的最低索引。

(2) $right 用于返回数组的最高索引。

(3) $size 用于返回数组中的元素个数。

(4) $dimensions 用于返回数组的维度。

参考代码如下：

```
//文件路径:6.14.6/demo_tb.sv
module top;
  bit[63:0]   a[8];
  logic[15:0] b[16];
  int         c[32];
  int         d[32][8];

  initial begin
    $display(" %0t -> --- start --- ", $time);
    $display("a left dimension is %0d, right dimension is %0d, size is %0d, dimension is
%0d", $left(a), $right(a), $size(a), $dimensions(a));
    $display("b left dimension is %0d, right dimension is %0d, size is %0d, dimension is
%0d", $left(b), $right(b), $size(b), $dimensions(b));
    $display("c left dimension is %0d, right dimension is %0d, size is %0d, dimension is
%0d", $left(c), $right(c), $size(c), $dimensions(c));
    $display("d left dimension is %0d, right dimension is %0d, size is %0d, dimension is
%0d", $left(d), $right(d), $size(d), $dimensions(d));
    $display(" %0t -> --- finish --- ", $time);
  end
endmodule
```

仿真结果如下：

```
0 -> --- start ---
a left dimension is 0, right dimension is 7, size is 8, dimension is 2
b left dimension is 0, right dimension is 15, size is 16, dimension is 2
c left dimension is 0, right dimension is 31, size is 32, dimension is 2
d left dimension is 0, right dimension is 31, size is 32, dimension is 3
0 -> --- finish ---
```

6.14.7　$clog2

用于计算 2 的幂。例如可以计算存储的地址宽度，参考代码如下：

```
//文件路径:6.14.7/demo_tb.sv
module top;
  parameter int MEM_SIZE = 1024;
  parameter int ADDR_SIZE = $clog2(MEM_SIZE);
  parameter int DATA_SIZE = 32;

  bit[DATA_SIZE - 1:0] mem[MEM_SIZE];
```

```
  bit[ADDR_SIZE - 1:0] addr;
  bit[DATA_SIZE - 1:0] data;

  initial begin
    $display(" %0t -> --- start --- ", $time);
    $display("mem addr size: %0d, data size: %0d, entry size: %0d",
       ADDR_SIZE, DATA_SIZE, MEM_SIZE);
    foreach(mem[idx])begin
      mem[idx] = std::randomize(data);
       $display("mem[ %0h] -> %0h", idx, data);
    end
    $display(" %0t -> --- finish --- ", $time);
  end
endmodule
```

上面代码将存储空间大小声明为1024,使用系统函数 $clog2 可以计算得到需要的地址宽度是10,然后遍历随机写入存储数据并打印。

仿真结果如下：

```
0 -> --- start ---
mem addr size: 10, data size: 32, entry size: 1024
mem[0] -> 5e23536
mem[1] -> 57dea13c
mem[2] -> be7fe77d
mem[3] -> 30aa33e2
mem[4] -> 279440b
mem[5] -> b9b381df
mem[6] -> f350a940
mem[7] -> d51778f7
mem[8] -> 6d7e79a6
mem[9] -> 30d4b41b
mem[a] -> 25b9db5
...
mem[3fd] -> 43c1364c
mem[3fe] -> 9377b0c2
mem[3ff] -> d9e75ce2
0 -> --- finish ---
```

6.14.8 $sformatf

$sformatf 在 6.1.3 节介绍过,用于整理字符的打印格式,参考代码如下：

```
//文件路径:6.14.8/demo_tb.sv
module top;
  ...

  initial begin
    $display(" %0t -> --- start --- ", $time);
```

```
    foreach(mem[idx])begin
      mem[idx] = std::randomize(data);
      // $display("mem[ %0h] -> %0h",idx,data);
      $display( $sformatf("mem[ %0h] -> %0h",idx,data));//与上一条打印语句等价
    end
    $display(" %0t -> --- finish --- ", $time);
  end
endmodule
```

6.14.9　$fscanf

用于按照指定格式读取文件的每行信息。语法格式,参考代码如下:

```
integer code ;
code = $fscanf ( fd, format, args );
```

这里 code 为系统函数返回值,fd 为操作的文件对象句柄,format 为指定的读取格式,args 为读取数据后赋值给的变量对象。

具体实例的参考代码如下:

```
//文件路径:6.14.9/demo_tb.sv
module top;
  parameter int MEM_SIZE = 1024;
  parameter int ADDR_SIZE = $clog2(MEM_SIZE);
  parameter int DATA_SIZE = 32;

  bit[DATA_SIZE - 1:0] mem[MEM_SIZE];
  bit[ADDR_SIZE - 1:0] addr;
  bit[DATA_SIZE - 1:0] data;
  bit[DATA_SIZE - 1:0] mem_data;

  integer file_h;

  initial begin
    $display(" %0t -> --- start --- ", $time);
    write_mem;
    read_and_print_mem_file;
    $display(" %0t -> --- finish --- ", $time);
  end

  task write_mem;
    file_h = $fopen("file.txt","w");

    foreach(mem[idx])begin
      mem[idx] = std::randomize(data);
      $fdisplay(file_h," %0h",data);
    end
    $fclose(file_h);
  endtask
```

```
    task read_and_print_mem_file;
       integer c;
       int line = 0;

       file_h = $fopen("file.txt","r");
       while(! $feof(file_h)) begin
         c = $fscanf(file_h," %h",mem_data);
         $display("mem[ %0h] -> %0h",line,mem_data);
         line++;
       end;
       $display("end of file , eof value is %0d", $feof(file_h));
       $fclose(file_h);
    endtask
endmodule
```

    首先调用 write_mem 方法产生随机值写入存储,并将这些存储的值写入文件 file.txt,然后调用 read_and_print_mem_file 方法,遍历读取文件 file.txt 的每行信息,并且按照十六进制的格式进行读入并打印,直到文件结束为止。这里会通过系统函数 $feof 来判断文件是否被读取结束。如果读取文件结束,则该系统函数会返回 1,否则返回 0。

    仿真结果如下:

```
0 -> --- start ---
mem[0] -> 5e23536
mem[1] -> 57dea13c
mem[2] -> be7fe77d
mem[3] -> 30aa33e2
mem[4] -> 279440b
mem[5] -> b9b381df
mem[6] -> f350a940
mem[7] -> d51778f7
mem[8] -> 6d7e79a6
mem[9] -> 30d4b41b
mem[a] -> 25b9db5
...
mem[3fe] -> 9377b0c2
mem[3ff] -> d9e75ce2
mem[400] -> d9e75ce2
end of file , eof value is 1
0 -> --- finish ---
```

file.text 的内容如下:

```
//文件路径:6.14.9/file.txt
5e23536
57dea13c
be7fe77d
30aa33e2
279440b
b9b381df
```

```
f350a940
d51778f7
6d7e79a6
30d4b41b
25b9db5
...
43c1364c
9377b0c2
d9e75ce2
```

6.14.10　$root

在 6.11 节提到过 $unit 空间的概念，并且提醒读者尽量不要在 $unit 空间导入 package，以防止修改 package 中包含的文件后，对整个项目文件进行编译，使增量编译失效，从而降低编译效率。

SystemVerilog 在编译时是按照编译单元来切分的，一个编译单元可以是多个 package 或多个 module 的集合。SystemVerilog 针对 $unit 空间增加了一个被称为 $root 的隐含的顶层，任何在 package 或 module 边界之外的声明和语句都存在于 $root 层次中，并且所有被例化的 module 中的成员都可以使用 $root 作为根目录进行访问，因此，如果声明的某些变量、参数、数据类型、方法或程序要在所有的 package 和 module 中进行共享，即将它们作为全局声明语句，则可以将它们创建声明在 $root 层次中，但从编译效率的角度考虑，这些全局声明语句应该越少越好。

参考代码如下：

```
//文件路径:6.14.10/src/A.v
module A();

  task print;
    $display(" %m: DEMO_PARAM in module A",DEMO_PARAM);
    $display(" %m: here in module A");
  endtask

endmodule
```

在上面的代码中 A 模块包含了一个用来打印的方法。

（1）打印了参数 DEMO_PARAM 的值。

（2）打印了当前模块被例化的路径层次，其中%m 用于表示所在的路径层次。

```
//文件路径:6.14.10/src/B.v
module B();

  A a_inst();

  task print;
    a_inst.print();
```

```
    $display(" %m: DEMO_PARAM in module B",DEMO_PARAM);
    $display(" %m: here in module B");
  endtask

endmodule
```

在上面的代码中 B 模块例化包含了 A 模块,并且包含了一个用来打印的方法。

(1) 调用了子模块 A 的打印方法。

(2) 打印了参数 DEMO_PARAM 的值。

(3) 打印了当前模块被例化的路径层次。

测试部分的参考代码如下:

```
//文件路径:6.14.10/sim/testbench/demo_tb.sv
parameter int DEMO_PARAM = 100;

module top;
  A a_inst();
  B b_inst();

  initial begin
    $display(" %0t -> Start!!!", $time);
    $root.top.print();
    $display(" %0t -> Finish!!!", $time);
  end

  task print;
    $root.top.a_inst.print();
    $root.top.b_inst.print();
    $display(" %m: DEMO_PARAM in module top",DEMO_PARAM);
    $display(" %m: here in module top");
  endtask

endmodule
```

在上面的代码中 top 模块例化包含了 A 模块和 B 模块,并且包含了一个用来打印的方法。

(1) 调用了子模块 A 的打印方法。

(2) 调用了子模块 B 的打印方法。

(3) 打印了参数 DEMO_PARAM 的值。

(4) 打印了当前模块被例化的路径层次。

可以看到,这里的参数 DEMO_PARAM 的创建声明是在 module…endmodule 之外的 $root 层次上,因此,所有的模块都可以使用这个全局参数。

最后在 initial 程序块里调用 top 模块的打印方法,仿真结果如下:

```
0 -> Start!!!
top.a_inst.print: DEMO_PARAM in module A              100
top.a_inst.print: here in module A
top.b_inst.a_inst.print: DEMO_PARAM in module A              100
top.b_inst.a_inst.print: here in module A
top.b_inst.print: DEMO_PARAM in module B              100
top.b_inst.print: here in module B
top.print: DEMO_PARAM in module top              100
top.print: here in module top
0 -> Finish!!!
```

可以看到,使用系统函数 $root 可以访问所有模块层次中的成员,并且在所有模块中都可以正常将全局参数 DEMO_PARAM 打印出来。

6.15 宏函数

▶ 7min

可以通过宏定义来编写宏函数,从而实现全局调用,可以很方便地实现一些代码的可重用,提升编码效率。

例如要将学生的信息打印出来,包括编号、姓名、性别、年龄、学号所在年级和班级。

如果不使用宏函数的方式,则要写成如下代码的形式:

```
//文件路径:6.15/demo_tb.sv
  initial begin
    $display("\t My class id is %0d",1);
    $display("\t My name is %s","xiaoming");
    $display("\t I am %0d years old",12);
    $display("\t I am a %s","boy");
    $display("\t I am in grade %0d class %0d",3,2);
    $display("\t My school id is %s","3_2_1");
    $display("\n");

    $display("\t My class id is %0d",2);
    $display("\t My name is %s","xiaohong");
    $display("\t I am %0d years old",13);
    $display("\t I am a %s","girl");
    $display("\t I am in grade %0d class %0d",4,1);
    $display("\t My school id is %s","4_1_1");
    $display("\n");

    $display("\t My class id is %0d",3);
    $display("\t My name is %s","xiaozhang");
    $display("\t I am %0d years old",11);
    $display("\t I am a %s","boy");
    $display("\t I am in grade %0d class %0d",2,3);
    $display("\t My school id is %s","2_3_3");
    $display("\n");
  end
```

仿真结果如下：

```
My class id is 1
My name is xiaoming
I am 12 years old
I am a boy
I am in grade 3 class 2
My school id is 3_2_1

My class id is 2
My name is xiahong
I am 13 years old
I am a girl
I am in grade 4 class 1
My school id is 4_1_2

My class id is 3
My name is xiaozhang
I am 11 years old
I am a boy
I am in grade 2 class 3
My school id is 2_3_3
```

这里只有 3 个学生，如果要打印信息的学生数量不止 3 个，则需重复编写的代码部分将会更多，写起来会很烦琐，因此，考虑使用宏函数进行简化，首先可以定义一些用于打印的宏函数模板，参考代码如下：

```
//文件路径:6.15/demo_tb.sv
`define print_class_id(student_id) \
    $display("'\t My class id is %0d",student_id); \

`define print_name(student_name) \
    $display("'\t My name is %s",student_name); \

`define print_age(student_age) \
    $display("'\t I am %0d years old",student_age); \

`define print_gender(student_gender) \
    $display("'\t I am a %s",student_gender); \

`define print_grade_class(student_grade,student_class) \
    $display("'\t I am in grade %0d class %0d",student_grade,student_class); \

`define print_school_id(student_grade,student_class,student_id) \
    $display("'\t My school id is %s","student_grade"`student_class"`student_id"); \

`define print_space \
    $display("'\n"); \
```

上面通过`define 定义宏函数，并且在括号内传递参数，传递的参数在宏函数里会被原样替换,宏函数的结尾用反斜杠换行。

通过上述方式,定义了以下宏函数。

(1) print_class_id(student_id):用于打印学生编号。

(2) print_name(student_name):用于打印学生姓名。

(3) print_age(student_age):用于打印学生年龄。

(4) print_gender(student_gender):用于打印学生性别。

(5) print_grade_class(student_grade,student_class):用于打印学生所在年级和班级。

(6) print_school_id(student_grade,student_class,student_id):用于打印学生学号。

(7) print_space:用于打印空行。

注意:

(1) 在双引号"前面增加撇号'进行转义。

(2) \t 用于打印缩进。

(3) 双撇号('`)用作定界符,以此来区隔传入的参数。

此时可以调用上面定义好的宏函数来完成之前对学生信息的打印,参考代码如下:

```
//文件路径:6.15/demo_tb.sv
  initial begin
    `print_class_id(1)
    `print_name("xiaoming")
    `print_age(12)
    `print_gender("boy")
    `print_grade_class(3,2)
    `print_school_id(3,2,1)
    `print_space

    `print_class_id(2)
    `print_name("xiaohong")
    `print_age(13)
    `print_gender("girl")
    `print_grade_class(4,1)
    `print_school_id(4,1,2)
    `print_space

    `print_class_id(3)
    `print_name("xiaozhang")
    `print_age(11)
    `print_gender("boy")
    `print_grade_class(2,3)
    `print_school_id(2,3,3)
    `print_space
  end
```

在上面的代码中使用撇号'来调用编写好的宏函数,然后传入参数值即可进行打印,但是代码还是比较长,显得比较烦琐,因此可以考虑使用宏函数嵌套来进一步简化,参考代码如下：

```
//文件路径:6.15/demo_tb.sv
`define print_student_info(student_id, student_name, student_age, student_gender, student_
grade, student_class) \
  `print_class_id(student_id) \
  `print_name(student_name) \
  `print_age(student_age) \
  `print_gender(student_gender) \
  `print_grade_class(student_grade,student_class) \
  `print_school_id(student_grade,student_class,student_id) \
  `print_space \
```

上面代码通过定义宏函数 print_student_info()来调用之前编写好的打印宏函数,从而实现宏函数的嵌套调用。此时可以调用上面定义好的宏函数来完成之前对学生信息的打印,参考代码如下：

```
//文件路径:6.15/demo_tb.sv
  initial begin
    `print_student_info(1,"xiaoming",12,"boy",3,2)
    `print_student_info(2,"xiahong",13,"girl",4,1)
    `print_student_info(3,"xiaozhang",11,"boy",2,3)
  end
```

可以看到,代码简洁了许多,并且仿真结果和之前一致。因此,通过宏函数可以避免重复性代码,简化代码的编写,从而提升编码效率。

6.16　线程间的通信

6.16.1　旗语

旗语通常用于对统一资源的互斥访问控制。各个线程对象必须获取一定数量的 key 才能进行访问操作,如果没有获取,就必须等待其他线程释放返还 key 之后才能去获取,然后对统一资源进行访问操作,因此只要限定总的 key 的数量,就可以实现对并发线程数量的控制及统一资源互斥访问的控制。

旗语是通过 SystemVerilog 内部的类对象 semaphore 实现的,该类对象提供了以下方法。

(1) new(key 的数量)：创建旗语并指明其总共包含的 key 的数量,通过 key 来授权访问控制。

(2) get(key 的数量)：获取一定数量的 key,如果没有获取,则程序会被阻塞等待直到获取为止。

(3) try_get(key 的数量)：获取一定数量的 key,如果没有获取,则程序不会被阻塞而直接执行后面的程序。

（4）put(key 的数量)：访问完成后把一定数量的 key 返还回去。

参考代码如下：

```
//文件路径:6.16.1/demo_tb.sv
module top;
  parameter TIMEOUT = 100;

  initial begin
semaphore sema = new(1);

    $display(" %0t -> --- start --- ", $time);
    fork
      begin                    //线程1
        forever begin
          $display("PROCESS 1 -> %0t -> waiting the key", $time);
          sema.get(1);
          $display("PROCESS 1 -> %0t -> got the key", $time);
          do_task1;
          sema.put(1);
          $display("PROCESS 1 -> %0t -> return the key", $time);
          #10;
        end
      end
      begin                    //线程2
        forever begin
          $display("PROCESS 2 -> %0t -> waiting the key", $time);
          sema.get(1);
          $display("PROCESS 2 -> %0t -> got the key", $time);
          do_task2;
          sema.put(1);
          $display("PROCESS 2 -> %0t -> return the key", $time);
          #10;
        end
      end
      begin                    //线程3
        #TIMEOUT;
        $display("PROCESS 3 -> %0t -> time is out", $time);
      end
    join_any
    $finish;
    $display(" %0t -> --- finish --- ", $time);
  end

  task do_task1;
    $display("PROCESS 1 -> %0t -> do_task1 start", $time);
    #10;                       //延迟或执行一些任务
    $display("PROCESS 1 -> %0t -> do_task1 end", $time);
  endtask

  task do_task2;
    $display("PROCESS 2 -> %0t -> do_task2 start", $time);
```

```
    #20;                    //延迟或执行一些任务
    $display("PROCESS 2 -> %0t -> do_task2 end", $time);
  endtask

endmodule
```

在上面的代码中首先使用关键字 semaphore 及 new(1)方法创建声明包含 1 个 key 的旗语,接着线程 1 和线程 2 首先获取 key,然后调用 do_task1 或 do_task2 来做一些任务,做完之后把 key 还回去。当线程 3 监测时间到了 100 个时间单位之后,仿真结束。

仿真结果如下:

```
PROCESS 1 -> 0 -> waiting the key
PROCESS 1 -> 0 -> got the key
PROCESS 1 -> 0 -> do_task1 start
PROCESS 2 -> 0 -> waiting the key
PROCESS 1 -> 10 -> do_task1 end
PROCESS 1 -> 10 -> return the key
PROCESS 2 -> 10 -> got the key
PROCESS 2 -> 10 -> do_task2 start
PROCESS 1 -> 20 -> waiting the key
PROCESS 2 -> 30 -> do_task2 end
PROCESS 2 -> 30 -> return the key
PROCESS 1 -> 30 -> got the key
PROCESS 1 -> 30 -> do_task1 start
...
PROCESS 1 -> 80 -> waiting the key
PROCESS 2 -> 90 -> do_task2 end
PROCESS 2 -> 90 -> return the key
PROCESS 1 -> 90 -> got the key
PROCESS 1 -> 90 -> do_task1 start
PROCESS 3 -> 100 -> time is out
```

可以看到线程 1 和线程 2 轮流获取 key,做任务并返还 key,从而实现了互斥访问操作。

6.16.2 邮箱

邮箱通常用于线程间的数据通信,即数据可以被一个线程送入邮箱,然后另一个线程去邮箱中获取,这种线程间通信的方式类似写信和收信的过程。

邮箱是通过 SystemVerilog 内部的类对象 mailbox 实现的,该类对象提供了以下方法。

(1) new(邮箱大小):创建邮箱并可以指定邮箱的大小,如果不指定邮箱大小,则使用默认参数 0,此时邮箱大小将没有限制。

(2) put(数据):将数据写入邮箱中存起来,相当于写入 fifo 中进行存储。如果之前创建邮箱时限定了邮箱的大小,并且此时邮箱中的 fifo 已经满了,则此时程序会被阻塞等待直到邮箱中有空余的空间来写入为止。

(3) try_put(数据):将数据写入邮箱中存起来,相当于写入 fifo 中进行存储。如果之前创建邮箱时限定了邮箱的大小,并且此时邮箱中的 fifo 已经满了,则此时程序不会被阻塞而直接执行后面的程序。

（4）get(数据)：从邮箱中取出数据,相当于从 fifo 中取出数据。如果此时邮箱中没有数据,则此时程序会被阻塞等待直到邮箱中有数据可以被取出为止。

（5）try_get(数据)：从邮箱中取出数据,相当于从 fifo 中取出数据。如果此时邮箱中没有数据,则此时程序不会被阻塞而直接执行后面的程序。

（6）peek(数据)：从邮箱中复制要取出的数据,相当于从 fifo 中复制要取出数据。如果此时邮箱中没有数据,则此时程序会被阻塞等待直到邮箱中有数据可以被复制为止。该操作不同于 get,操作完成之后不会删除原有数据,因此不会使邮箱被占用的空间减小。

（7）try_peek(数据)：从邮箱中复制要取出的数据,相当于从 fifo 中复制要取出的数据。如果此时邮箱中没有数据,则此时程序不会被阻塞而直接执行后面的程序。同样该操作完成之后不会删除原有数据,因此不会使邮箱被占用的空间减小。

（8）num()：返回邮箱中已经被占用的空间大小。

参考代码如下：

```
//文件路径:6.16.2/demo_tb.sv
module top;
  parameter TIMEOUT = 100;

  initial begin
mailbox mb = new();

    $display(" %0t -> --- start ---", $time);
    fork
      begin                //线程1
        int data = 0;
        forever begin
          #10;
          mb.put(data);
          $display("PROCESS 1 -> %0t -> putting the data: %0d to mailbox", $time,data);
          data++;
        end
      end
      begin                //线程2
        int data;
        #50;
        $display("PROCESS 2 -> %0t -> here exist %0d messages data in mailbox", $time,mb.
num());
        forever begin
          #10;
          mb.get(data);
          $display("PROCESS 2 -> %0t -> got the data: %0d from mailbox", $time,data);
        end
      end
      begin                //线程3
```

```
        #TIMEOUT;
        $display("PROCESS 3 -> %0t -> time is out", $time);
      end
    join_any
    $finish;
    $display(" %0t -> --- finish --- ", $time);
  end
endmodule
```

在上面的代码中首先使用关键字 mailbox 及 new() 方法创建邮箱,此时由于没有在
new()方法中传入参数,因此默认邮箱的大小没有限制,然后线程 1 不断地往邮箱中写入数
据,线程 2 则等待 50 个时间单位之后,按照线程 1 的写入顺序不断地从邮箱中取出数据,当
线程 3 监测时间到了 100 个时间单位之后,仿真结束。

仿真结果如下:

```
0 -> --- start ---
PROCESS 1 -> 10 -> putting the data: 0 to mailbox
PROCESS 1 -> 20 -> putting the data: 1 to mailbox
PROCESS 1 -> 30 -> putting the data: 2 to mailbox
PROCESS 1 -> 40 -> putting the data: 3 to mailbox
PROCESS 2 -> 50 -> here exist 4 messages data in mailbox
PROCESS 1 -> 50 -> putting the data: 4 to mailbox
PROCESS 2 -> 60 -> got the data: 0 from mailbox
PROCESS 1 -> 60 -> putting the data: 5 to mailbox
PROCESS 2 -> 70 -> got the data: 1 from mailbox
PROCESS 1 -> 70 -> putting the data: 6 to mailbox
PROCESS 2 -> 80 -> got the data: 2 from mailbox
PROCESS 1 -> 80 -> putting the data: 7 to mailbox
PROCESS 2 -> 90 -> got the data: 3 from mailbox
PROCESS 1 -> 90 -> putting the data: 8 to mailbox
PROCESS 3 -> 100 -> time is out
100 -> --- finish ---
```

可以看到,在线程 1 连续写入了 4 个数据,调用邮箱的 num() 方法后返回了邮箱中已经
存在的数据数量,即邮箱中已经被占用的空间大小。随后线程 2 开始从邮箱中取出数据,与
此同时线程 1 继续往邮箱里写数据,直到线程 3 监测时间到了 100 个时间单位之后,仿真
结束。

默认情况下,邮箱支持任何数据类型,但收发双方的数据类型必须一致,否则会报编译
错误,也可以在创建邮箱时就指定邮箱所能接收的数据类型,参考代码如下:

```
mailbox#(int) mb = new();
```

此时指定邮箱中的收发数据必须是 int 类型。

6.16.3 事件

可以通过控制事件触发和等待来完成线程间的通信。

（1）事件的触发，可以参考如下语法格式实现：

```
-> 事件名称;
```

（2）事件的等待，可以参考如下两种语法格式实现：

```
//方式1
@事件名称;

//方式2
wait(事件名称.triggered);
```

等待事件被触发的过程中，程序将被阻塞，直到事件被触发为止。

还可以等待事件按照期望的顺序被触发，参考如下语法格式实现：

```
//方式1
wait_order(事件顺序列表);

//方式2
wait_order(事件顺序列表)
  语句;
else
  语句;
```

方式1会阻塞等待事件按照期望的顺序被触发，如果实际的事件触发顺序和期望的事件触发顺序一致，则会执行后面的程序，否则将会产生仿真错误。

方式2会阻塞等待事件按照期望的顺序被触发，如果实际的事件触发顺序和期望的事件触发顺序一致，则会执行条件满足语句，否则将会转而执行 else 语句，此时不会产生仿真错误。

参考代码如下：

```
//文件路径:6.16.3/demo_tb.sv
module top;

  initial begin
    event a,b,c;

    $display(" %0t -> --- start --- ", $time);
    fork
      begin        //线程1
        #10;
        -> a;
        $display("PROCESS 1 -> %0t -> trigger the event a", $time);
        #10;
      end
      begin        //线程2
        $display("PROCESS 2 -> %0t -> waiting the event a be triggered", $time);
```

```
          @ a;
          $display("PROCESS 2 -> %0t -> got the event a be triggered", $time);
          do_task1;
          -> b;
          $display("PROCESS 2 -> %0t -> trigger the event b", $time);
          #10;
        end
        begin        //线程 3
          $display("PROCESS 3 -> %0t -> waiting the event b be triggered", $time);
          wait(b.triggered);
          $display("PROCESS 3 -> %0t -> got the event b be triggered", $time);
          do_task2;
          -> c;
          $display("PROCESS 3 -> %0t -> trigger the event c", $time);
          #10;
        end
        begin        //线程 4
          $display("PROCESS 4 -> %0t -> waiting the event a, b, c be triggered in turn",
$time);
          wait_order(a, b, c);
          $display("PROCESS 4 -> %0t -> got the event a, b, c be triggered in turn", $time);
          //wait_order(a, b, c)
          // $display("PROCESS 4 -> %0t -> got the event a, b, c be triggered in turn", $time);
          //else
          // $display("PROCESS 4 -> %0t -> event a, b, c be triggered out of order", $time);
          #10;
        end
      join
      $display(" %0t -> --- finish --- ", $time);
    end

    task do_task1;
      $display("PROCESS 2 -> %0t -> do_task1 start", $time);
      #10;           //延迟或执行一些任务
      $display("PROCESS 2 -> %0t -> do_task1 end", $time);
    endtask

    task do_task2;
      $display("PROCESS 3 -> %0t -> do_task2 start", $time);
      #20;           //延迟或执行一些任务
      $display("PROCESS 3 -> %0t -> do_task2 end", $time);
    endtask

endmodule
```

在上面的代码中,线程 1 触发了事件 a,线程 2 阻塞等待直到事件 a 被触发后,调用 do_task1 任务,然后触发事件 b,线程 3 则阻塞等待直到事件 b 被触发后,调用 do_task2,然后触发事件 c。线程 4 一直在阻塞等待,直到事件按照 a→b→c 的顺序被依次触发。如果没有按照顺序进行触发,则会报仿真错误。

仿真结果如下：

```
0 -> --- start ---
PROCESS 2 -> 0 -> waiting the event a be triggered
PROCESS 3 -> 0 -> waiting the event b be triggered
PROCESS 4 -> 0 -> waiting the event a,b,c be triggered in turn
PROCESS 1 -> 10 -> trigger the event a
PROCESS 2 -> 10 -> got the event a be triggered
PROCESS 2 -> 10 -> do_task1 start
PROCESS 2 -> 20 -> do_task1 end
PROCESS 2 -> 20 -> trigger the event b
PROCESS 3 -> 20 -> got the event b be triggered
PROCESS 3 -> 20 -> do_task2 start
PROCESS 3 -> 40 -> do_task2 end
PROCESS 3 -> 40 -> trigger the event c
PROCESS 4 -> 40 -> got the event a,b,c be triggered in turn
50 -> --- finish ---
```

6.17 覆盖率收集

6.17.1 基本介绍

通常验证工程师对目标 DUT 进行验证时，会编写两种类型的测试用例，分别如下。

(1) 随机测试用例：编写随机约束程序块对输入激励进行随机化，然后传入随机的种子以产生不同的测试激励，最后施加给 DUT 进行测试。

(2) 定向测试用例：针对 DUT 的某个功能特性构造专属的测试场景，在该特定测试场景下将输入激励施加给 DUT 进行测试。

以上两种类型的测试用例配合使用，从而完成对目标 DUT 的验证，但为了确保 DUT 的功能特性都被测试过，并且方便把控验证工作的进展，通常会使用覆盖率作为衡量的指标。一般情况下，覆盖率需要达到 100%，从而确保要测试的功能特性都被测试过。

覆盖率主要包括两种类型，分别如下。

(1) 代码覆盖率：具体包括行覆盖率、翻转覆盖率、状态机覆盖率、条件覆盖率、分支覆盖率。这种类型的覆盖率可以通过 EDA 工具自动统计收集，即通过设置 EDA 工具的仿真编译参数实现，感兴趣的读者可以参考相关 EDA 工具的文档手册，本章节不进行详细介绍。

(2) 功能覆盖率：用户自定义的针对特定功能特征编写的覆盖率收集，包括基于断言的覆盖率收集(Assert Property 和 Cover Property)和基于覆盖组的覆盖率收集(Covergroup)，其中基于断言的覆盖率收集在 6.12.2 节向读者介绍过，感兴趣的读者可以参考 SystemVerilog 的标准文档进一步学习，本章主要为读者介绍其中的基于覆盖组的覆盖率收集。

6.17.2 覆盖组

覆盖组(Covergroup)是一种特殊类型的类对象,主要包含以下几部分。

(1) 覆盖点(Coverpoint):用于在覆盖组中指定要进行覆盖率统计收集的目标变量。

(2) 覆盖仓(Bins):在覆盖组被触发采样时,记录每个数值被统计收集到的次数,是衡量覆盖率的基本单位。

(3) 交叉覆盖(Cross):在覆盖组被触发采样时,记录多个覆盖点被同时统计收集的情况。

(4) 选项参数(Arguments):指定覆盖组的相关属性。

参考代码如下:

```
//文件路径:6.17.2/demo_tb.sv
class demo_class;
  bit[2:0] a;
  bit[2:0] b;
  bit c;

  covergroup cg1;
    cover_point_a: coverpoint a;
    cover_point_b: coverpoint b;
  endgroup

  covergroup cg2 @(c);
    cover_point_a: coverpoint a;
    cover_point_b: coverpoint b;
  endgroup

  function new();
    cg1 = new();
    cg2 = new();
  endfunction

endclass
```

可以看到,上面的代码主要实现了以下内容:

(1) 在 demo_class 类里通过关键字 covergroup…endgroup 来创建声明覆盖组 cg1 和 cg2,并且通过关键字 coverpoint 在这两个覆盖组中都创建声明了覆盖点 cover_point_a 和 cover_point_b,用来统计类的成员变量 a 和 b 的值的覆盖情况,这里的 cover_point_a 和 cover_point_b 即覆盖点的标签名称。

(2) 覆盖组 cg1 没有声明敏感信号列表,因此需要手动调用覆盖组的内置方法 sample() 来对其中的覆盖点进行采样,这个会在后面的测试模块中向读者讲解。而 cg2 的敏感信号为单 bit 变量 c,因此每次变量 c 的值变化时会自动对其中的覆盖点进行采样。

(3) 覆盖组编写完成后,需要调用 new 函数进行构造实例化。在类对象里对覆盖组进行实例化时,默认的实例化名和覆盖组名是一致的,因此不需要额外声明。

再来看测试模块，参考代码如下：

```
//文件路径:6.17.2/demo_tb.sv
module top;
  bit[2:0] values[ $] = '{0,1,2,3,3};
  bit[2:0] a;
  bit[2:0] b;
  bit clk;

  covergroup cg @(posedge clk);
    cover_point_a: coverpoint a;
    cover_point_b: coverpoint b;
  endgroup

  initial begin
    cg cg_h = new();
    foreach(values[i])begin
      #10;
      a = values[i];
      b = values[i];
    end
    $display("cg coverage: %g%%",cg_h.get_coverage());
    $finish;
  end

  initial begin
    clk = 0;
    forever begin
      #5;
      clk = ~clk;
    end
  end

  initial begin
    demo_class c1 = new();
    foreach(values[i])begin
      c1.a = values[i];
      c1.b = values[i];
      $display("before -> c1.a: %0d, c1.b: %0d, c1.c: %0d",c1.a,c1.b,c1.c);
      #10;
      c1.c = ~c1.c;
      c1.cg1.sample();
      $display("after -> c1.a: %0d, c1.b: %0d, c1.c: %0d",c1.a,c1.b,c1.c);
      $display("cg1 coverage: %g%%, cg2 coverage: %g%%",c1.cg1.get_coverage(),c1.cg2.get_
coverage());
    end
  end

endmodule
```

可以看到，上面的代码主要实现了以下内容：

（1）在测试模块 top 里通过关键字 covergroup…endgroup 来创建声明覆盖组 cg，并且通过关键字 coverpoint 在这该覆盖组中创建声明了覆盖点 cover_point_a 和 cover_point_b，用来统计模块的成员变量 a 和 b 的值的覆盖情况。

（2）覆盖组 cg 的敏感信号为单 bit 变量 clk 的上升沿，因此每次变量 clk 的值发生上升沿变化时会自动对其中的覆盖点进行采样。

（3）创建不断翻转的时钟变量信号 clk。

（4）对覆盖组 cg 进行声明和实例化，名称为 cg_h，并且将 values 队列的值遍历赋值给测试模块的成员变量 a 和 b，从而在每次时钟变量 clk 发生上升沿变化时对覆盖组中的覆盖点进行采样。

（5）对之前的 demo_class 类进行构造实例化，此时自动调用 new 函数对 demo_class 中的覆盖组 cg1 和 cg2 进行构造实例化，然后将 values 队列的值遍历赋值给类中的成员变量 a 和 b，并且不断翻转类中的成员变量 c 来模拟变量 c 的变化从而触发覆盖组 cg2 对其中的覆盖点进行采样，并且由于覆盖组 cg1 没有声明敏感信号列表，因此这里手动调用覆盖组的内置方法 sample() 来对其中的覆盖点进行采样。

（6）在仿真过程中及仿真结束前调用覆盖组的内置方法 get_coverage() 来查看各个覆盖组的覆盖率。

仿真结果如下：

```
before -> c1.a: 0, c1.b: 0, c1.c: 0
after -> c1.a: 0, c1.b: 0, c1.c: 1
cg1 coverage: 12.5 %, cg2 coverage: 0%
before -> c1.a: 1, c1.b: 1, c1.c: 1
after -> c1.a: 1, c1.b: 1, c1.c: 0
cg1 coverage: 25 %, cg2 coverage: 12.5%
before -> c1.a: 2, c1.b: 2, c1.c: 0
after -> c1.a: 2, c1.b: 2, c1.c: 1
cg1 coverage: 37.5 %, cg2 coverage: 25%
before -> c1.a: 3, c1.b: 3, c1.c: 1
after -> c1.a: 3, c1.b: 3, c1.c: 0
cg1 coverage: 50 %, cg2 coverage: 37.5%
before -> c1.a: 3, c1.b: 3, c1.c: 0
cg coverage: 50 %
```

可以看到，覆盖组 cg1 的覆盖率为 50%，cg2 的覆盖率为 37.5%，cg 的覆盖率为 50%。

因为上面类对象 demo_class 及测试模块 top 中的变量 a 和 b 的值被遍历赋值为 values 队列中的值 0、1、2、3，而变量 a 和 b 的位宽为 3，即可能有 2 的 3 次方种不同的值，即这里的每个覆盖点会自动产生 8 个覆盖仓。每次覆盖组被触发时，都会记录覆盖统计到的覆盖仓，这些被覆盖统计到的覆盖仓除以总的覆盖仓的数量就是最终该覆盖组的覆盖率，可以通过上面的内置方法 get_coverage() 得到，也可以通过 EDA 工具的图形界面或生成网页来查看。

因此可以理解，最终这里的覆盖组 cg1 和 cg 的覆盖率都为 50%，而 cg2 只会在变量 c

产生变化时对其中的覆盖点进行收集,这里变量 c 一共翻转变化了 3 次,因此只采样收集了 3 次,故覆盖率是 37.5%。

注意:

(1) 一个模块或一个类对象里可以包含多个覆盖组,一个覆盖组中可以包含多个覆盖点,一个覆盖点可以包含多个覆盖仓。

(2) 覆盖组可以在模块或类对象里定义,并且必须通过 new 函数构造实现,并且在类对象中默认的实例化名称与覆盖组的名称一致,因此不需要额外声明。

(3) 自动创建的覆盖仓的数目一般不会超过 64,可以通过选项参数 auto_bin_max 来调整。

(4) 应该在适当时对覆盖组进行采样收集,可以手动调用内置方法 sample() 来采样,也可以设置敏感列表进行自动触发来采样。

6.17.3 设置覆盖仓

覆盖仓是统计收集覆盖率的最小单位。一个单比特变量的值可能为 0 或者 1,因此自动创建两个覆盖仓,用于分别统计该变量曾经是否到达过值 0 或 1。类似于 6.17.2 节中的位宽为 3 的变量 a 和 b,即对于 3 比特的变量来讲,可能的值有 8 种,因此自动创建 8 个仓,用来统计变量曾经是否到达过这 8 种可能的值。

除了可以根据 6.17.2 节中变量的位宽自动产生覆盖仓以外,还可以手动创建覆盖仓,参考代码如下:

```
//文件路径:6.17.3/demo_tb.sv
class demo_class;
  bit[2:0] a;
  bit[2:0] b;

  covergroup cg1;
    cover_point_a: coverpoint a{
      bins a_bins1 = {[0:3]};
      bins a_bins2 = {[4:7]};
    }
    cover_point_b: coverpoint b{
      bins b_bins1 = {[0:3]};
      bins b_bins2 = {[4:7]};
    }
  endgroup

  covergroup cg2;
    cover_point_a: coverpoint a{
      bins a_bins1 = {[0:1]};
      bins a_bins2 = {[2:7]};
    }
    cover_point_b: coverpoint b{
```

```
      bins b_bins1 = {[0:1]};
      bins b_bins2 = {[2:7]};
   }
 endgroup

 covergroup cg3;
   cover_point_a: coverpoint a{
     bins a_bins[4] = {[0:7]};
   }
   cover_point_b: coverpoint b{
     bins b_bins[4] = {[0:7]};
   }
 endgroup

 covergroup cg4;
   cover_point_a: coverpoint a{
     bins a_bins[] = {[0:7]};
   }
   cover_point_b: coverpoint b{
     bins b_bins[] = {[0:7]};
   }
 endgroup

 covergroup cg5;
   cover_point_a: coverpoint a{
     bins a_bins[] = {[0:7]} with(item %2 == 0);
   }
   cover_point_b: coverpoint b{
     bins b_bins[] = {[0:7]} with(item %2 == 0);
   }
 endgroup

 function new();
   cg1 = new();
   cg2 = new();
   cg3 = new();
   cg4 = new();
   cg5 = new();
 endfunction

endclass
```

可以看到,上面代码在类对象中创建并实例化了 5 个覆盖组,分别如下。

(1) cg1:将覆盖点 cover_point_a 分为两个覆盖仓,覆盖仓 a_bins1 用于统计覆盖变量 a 的值是否到达过值 0~3,覆盖仓 a_bins2 用于统计覆盖变量 a 的值是否到达过值 4~7,覆盖点 cover_point_b 与上面类似,不再赘述。

(2) cg2:将覆盖点 cover_point_a 分为两个覆盖仓,覆盖仓 a_bins1 用于统计覆盖变量 a 的值是否到达过值 0~1,覆盖仓 a_bins2 用于统计覆盖变量 a 的值是否到达过值 2~7,覆盖点 cover_point_b 与上面类似,不再赘述。

（3）cg3：将覆盖点 cover_point_a 分为 4 个覆盖仓，使用宽度为 4 的固定数组 a_bins 来作为覆盖仓，展开后分别是 a_bins[0]、a_bins2[1]、a_bins[2]、a_bins2[3]，用于统计覆盖变量 a 的值是否到达过值 0～1、2～3、4～5、6～7，覆盖点 cover_point_b 与上面类似，不再赘述。

（4）cg4：将覆盖点 cover_point_a 分为 8 个覆盖仓，使用动态数组 a_bins 来作为覆盖仓，展开后分别是 a_bins[0]、a_bins2[1]、a_bins[2]、a_bins2[3]、a_bins[4]、a_bins2[5]、a_bins[6]、a_bins2[7]，用于统计覆盖变量 a 的值是否到达过值 0、1、2、3、4、5、6、7，覆盖点 cover_point_b 与上面类似，不再赘述。

（5）cg5：将覆盖点 cover_point_a 分为 4 个覆盖仓，使用动态数组 a_bins 来作为覆盖仓，展开后分别是 a_bins[0]、a_bins2[1]、a_bins[2]、a_bins2[3]，用于统计覆盖变量 a 的值是否到达过值 0、2、4、6，覆盖点 cover_point_b 与上面类似，不再赘述。

再来看测试模块，参考代码如下：

```
//文件路径:6.17.3/demo_tb.sv
module top;
  bit[2:0] values[ $] = '{0,1,2,3,3};

  initial begin
    demo_class c1 = new();
    foreach(values[i])begin
      c1.a = values[i];
      c1.b = values[i];
      c1.cg1.sample();
      c1.cg2.sample();
      c1.cg3.sample();
      c1.cg4.sample();
      c1.cg5.sample();
    end
    $display("cg1 coverage: %g%%",c1.cg1.get_coverage());
    $display("cg2 coverage: %g%%",c1.cg2.get_coverage());
    $display("cg3 coverage: %g%%",c1.cg3.get_coverage());
    $display("cg4 coverage: %g%%",c1.cg4.get_coverage());
    $display("cg5 coverage: %g%%",c1.cg5.get_coverage());
  end

endmodule
```

在测试模块里实例化之前的 demo_class 类，将 values 队列的值遍历赋值给类中的成员变量 a 和 b，然后调用覆盖组的内置方法 sample() 进行采样，最后打印覆盖组的覆盖率。

仿真结果如下：

```
cg1 coverage: 50%
cg2 coverage: 100%
cg3 coverage: 50%
cg4 coverage: 50%
cg5 coverage: 50%
```

注意这里将 values 队列的成员值 0~3 遍历赋值给类中的成员变量 a 和 b,因此对于上面 5 个覆盖组来讲覆盖率如下。

(1) cg1:每个覆盖点有两个覆盖仓,用于统计覆盖变量 a 和 b 的值是否到达过值 0~3 和 4~7,而类中的成员变量 a 和 b 只到达过 0~3,因此覆盖率最终为 50%。

(2) cg2:每个覆盖点有两个覆盖仓,用于统计覆盖变量 a 和 b 的值是否到达过值 0~1 和 2~7,而类中的成员变量 a 和 b 到达过 0~3,因此覆盖率最终为 100%。

(3) cg3:每个覆盖点有 4 个覆盖仓,用于统计覆盖变量 a 和 b 的值是否到达过值 0~1、2~3、4~5、6~7,而类中的成员变量 a 和 b 只到达过 0~3,因此覆盖率最终为 50%。

(4) cg4:每个覆盖点有 8 个覆盖仓,用于统计覆盖变量 a 和 b 的值是否到达过值 0~7,而类中的成员变量 a 和 b 只到达过 0~3,因此覆盖率最终为 50%。

(5) cg5:每个覆盖点有 4 个覆盖仓,用于统计覆盖变量 a 和 b 的值是否到达过值 0、2、4、6,而类中的成员变量 a 和 b 只到达过 0~3,因此覆盖率最终为 50%。

6.17.4　设置采样条件

在 6.17.2 节介绍过覆盖组有以下两种采样方式:

第 1 种方式是手动调用覆盖组的内置方法 sample() 来对其中的覆盖点进行采样。

第 2 种方式是设置敏感触发信号列表,当条件被触发时自动对其中的覆盖点进行采样。

在上述两种采样方式的基础上还可以对覆盖组中的覆盖点做更精细化的采样控制,即设置采样条件,参考代码如下:

```
//文件路径:6.17.4/demo_tb.sv
class demo_class;
  bit[2:0] a;
  bit[2:0] b;
  bit c;

  covergroup cg1;
    cover_point_a: coverpoint a{
      bins a_bins1 = {[0:3]};
      bins a_bins2 = {[4:7]};
    }
    cover_point_b: coverpoint b{
      bins b_bins1 = {[0:3]};
      bins b_bins2 = {[4:7]};
    }
  endgroup

  covergroup cg2;
    cover_point_a: coverpoint a iff(c){
      bins a_bins1 = {[0:3]};
      bins a_bins2 = {[4:7]};
    }
    cover_point_b: coverpoint b iff(c){
```

```
      bins b_bins1 = {[0:3]};
      bins b_bins2 = {[4:7]};
    }
  endgroup

  function new();
    cg1 = new();
    cg2 = new();
  endfunction

endclass
```

在上面的代码中覆盖组 cg2 和 cg1 的不同的点是,当 iff 条件满足时才会对覆盖点进行采集,即这里当变量 c 不为 0 时条件结果为真,条件才会满足,覆盖点才会被采样。

再来看测试模块,参考代码如下:

```
//文件路径:6.17.4/demo_tb.sv
module top;
  bit[2:0] values[ $] = '{0,1,2,3,3};

  initial begin
    demo_class c1 = new();
    c1.c = 0;
    foreach(values[i])begin
      c1.a = values[i];
      c1.b = values[i];
      c1.cg1.sample();
      c1.cg2.sample();
    end
    $display("cg1 coverage: %g%%",c1.cg1.get_coverage());
    $display("cg2 coverage: %g%%",c1.cg2.get_coverage());
  end

endmodule
```

仿真结果如下:

```
cg1 coverage: 50%
cg2 coverage: 0
```

由于变量 c 的值为 0,不满足覆盖组 cg2 的采样条件,因此其最终的覆盖率为 0。

6.17.5 参数化的覆盖组

可以编写参数化的覆盖组,从而增加代码可重用性,参考代码如下:

```
//文件路径:6.17.5/demo_tb.sv
class demo_class;
  bit[2:0] a;
```

```
    bit[2:0] b;

    covergroup cg1;
      cover_point_a: coverpoint a{
        bins a_bins1 = {[0:3]};
        bins a_bins2 = {[4:7]};
      }
      cover_point_b: coverpoint b{
        bins b_bins1 = {[0:3]};
        bins b_bins2 = {[4:7]};
      }
    endgroup

    covergroup cg2 (bit[2:0] a_i,b_i, int var1,var2,var3,var4);
      cover_point_a: coverpoint a_i{
        bins a_bins1 = {[var1:var2]};
        bins a_bins2 = {[var3:var4]};
      }
      cover_point_b: coverpoint b_i{
        bins b_bins1 = {[var1:var2]};
        bins b_bins2 = {[var3:var4]};
      }
    endgroup

    function new();
      cg1 = new();
      cg2 = new(a,b,0,3,4,7);
    endfunction

endclass
```

在上面的代码中,在实例化覆盖组 cg2 时传递参数,从而实现与覆盖组 cg1 一样的功能。

再来看测试模块,参考代码如下:

```
//文件路径:6.17.5/demo_tb.sv
module top;
  bit[2:0] values[ $] = '{0,1,2,3,3};

  initial begin
    demo_class c1 = new();
    foreach(values[i])begin
      c1.a = values[i];
      c1.b = values[i];
      c1.cg1.sample();
      c1.cg2.sample();
    end
    $display("cg1 coverage: %g%%",c1.cg1.get_coverage());
    $display("cg2 coverage: %g%%",c1.cg2.get_coverage());
```

```
    end

    endmodule
```

仿真结果如下：

```
cg1 coverage: 50%
cg2 coverage: 50%
```

6.17.6 翻转覆盖率收集

6.17.1~6.17.5 节介绍的都是对变量的固定值的覆盖率收集,本节介绍对变量值的翻转覆盖率的收集,参考代码如下：

```
//文件路径:6.17.6/demo_tb.sv
class demo_class;
  bit[2:0] a;

  covergroup cg1;
    cover_point_a: coverpoint a{
      bins a_bins1 = (0 => 1);
      bins a_bins2 = (1 => 2);
    }
  endgroup

  covergroup cg2;
    cover_point_a: coverpoint a{
      bins a_bins1 = (0 => 1),(0 => 2);
      bins a_bins2 = (0 => 3),(1 => 3);
    }
  endgroup

  covergroup cg3;
    cover_point_a: coverpoint a{
      bins a_bins1 = (0 => 1 => 2 => 3);
      bins a_bins2 = (1 => 2 => 3 => 3);
    }
  endgroup

  covergroup cg4;
    cover_point_a: coverpoint a{
      bins a_bins1 = (0,1 => 2,3);
    }
  endgroup

  covergroup cg5;
    cover_point_a: coverpoint a{
      bins a_bins1 = (3[ * 4]);      //等同于 3 => 3  => 3  => 3
    }
```

```
      endgroup

      covergroup cg6;
        cover_point_a: coverpoint a{
          bins a_bins1 = (3[ * 2:4]);              //等同于 3 => 3, 3 => 3 => 3, 3 => 3 => 3 => 3
        }
      endgroup

      covergroup cg7;
        cover_point_a: coverpoint a{
          bins a_bins1 = (3[ -> 2]);               //等同于 ... => 3 ... => 3
          bins a_bins2 = (0 => 2[ -> 2] => 3);    //等同于 0 => ... => 2 ... => 2 => 3
        }
      endgroup

      function new();
        cg1 = new();
        cg2 = new();
        cg3 = new();
        cg4 = new();
        cg5 = new();
        cg6 = new();
        cg7 = new();
      endfunction

    endclass
```

可以看到,上面代码在类对象中创建并实例化了7个覆盖组,分别如下。

(1) cg1:用来实现对变量单个值的翻转覆盖收集,其中包含两个覆盖仓,覆盖仓 a_bins1 用于收集变量 a 的值从 0 跳变到 1 的情况,覆盖仓 a_bins2 用于收集变量 a 的值从 1 跳变到 2 的情况。

(2) cg2:用来实现对变量单个值的翻转覆盖收集,其中包含两个覆盖仓,覆盖仓 a_bins1 用于收集变量 a 的值从 0 跳变到 1 及从 0 跳变到 2 的情况,覆盖仓 a_bins2 用于收集变量 a 的值从 0 跳变到 3 及从 1 跳变到 3 的情况。

(3) cg3:用来实现对变量值的连续翻转覆盖收集,其中包含两个覆盖仓,覆盖仓 a_bins1 用于收集变量 a 的值从 0 跳变到 1 再跳变到 2 再跳变到 3 的情况,覆盖仓 a_bins2 用于收集从 1 跳变到 2 再跳变到 3 再跳变到 3 的情况。

(4) cg4:用来实现对变量值的集合的翻转覆盖收集,其中包含一个覆盖仓,用于收集变量 a 的值从 0 或 1 跳变到 2 或 3 的情况。

(5) cg5:用来实现对变量值的重复翻转覆盖收集,其中包含一个覆盖仓,用于收集变量 a 的值连续 4 次跳变为 3 的情况,即连续 4 次采样变量 a 的值都为 3 的情况。

(6) cg6:用来实现对变量值的重复范围的翻转覆盖收集,其中包含一个覆盖仓,用于收集变量 a 的值连续 2~4 次跳变为 3 的情况,即连续 2~4 次采样变量 a 的值都为 3 的情况。

（7）cg7：用来实现对变量值的变化翻转覆盖收集，其中包含两个覆盖仓，覆盖仓 a_bins1 用于收集变量 a 的值存在 2 次跳变为 3 的情况，覆盖仓 a_bins2 用于收集变量 a 的值从 0 开始跳变，后面有 2 次跳变为 2 并紧接着跳变为 3 的情况。

再来看测试模块，参考代码如下：

```
//文件路径:6.17.6/demo_tb.sv
module top;
  bit[2:0] values[ $] = '{0,1,2,3,3,3,3,0,1,2,3,2};

  initial begin
    demo_class c1 = new();
    foreach(values[i])begin
      c1.a = values[i];
      c1.cg1.sample();
      c1.cg2.sample();
      c1.cg3.sample();
      c1.cg4.sample();
      c1.cg5.sample();
      c1.cg6.sample();
      c1.cg7.sample();
    end
    $display("cg1 coverage: %g%%",c1.cg1.get_coverage());
    $display("cg2 coverage: %g%%",c1.cg2.get_coverage());
    $display("cg2 coverage: %g%%",c1.cg3.get_coverage());
    $display("cg2 coverage: %g%%",c1.cg4.get_coverage());
    $display("cg2 coverage: %g%%",c1.cg5.get_coverage());
    $display("cg2 coverage: %g%%",c1.cg6.get_coverage());
    $display("cg2 coverage: %g%%",c1.cg7.get_coverage());
  end

endmodule
```

仿真结果如下：

```
cg1 coverage: 100%
cg2 coverage: 50%
cg2 coverage: 100%
cg2 coverage: 100%
cg2 coverage: 100%
cg2 coverage: 100%
cg2 coverage: 100%
```

注意这里将 values 队列的成员值{0,1,2,3,3,3,3,0,1,2,3,2}遍历后赋值给类中的成员变量 a，因此对于上面 7 个覆盖组来讲覆盖率如下。

（1）cg1：其中包含两个覆盖仓，覆盖仓 a_bins1 用于收集变量 a 的值从 0 跳变到 1 的情况，覆盖仓 a_bins2 用于收集变量 a 的值从 1 跳变到 2 的情况，而 values 队列存在这两种值的跳变情况，因此覆盖率最终为 100%。

（2）cg2：其中包含两个覆盖仓，覆盖仓 a_bins1 用于收集变量 a 的值从 0 跳变到 1 及从

0 跳变到 2 的情况,覆盖仓 a_bins2 用于收集变量 a 的值从 0 跳变到 3 及从 1 跳变到 3 的情况,而 values 队列中只存在从 0 跳变到 1 的情况,因此覆盖率最终为 50%。

（3）cg3：其中包含两个覆盖仓,覆盖仓 a_bins1 用于收集变量 a 的值从 0 跳变到 1 再跳变到 2 再跳变到 3 的情况,覆盖仓 a_bins2 用于收集从 1 跳变到 2 再跳变到 3 再跳变到 3 的情况,而 values 队列存在这两种值的跳变情况,因此覆盖率最终为 100%。

（4）cg4：其中包含一个覆盖仓,用于收集变量 a 的值从 0 或 1 跳变到 2 或 3 的情况,而 values 队列存在这种值的跳变情况,因此覆盖率最终为 100%。

（5）cg5：其中包含一个覆盖仓,用于收集变量 a 的值连续 4 次跳变为 3 的情况,即连续 4 次采样变量 a 的值都为 3 的情况,而 values 队列存在这种值的跳变情况,因此覆盖率最终为 100%。

（6）cg6：其中包含一个覆盖仓,用于收集变量 a 的值连续 2~4 次跳变为 3 的情况,即连续 2~4 次采样变量 a 的值都为 3 的情况,而 values 队列存在这种值的跳变情况,因此覆盖率最终为 100%。

（7）cg7：其中包含两个覆盖仓,覆盖仓 a_bins1 用于收集变量 a 的值存在 2 次跳变为 3 的情况,覆盖仓 a_bins2 用于收集变量 a 的值从 0 开始跳变,后面有 2 次跳变为 2 并紧接着跳变为 3 的情况,而 values 队列存在这两种值的跳变情况,因此覆盖率最终为 100%。

6.17.7　覆盖仓中的通配符

通过"?"符号来对覆盖仓的值设置通配符,即表示值 0 或 1,参考代码如下:

```
//文件路径:6.17.7/demo_tb.sv
class demo_class;
  logic[2:0] a;

  covergroup cg1;
    cover_point_a: coverpoint a{
      wildcard bins a_bins = {3'b1??};
    }
  endgroup

  covergroup cg2;
    cover_point_a: coverpoint a{
      wildcard bins a_bins = {3'b1??};
    }
  endgroup

  function new();
    cg1 = new();
    cg2 = new();
  endfunction

endclass
```

```
module top;
  logic[2:0] values1[ $] = '{3'b000, 3'b001, 3'b010, 3'b101};
  logic[2:0] values2[ $] = '{3'b000, 3'b001, 3'b010, 3'b10z};

  initial begin
    demo_class c1 = new();
    foreach(values1[i])begin
      c1.a = values1[i];
      c1.cg1.sample();
    end
    $display("cg1 coverage: %g%%",c1.cg1.get_coverage());
    foreach(values2[i])begin
      c1.a = values2[i];
      c1.cg2.sample();
    end
    $display("cg2 coverage: %g%%",c1.cg2.get_coverage());
  end

endmodule
```

仿真结果如下：

```
cg1 coverage: 100%
cg2 coverage: 0
```

上面两个覆盖组的内容是一样的，但是最终的覆盖率却不同，因为对这两个覆盖组遍历赋值的队列的值不一样，队列中最后一个元素值分别是 3'b101 和 3'b10z，只有 3'b101 才可以被通配符匹配，因此覆盖组 cg1 的覆盖率为 100%，而覆盖组 cg2 的覆盖率为 0。

6.17.8 交叉覆盖率

可以使用交叉覆盖率将多个变量组合在一起进行覆盖率的采样收集，即统计多个变量的值的组合在采样时同时发生的情况，参考代码如下：

```
//文件路径:6.17.8/demo_tb.sv
class demo_class;
  bit[2:0] a;
  bit[2:0] b;

  covergroup cg1;
    cover_point_a: coverpoint a;
    cover_point_b: coverpoint b;

    cross_cover_point_a_b: cross cover_point_a, cover_point_b;

    cross_cover_point_a_b_user1: cross cover_point_a, cover_point_b{
      bins user_bins1 = binsof(cover_point_a) intersect {0} && binsof(cover_point_b)
intersect {0};
```

```
        bins user_bins2 = binsof(cover_point_a) intersect {1} && binsof(cover_point_b)
intersect {1};
        bins user_bins3 = binsof(cover_point_a) intersect {2} && binsof(cover_point_b)
intersect {2};
        bins user_bins4 = binsof(cover_point_a) intersect {3} && binsof(cover_point_b)
intersect {3};
    }

    cross_cover_point_a_b_user2: cross a, b{
        bins user_bins1 = binsof(a) with (a == 0) && binsof(b) with (b == 0);
        bins user_bins2 = binsof(a) with (a == 1) && binsof(b) with (b == 1);
        bins user_bins3 = binsof(a) with (a == 2) && binsof(b) with (b == 2);
        bins user_bins4 = binsof(a) with (a == 3) && binsof(b) with (b == 3);
    }

    cross_cover_point_a_b_user3: cross cover_point_a, cover_point_b{
        bins user_bins = !binsof(cover_point_a) intersect {4,5,6,7} || !binsof(cover_point_b)
intersect {4,5,6,7};
    }

    cross_cover_point_a_b_user4: cross a, b{
        bins user_bins1 = '{'{0,0}};
        bins user_bins2 = '{'{1,1}};
        bins user_bins3 = '{'{2,2}};
        bins user_bins4 = '{'{3,3}};
    }

    cross_cover_point_a_b_user5: cross a, b{
        function CrossQueueType myfun1();
          myfun1.push_back('{0,0});
        endfunction
        function CrossQueueType myfun2();
          myfun2.push_back('{1,1});
        endfunction
        function CrossQueueType myfun3();
          myfun3.push_back('{2,2});
        endfunction
        function CrossQueueType myfun4();
          myfun4.push_back('{3,3});
        endfunction

        bins user_bins1 = myfun1();
        bins user_bins2 = myfun2();
        bins user_bins3 = myfun3();
        bins user_bins4 = myfun4();
    }
  endgroup

  function new();
    cg1 = new();
  endfunction
```

```
endclass

module top;
  bit[2:0] values[ $] = '{0,1,2,3,3};

  initial begin
    demo_class c1 = new();
    foreach(values[i])begin
      c1.a = values[i];
      c1.b = values[i];
      c1.cg1.sample();
    end
    $display("cg1 cover_point_a coverage: %g%%",c1.cg1.cover_point_a.get_coverage());
    $display("cg1 cover_point_b coverage: %g%%",c1.cg1.cover_point_b.get_coverage());
    $display("cg1 cross_cover_point_a_b coverage: %g%%",c1.cg1.cross_cover_point_a_b.get_
coverage());
    $display("cg1 cross_cover_point_a_b_user1 coverage: %g%%",c1.cg1.cross_cover_point_a_b_
user1.get_coverage());
    $display("cg1 cross_cover_point_a_b_user2 coverage: %g%%",c1.cg1.cross_cover_point_a_b_
user2.get_coverage());
    $display("cg1 cross_cover_point_a_b_user3 coverage: %g%%",c1.cg1.cross_cover_point_a_b_
user3.get_coverage());
    $display("cg1 cross_cover_point_a_b_user4 coverage: %g%%",c1.cg1.cross_cover_point_a_b_
user4.get_coverage());
    $display("cg1 cross_cover_point_a_b_user5 coverage: %g%%",c1.cg1.cross_cover_point_a_b_
user5.get_coverage());
  end

endmodule
```

覆盖组 cg1 包含如下覆盖点。

（1）cover_point_a：用于统计收集变量 a 的所有值的覆盖情况，这里会自动创建 8 个覆盖仓，对变量 a 的值遍历赋值为队列 values 的值之后，最终的覆盖率为 50%。

（2）cover_point_b：用于统计收集变量 b 的所有值的覆盖情况，这里会自动创建 8 个覆盖仓，对变量 b 的值遍历赋值为队列 values 的值之后，最终的覆盖率为 50%。

（3）cross_cover_point_a_b：用于统计收集覆盖点 cover_point_a 和 cover_point_b 中的所有值的组合交叉的覆盖情况，这里会自动创建 64 个覆盖仓，对变量 a 和 b 的值遍历赋值为队列 values 的值之后，最终的覆盖率为 4 除以 64，即 6.25%。

（4）cross_cover_point_a_b_user1：用于统计收集覆盖点 cover_point_a 和 cover_point_b 中的所有值的组合交叉的覆盖情况，这里手动创建了 4 个覆盖仓，用于统计变量 a 和 b 的组合为{0,0}、{1,1}、{2,2}、{3,3}的情况，并且会自动创建 60 个覆盖仓，对变量 a 和 b 的值遍历赋值为队列 values 的值之后，最终的覆盖率为 4 除以 64，即 6.25%。

（5）cross_cover_point_a_b_user2：与覆盖点 cross_cover_point_a_b_user1 等价，只是通过 with 条件选择的方式进行实现，最终的覆盖率也是 6.25%。

（6）cross_cover_point_a_b_user3：手动创建了 1 个覆盖仓 user_bins，用于收集变量 a

和 b 的值不等于 4～7 范围的组合,自动创建了剩余的 16 个覆盖仓,用于收集变量 a 和 b 的值为 4～7 范围的组合,那么对变量 a 和 b 的值遍历赋值为队列 values 的值之后,最终的覆盖率为 1 除以 17,即 5.88235％。

（7）cross_cover_point_a_b_user4：与覆盖点 cross_cover_point_a_b_user1 等价,只是通过直接指定交叉覆盖组合的方式进行实现,最终的覆盖率也是 6.25％。

（8）cross_cover_point_a_b_user5：与覆盖点 cross_cover_point_a_b_user1 等价,只是通过函数返回值的方式进行实现,这里的函数返回值类型 CrossQueueType 用于表示交叉覆盖的组合,最终的覆盖率也是 6.25％。

仿真结果如下:

```
cg1 cover_point_a coverage: 50%
cg1 cover_point_b coverage: 50%
cg1 cross_cover_point_a_b coverage: 6.25%
cg1 cross_cover_point_a_b_user1 coverage: 6.25%
cg1 cross_cover_point_a_b_user2 coverage: 6.25%
cg1 cross_cover_point_a_b_user3 coverage: 5.88235%
cg1 cross_cover_point_a_b_user4 coverage: 6.25%
cg1 cross_cover_point_a_b_user5 coverage: 6.25%
```

6.17.9 忽略和非法覆盖仓

可以用 ignore_bins 来忽略不需要的仓,也可以使用 illegal_bins 设置非法仓,即忽略不需要的仓,并且如果采集到非法仓,则会报仿真运行错误,参考代码如下:

```
//文件路径:6.17.9/demo_tb.sv
class demo_class;
  bit[2:0] a;
  bit[2:0] b;

  covergroup cg1;
    cover_point_a: coverpoint a;
    cover_point_b: coverpoint b;
    cover_point_a_ignore: coverpoint a{
      ignore_bins user_bins = {0,1,2,3};
    }
    cross_cover_point_a_b: cross cover_point_a, cover_point_b;
    cross_cover_point_a_b_ignore: cross cover_point_a, cover_point_b{
      ignore_bins user_bins1 = binsof(cover_point_a) intersect {0} && binsof(cover_point_b)
intersect {0};
      ignore_bins user_bins2 = binsof(cover_point_a) intersect {1} && binsof(cover_point_b)
intersect {1};
      ignore_bins user_bins3 = binsof(cover_point_a) intersect {2} && binsof(cover_point_b)
intersect {2};
      ignore_bins user_bins4 = binsof(cover_point_a) intersect {3} && binsof(cover_point_b)
intersect {3};
    }
```

```
        //cover_point_b_ignore: coverpoint b{
        //illegal_bins user_bins = {0,1,2,3};
        //}
    endgroup

    function new();
        cg1 = new();
    endfunction

endclass

module top;
    bit[2:0] values[$] = '{0,1,2,3,3};

    initial begin
        demo_class c1 = new();
        foreach(values[i])begin
            c1.a = values[i];
            c1.b = values[i];
            c1.cg1.sample();
        end
        $display("cg1 cover_point_a coverage: %g%%",c1.cg1.cover_point_a.get_coverage());
        $display("cg1 cover_point_b coverage: %g%%",c1.cg1.cover_point_b.get_coverage());
        $display("cg1 cover_point_a_ignore coverage: %g%%",c1.cg1.cover_point_a_ignore.get_
coverage());
        $display("cg1 cross_cover_point_a_b coverage: %g%%",c1.cg1.cross_cover_point_a_b.get_
coverage());
        $display("cg1 cross_cover_point_a_b_ignore coverage: %g%%",c1.cg1.cross_cover_point_a_
b_ignore.get_coverage());
    end

endmodule
```

仿真结果如下：

```
cg1 cover_point_a coverage: 50%
cg1 cover_point_b coverage: 50%
cg1 cover_point_a_ignore coverage: 0
cg1 cross_cover_point_a_b coverage: 6.25%
cg1 cross_cover_point_a_b_ignore coverage: 0
```

由于覆盖点 cover_point_a_ignore 忽略排除了变量 a 的值为 0～3 的情况，因此其最终的覆盖率为 0，还可以配合 binsof 和 intersect 来排除交叉覆盖中不需要的仓，因此覆盖点 cross_cover_point_a_b_ignore 最终的覆盖率也是 0。

6.17.10　覆盖率选项参数

相对常见的覆盖率，相关的选项参数包括以下几个。

（1）覆盖组实例化名称：通过 name 参数来指定覆盖组实例化的名称，如果不指定，则会由工具自动产生。

（2）基于覆盖组实例的统计：通过 per_instance 参数设置基于覆盖组的单个实例的覆盖率统计收集，默认情况下值为 0，即把该覆盖组的所有实例的覆盖率数据汇集到一起进行统计收集。

（3）覆盖率目标：通过 goal 参数来设定覆盖组被完全覆盖的覆盖率目标，默认为 100%。

（4）注释：通过 comment 参数来设定对覆盖组、覆盖点或者交叉覆盖点的注释。

（5）权重：通过 weight 参数来给覆盖组中的覆盖点设置权重，默认都为 1。

（6）覆盖仓数量：通过 auto_bin_max 参数设置覆盖点中自动产生的覆盖仓的数量，默认为 64 个。

（7）覆盖仓需要最少命中的次数：通过 at_least 参数设置覆盖仓至少需要达到的被命中(hit)的数量才被认为覆盖到，默认为 1 次。

（8）报告没命中的覆盖仓的数量：通过 cross_num_print_missing 参数设置报告出来的没命中的覆盖仓的数量。

（9）重叠检测：通过 detect_overlap 参数设置是否对一个覆盖点中的覆盖仓的收集范围存在重叠情况的检测，如果存在重叠，则会告警。默认值为 0，即不检测。

参考如下语法格式设置覆盖率的相关选项参数：

```
option.member_name = expression;
```

参考代码如下：

```
//文件路径:6.17.10/demo_tb.sv
class demo_class;
  bit[2:0] a;
  bit[2:0] b;

  covergroup cg1;
    option.name = "cg1";
    option.per_instance = 1;
    option.goal = 90;
    option.at_least = 1;
    option.detect_overlap = 1;
    option.cross_num_print_missing = 100;
    option.comment = "here covergroup cg1 is just a demo";

    cover_point_a: coverpoint a;
    cover_point_b: coverpoint b{
      option.weight = 1;
      option.auto_bin_max = 128;
    }
    cover_point_a_ignore: coverpoint a{
      option.weight = 2;
      ignore_bins user_bins = {0,1,2,3};
```

```
    }
    cross_cover_point_a_b: cross cover_point_a, cover_point_b;
    cross_cover_point_a_b_ignore: cross cover_point_a, cover_point_b{
      option.weight = 3;
      ignore_bins user_bins1 = binsof(cover_point_a) intersect {0} && binsof(cover_point_b)
intersect {0};
      ignore_bins user_bins2 = binsof(cover_point_a) intersect {1} && binsof(cover_point_b)
intersect {1};
      ignore_bins user_bins3 = binsof(cover_point_a) intersect {2} && binsof(cover_point_b)
intersect {2};
      ignore_bins user_bins4 = binsof(cover_point_a) intersect {3} && binsof(cover_point_b)
intersect {3};
    }
  endgroup

  function new();
    cg1 = new();
    cg1.option.comment = "we know covergroup cg1 is just a demo";
    cg1.cover_point_b.option.weight = 1;
  endfunction

endclass

module top;
  bit[2:0] values[$] = '{0,1,2,3,3};

  initial begin
    demo_class c1 = new();
    foreach(values[i])begin
      c1.a = values[i];
      c1.b = values[i];
      c1.cg1.sample();
    end
    $display("cg1 cover_point_a coverage: %g%%",c1.cg1.cover_point_a.get_coverage());
    $display("cg1 cover_point_b coverage: %g%%",c1.cg1.cover_point_b.get_coverage());
    $display("cg1 cover_point_a_ignore coverage: %g%%",c1.cg1.cover_point_a_ignore.get_
coverage());
    $display("cg1 cross_cover_point_a_b coverage: %g%%",c1.cg1.cross_cover_point_a_b.get_
coverage());
    $display("cg1 cross_cover_point_a_b_ignore coverage: %g%%",c1.cg1.cross_cover_point_a_
b_ignore.get_coverage());
  end

endmodule
```

仿真结果如下：

```
cg1 cover_point_a coverage: 50%
cg1 cover_point_b coverage: 50%
cg1 cover_point_a_ignore coverage: 0%
```

```
cg1 cross_cover_point_a_b coverage: 6.25%
cg1 cross_cover_point_a_b_ignore coverage: 0%
```

注意：覆盖率选项参数并没有为读者全部列出，这里只是列出了相对常用的参数，更多细节可以根据实际项目的需要再参考 SystemVerilog 标准进行学习。

6.17.11　覆盖率方法接口

相对常见的覆盖率，相关的内置方法包括以下几种。

（1）get_coverage()方法：用于返回覆盖组或覆盖点所有实例累计所有覆盖仓所达到的覆盖率。

（2）get_inst_coverage()方法：用于返回覆盖组的某个实例的覆盖率，只能用于覆盖组实例并且需要将覆盖组的 per_instance 参数的值设置为1。

（3）start()方法：开始对覆盖率的收集。

（4）stop()方法：停止对覆盖率的收集。

（5）sample()方法：对覆盖率对象进行采样，并且可以重载该内置方法实现传参。

参考代码如下：

```
//文件路径:6.17.11/demo_tb.sv
module top;
  bit[2:0] values[ $] = '{0,1,2,3,3};
  bit[2:0] a;
  bit[2:0] b;

  covergroup cg1;
    option.per_instance = 1;
    cover_point_a: coverpoint a;
    cover_point_b: coverpoint b;
  endgroup

  covergroup cg2 with function sample(bit[2:0] x, bit[2:0] y);
    cover_point_x: coverpoint x;
    cover_point_y: coverpoint y;
  endgroup

  initial begin
    cg1 cg_h1 = new();
    cg1 cg_h2 = new();
    cg2 cg_h3 = new();

    cg_h1.start();
    cg_h2.start();
    cg_h3.start();

    foreach(values[i])begin
```

```
                a = values[i];
                b = values[i];
                cg_h1.sample();
                if(i >= 2)
                   cg_h2.stop();
                else
                   cg_h2.sample();
                cg_h3.sample(a,b);
           end
        $display("cg_h1 get_coverage: %g%%",cg_h1.get_coverage());
        $display("cg_h2 get_coverage: %g%%",cg_h2.get_coverage());
        $display("cg_h1 get_inst_coverage: %g%%",cg_h1.get_inst_coverage());
        $display("cg_h2 get_inst_coverage: %g%%",cg_h2.get_inst_coverage());
        $display("cg_h3 get_coverage: %g%%",cg_h3.get_coverage());
        $finish;
    end

endmodule
```

仿真结果如下：

```
cg_h1 get_coverage: 50%
cg_h2 get_coverage: 50%
cg_h1 get_inst_coverage: 50%
cg_h2 get_inst_coverage: 25%
cg_h3 get_coverage: 50%
```

在上面的代码中定义了两个覆盖组，分别是 cg1 和 cg2。

（1）覆盖组 cg1：对该覆盖组实例化两次，并将 values 队列的值遍历赋值给模块中的成员变量 a 和 b，然后调用覆盖组的内置方法 sample() 进行采样，同时在遍历的过程中调用内置方法 stop() 停止对 cg_h2 实例的覆盖率采样，最后调用 get_coverage() 和 get_inst_coverage() 方法获取覆盖组 cg1 中的两个实例的覆盖率并进行打印，可以看到覆盖组 cg1 中所有实例累计所有覆盖仓所达到的覆盖率为 50%，但是 cg_h2 实例的覆盖率为 25%。

（2）覆盖组 cg2：对该覆盖组实例化一次，并在采样时通过重载的 sample() 方法将采样的变量 a 和 b 作为参数传递进去，最终覆盖率为 50%。

6.18 绑定辅助代码

可以使用关键字 bind 将一个模块或接口绑定到已有的模块或该模块的部分实例中，从而在不对原先的设计模块代码进行修改的情况下实现一些新增的功能，做到与原先已有的设计模块代码相隔离，方便团队成员之间的协作和代码的管理。

通常绑定辅助代码的使用场景如下：

（1）断言检查。

（2）覆盖率收集。

（3）事务级数据采样并输到文件，从而方便后续对该文件进行处理，例如绘图分析。

（4）接口的连接，即将 DUT 连接到测试平台。

6.18.1　绑定到模块

可以对一个模块的所有实例进行绑定，也可以对一个模块的部分实例进行绑定，参考代码如下：

```verilog
//文件路径:6.18.1/sim/bind/half_adder_bind_all.v
module half_adder_bind_all();

  always@(half_adder.a, half_adder.b) begin
    $display("BIND ALL: %0t -> %m -> {a,b}: %b {carry,sum}: %b", $time,{half_adder.a,
half_adder.b},{half_adder.carry,half_adder.sum});
  end

endmodule

//文件路径:6.18.1/sim/bind/half_adder_bind_scope.v
module half_adder_bind_scope();

  always@(half_adder.a, half_adder.b) begin
    $display("BIND SCOPE: %0t -> %m -> {a,b}: %b {carry,sum}: %b", $time,{half_adder.a,
half_adder.b},{half_adder.carry,half_adder.sum});
  end

endmodule
```

然后在顶层的测试模块中进行绑定，参考代码如下：

```verilog
//文件路径:6.18.1/sim/demo_tb.sv
module top;
  logic a,b,carry_in;
  logic sum,carry_out;
  logic[2:0] tmp;

  full_adder DUT(
    .a(a),
    .b(b),
    .carry_in(carry_in),
    .sum(sum),
    .carry_out(carry_out));

//绑定辅助代码
  bind half_adder half_adder_bind_all half_adder_bind_all_inst();
  bind half_adder: DUT.h2 half_adder_bind_scope half_adder_bind_scope_inst();

  initial begin
    $display(" %0t -> Start!!!", $time);
    tmp = 0;
```

```
      repeat(10)begin
        {a,b,carry_in} = tmp;
        #10ns;
        tmp++;
      end
      $display(" %0t - > Finish!!!", $time);
      $finish;
    end

  endmodule
```

上面代码实现了将模块 half_adder_bind_all 绑定到所有的 half_adder 模块的实例中，同时将模块 half_adder_bind_scope 绑定到 half_adder 模块的 h2 实例中，如图 6-13 所示。

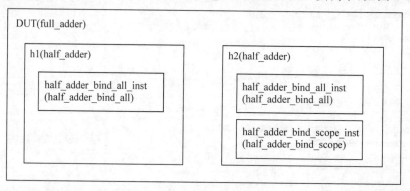

图 6-13　模块层次结构图

仿真结果如下：

```
0 - > Start!!!
BIND ALL: 0 - > top.DUT.h1.half_adder_bind_all_inst - > {a,b}: 00 {carry,sum}: 00
BIND SCOPE: 0 - > top.DUT.h2.half_adder_bind_scope_inst - > {a,b}: 00 {carry,sum}: 00
BIND ALL: 0 - > top.DUT.h2.half_adder_bind_all_inst - > {a,b}: 00 {carry,sum}: 00
BIND SCOPE: 10 - > top.DUT.h2.half_adder_bind_scope_inst - > {a,b}: 01 {carry,sum}: 01
BIND ALL: 10 - > top.DUT.h2.half_adder_bind_all_inst - > {a,b}: 01 {carry,sum}: 01
BIND ALL: 20 - > top.DUT.h1.half_adder_bind_all_inst - > {a,b}: 01 {carry,sum}: 01
BIND SCOPE: 20 - > top.DUT.h2.half_adder_bind_scope_inst - > {a,b}: 10 {carry,sum}: 01
BIND ALL: 20 - > top.DUT.h2.half_adder_bind_all_inst - > {a,b}: 10 {carry,sum}: 01
BIND SCOPE: 30 - > top.DUT.h2.half_adder_bind_scope_inst - > {a,b}: 11 {carry,sum}: 10
BIND ALL: 30 - > top.DUT.h2.half_adder_bind_all_inst - > {a,b}: 11 {carry,sum}: 10
BIND ALL: 40 - > top.DUT.h1.half_adder_bind_all_inst - > {a,b}: 10 {carry,sum}: 01
BIND SCOPE: 40 - > top.DUT.h2.half_adder_bind_scope_inst - > {a,b}: 10 {carry,sum}: 01
BIND ALL: 40 - > top.DUT.h2.half_adder_bind_all_inst - > {a,b}: 10 {carry,sum}: 01
BIND SCOPE: 50 - > top.DUT.h2.half_adder_bind_scope_inst - > {a,b}: 11 {carry,sum}: 10
BIND ALL: 50 - > top.DUT.h2.half_adder_bind_all_inst - > {a,b}: 11 {carry,sum}: 10
BIND ALL: 60 - > top.DUT.h1.half_adder_bind_all_inst - > {a,b}: 11 {carry,sum}: 10
BIND SCOPE: 60 - > top.DUT.h2.half_adder_bind_scope_inst - > {a,b}: 00 {carry,sum}: 00
BIND ALL: 60 - > top.DUT.h2.half_adder_bind_all_inst - > {a,b}: 00 {carry,sum}: 00
```

```
BIND SCOPE: 70 -> top.DUT.h2.half_adder_bind_scope_inst -> {a,b}: 01 {carry,sum}: 01
BIND ALL: 70 -> top.DUT.h2.half_adder_bind_all_inst -> {a,b}: 01 {carry,sum}: 01
BIND ALL: 80 -> top.DUT.h1.half_adder_bind_all_inst -> {a,b}: 00 {carry,sum}: 00
BIND SCOPE: 80 -> top.DUT.h2.half_adder_bind_scope_inst -> {a,b}: 00 {carry,sum}: 00
BIND ALL: 80 -> top.DUT.h2.half_adder_bind_all_inst -> {a,b}: 00 {carry,sum}: 00
BIND SCOPE: 90 -> top.DUT.h2.half_adder_bind_scope_inst -> {a,b}: 01 {carry,sum}: 01
BIND ALL: 90 -> top.DUT.h2.half_adder_bind_all_inst -> {a,b}: 01 {carry,sum}: 01
100 -> Finish!!!
```

可以看到，每次被绑定的模块 half_adder 的输入信号的值发生变化时都将被打印出来。

6.18.2　绑定到接口

除了可以将一个模块绑定到另一个模块以外，还可以将接口绑定到模块，只要将 6.18.1 节中的模块 half_adder_bind_all 和 half_adder_bind_scope 中的 module…endmodule 改为 interface…endinterface 即可，使用方法类似，模块层次结构图也和图 6-13 一样，参考代码如下：

```
//文件路径:6.18.2/sim/bind/half_adder_bind_all.sv
interface half_adder_bind_all();

  always@(half_adder.a,half_adder.b) begin
    $display("BIND ALL: %0t -> %m -> {a,b}: %b {carry,sum}: %b", $time,{half_adder.a,
half_adder.b},{half_adder.carry,half_adder.sum});
  end

endinterface

//文件路径:6.18.2/sim/bind/half_adder_bind_scope.sv
interface half_adder_bind_scope();

  always@(half_adder.a,half_adder.b) begin
    $display("BIND SCOPE: %0t -> %m -> {a,b}: %b {carry,sum}: %b", $time,{half_adder.a,
half_adder.b},{half_adder.carry,half_adder.sum});
  end

endinterface
```

其余代码与 6.18.1 节一样，并且仿真结果也一样，每次被绑定的模块 half_adder 的输入信号的值发生变化时都将被打印出来，这里不再列出。

6.19　与其他编程语言的通信

6.19.1　基本介绍

SystemVerilog 可以通过 DPI(Direct Programming Interface)接口实现与其他编程语言的通信，例如可以使用 C/C++语言来开发较为复杂的算法参考模型，并通过 DPI 接口导入仿真环境中与 SystemVerilog 语言一起联合运行仿真。

DPI 接口通常包含相互独立的两侧(layer),其中一侧为 SystemVerilog 侧,另一侧为其他编程语言侧,这两侧最终通过 DPI 接口进行通信。

这里的其他编程语言通常为 C/C++ 语言,因此本章以 SystemVerilog 与 C 语言的通信为例向读者进行介绍,通过 DPI 接口,最终可以实现以下功能:

(1) 在 SystemVerilog 侧编写函数或任务并导出(export)到 C 语言侧,然后供 C 语言侧进行调用执行,如图 6-14 所示。

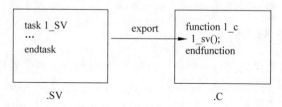

图 6-14　在 C 语言侧调用 SystemVerilog 侧的函数或任务

(2) 在 C 语言侧编写函数并导入(import)到 SystemVerilog 侧,然后供 SystemVerilog 侧进行调用执行,这里 C 语言中编写的函数可调用执行在 SystemVerilog 侧导出(export)的函数或任务,如图 6-15 所示。

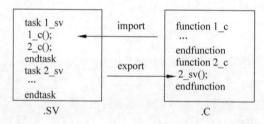

图 6-15　在 SystemVerilog 侧调用 C 语言侧的函数

本节为读者介绍了什么是 DPI 接口,后面会带领读者实现上面两个功能,并描述具体的使用步骤。

6.19.2　使用步骤

第 1 步,在 C 语言侧导入 svdpi.h 头文件,其中包含了 C 语言与 SystemVerilog 语言的接口和类型映射的定义声明,参考代码如下:

```
//文件路径:6.19.2/dpi_c.c
#include "svdpi.h"
...
```

第 2 步,在 C 语言侧编写供 SystemVerilog 语言侧调用的函数,在 SystemVerilog 语言侧编写供 C 语言侧调用或者调用 C 语言侧的函数或任务,参考代码如下:

```
//文件路径:6.19.2/dpi_c.c
#include "svdpi.h"

//将操作数 op1 和 op2 相加并返回结果
svBitVecVal c_add(const svBitVecVal op1,const svBitVecVal op2){
    int op1_value = op1;
    int op2_value = op2;
    svBitVecVal result;
    result = op1_value + op2_value;
    return result;
}

//将操作数 op1 和 op2 相减并返回结果
//注意这里调用了 SystemVerilog 侧的 sv_sub 任务实现
void c_sub(const svBitVecVal op1, const svBitVecVal op2) {
    sv_sub(op1, op2);
}

//将操作数 op1 和 op2 相乘并返回结果
void c_mul(const svBitVecVal op1,const svBitVecVal op2,svBitVecVal * result){
    int op1_value = op1;
    int op2_value = op2;
    * result = op1_value * op2_value;
}

//将操作数 op2 作为高位,将操作数 op1 作为低位进行拼接并返回结果
void c_com(const svBitVecVal op1,
const svBitVecVal op2,
svBitVecVal result[2]){
    result[1] = op2;
    result[0] = op1;
}
```

上面 C 语言侧代码中包含了以下 4 个 C 函数。

(1) c_add:将操作数 op1 和 op2 相加并返回结果。

(2) c_sub:将操作数 op1 和 op2 相减并返回结果,注意这里调用了 SystemVerilog 侧的 sv_sub 任务实现。

(3) c_mul:将操作数 op1 和 op2 相乘并返回结果。

(4) c_com:将操作数 op2 作为高位,将操作数 op1 作为低位进行拼接并返回结果。

```
//文件路径:6.19.2/dpi_sv.sv
//在 SystemVerilog 侧调用 C 语言侧的 c_add 函数实现加法运算
task sv_add;
    input bit[31:0] op1;
    input bit[31:0] op2;
    bit[31:0] result;
    result = c_add(op1,op2);
    $display("++ + In %m:op1 is %d,op2 is %d,result is %d",op1,op2,result);
```

```
    endtask

//在 SystemVerilog 侧编写 sv_sub 任务供 C 语言侧的 c_sub 函数调用来实现减法运算
task sv_sub;
    input bit[31:0] op1;
    input bit[31:0] op2;
    bit[31:0] result;
    result = op1 − op2;
    $display("++ + In %m:op1 is %d,op2 is %d,result is %d",op1,op2,result);
endtask

//在 SystemVerilog 侧调用 C 语言侧的 c_mul 函数实现乘法运算
task sv_mul;
    input bit[31:0] op1;
    input bit[31:0] op2;
    bit[31:0] result;
    c_mul(op1,op2,result);
    $display("++ + In %m:op1 is %d,op2 is %d,result is %d",op1,op2,result);
endtask

//在 SystemVerilog 侧调用 C 语言侧的 c_com 函数实现拼接运算
task sv_com;
    input bit[31:0] op1;
    input bit[31:0] op2;
    bit[39:0] result;
    c_com(op1,op2,result);
    $display("++ + In %m:op1 is %h,op2 is %h,result is %h",op1,op2,result);
endtask
```

上面 SystemVerilog 语言侧代码中包含了以下 4 个 SystemVerilog 任务。

(1) sv_add：调用 C 语言侧的 c_add 函数实现将操作数 op1 和 op2 相加并打印结果。

(2) sv_sub：在 SystemVerilog 侧编写 sv_sub 任务供 C 语言侧的 c_sub 函数调用来实现减法运算并打印结果。

(3) sv_mul：调用 C 语言侧的 c_mul 函数实现将操作数 op1 和 op2 相乘并打印结果。

(4) sv_com：调用 C 语言侧的 c_com 函数实现将操作数 op2 作为高位,将操作数 op1 作为低位进行拼接并打印结果。

注意这里 C 语言侧与 SystemVerilog 语言侧的数据类型映射,见表 6-5。

表 6-5　C 语言侧与 SystemVerilog 语言侧的数据类型映射关系

C 语言侧	SystemVerilog 语言侧
char	Byte
short int	shortint
int	int
double	real
float	shortreal
char *	string

C 语言侧	SystemVerilog 语言侧
void *	chandle
svBit	bit
svBitVecVal	bit[n:0]
svLogic	logic
svLogic	reg
svLogicVecVal	logic[n:0]
svLogicVecVal	reg[n:0]

这里需要在 SystemVerilog 语言侧将 C 语言侧的函数导入供 SystemVerilog 语言侧调用，同时将 SystemVerilog 语言侧的任务导出供 C 语言侧调用，参考代码如下：

```
//文件路径:6.19.2/dpi_sv.sv
//将 C 语言侧的函数导入供 SystemVerilog 语言侧调用
//将 SystemVerilog 语言侧的任务导出供 C 语言侧调用
import "DPI" function bit[31:0] c_add(input bit[31:0] op1,op2);
import "DPI" function void c_sub(input bit[31:0] op1,op2);
import "DPI" function void c_mul(input bit[31:0] op1,op2,output bit[31:0] ult);
import "DPI" function void c_com(input bit[31:0] op1,op2,output bit[40:0] ult);
export "DPI" task sv_sub;
...
```

注意端口类型的映射，即将输入端口类型映射为值传递的方式，将输出端口和双向端口类型映射为指针传递的方式，参考代码如下：

```
//C 语言侧的端口类型声明传递方式
svBitVecVal c_add(const svBitVecVal op1,
                  const svBitVecVal op2)

void c_sub(const svBitVecVal op1,
           const svBitVecVal op2)

void c_mul(const svBitVecVal op1,
           const svBitVecVal op2,
           svBitVecVal * result)

void c_com(const svBitVecVal op1,
           const svBitVecVal op2,
           svBitVecVal result[2])

//SystemVerilog 侧的端口类型声明传递方式
function bit[31:0] c_add(input bit[31:0] op1,op2);
function void c_sub(input bit[31:0] op1,op2);
function void c_mul(input bit[31:0] op1,op2,output bit[31:0] result);
function void c_com(input bit[31:0] op1,op2,output bit[40:0] result);
```

注意：

（1）调用的 C 语言侧的函数不消耗仿真时间并立即得到返回结果。

（2）多位宽的数据类型最大支持到 32 位宽，超过之后应该采用数组的方式进行传递。

第 3 步，在顶层的测试模块中通过 `include 包含 SystemVerilog 侧的接口，然后进行调用，参考代码如下：

```
//文件路径:6.19.2/demo_tb.sv
module top;
`include "dpi_sv.sv"

    initial begin
        #100;
        $display("  -------------------- Start --------------------  \n");

        sv_add(32'd33,32'd66);
        c_sub(32'd55,32'd44);
        sv_mul(32'd2,32'd33);
        sv_com(32'hffffffff,32'heeeeeeee);

        #100;
        $display("  -------------------- Finish --------------------  \n");
        $finish;
    end

endmodule
```

仿真结果如下：

```
  -------------------- Start --------------------

++ + In top.sv_add:op1 is      33,op2 is      66,result is      99
++ + In top.sv_sub:op1 is      55,op2 is      44,result is      11
++ + In top.sv_mul:op1 is       2,op2 is      33,result is      66
++ + In top.sv_com:op1 is ffffffff,op2 is eeeeeeee,result is eeffffffff

  -------------------- Finish --------------------
```

可以看到，分别实现了：

（1）十进制数 33 与十进制数 66 相加，结果为十进制数 99。

（2）十进制数 55 减去十进制数 44，结果为十进制数 11。

（3）十进制数 2 乘以十进制数 33，结果为十进制数 66。

（4）将 32 位宽的操作数 32'hffff_ffff 作为低位，将 32 位宽的 32'heeee_eeee 中的低 8 位作为高位，拼接成 40 位宽的 40'hee_ffff_ffff。

6.20　本章小结

相比 Verilog,SystemVerilog 扩展的主要特性在本章都向读者介绍过了。

关于 SystemVerilog,本书更多是从验证的角度进行介绍,关于使用 SystemVerilog 做设计可以参考 SystemVerilog for Design 2nd Edition 和 SystemVerilog 的标准进一步学习。

第 7 章

参 考 实 例

在之前的章节里,向读者介绍了数字芯片设计与验证的基础知识,本章则以一个对于初学者难度适中的设计为例,向读者讲述整个设计和验证的大致过程,从而将之前章节的内容串联起来,对读者的学习效果进行巩固提升。

7.1 节以一个简化的运算器作为待测设计向读者进行讲解。

7.2 节将 7.1 节中的运算器修改为通过配置寄存器实现指令和操作数控制的运算器,并以修改之后的设计作为待测设计向读者进行讲解。

7.3 节将 7.2 节中的运算器嫁接到 APB 总线上,并将带有 APB 总线接口的运算器作为待测设计向读者进行讲解。

通过这三节的由易到难的递进过程,从而让读者更容易地学习和理解。

7.1 对运算器的设计和验证

7.1.1 设计说明

这里的待测设计(DUT),是一个简单的运算器,即 alu 模块,顾名思义,可以进行简单的运算,该模块如图 7-1 所示。

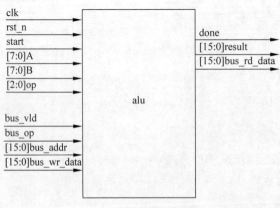

图 7-1 待测设计框图

该模块有两个操作数,分别是 8 位宽无符号运算操作数 A 和 B,根据 op 指令进行相应运算,运算的结果为无符号 16 位宽的 result,运算总线上的端口信号的说明如下。

(1) A[7:0]:8 位无符号运算操作数。

(2) B[7:0]:8 位无符号运算操作数。

(3) start:指令执行信号,即运算开始信号。

(4) op[2:0]:运算的指令,如果不包括在验证环境中用于复位的 rst_op 指令及不做任何运算的空指令 no_op,则总共有 5 个有效指令,指令的编码见表 7-1。

表 7-1 运算器指令编码表

运 算 指 令	说 明	编 码
no_op	空指令	3'b000
add_op	加运算指令	3'b001
and_op	与运算指令	3'b010
xor_op	异或运算指令	3'b011
mul_op	乘法运算指令	3'b100
div_op	除法运算指令	3'b101
rst_op	复位指令	3'b111
reserved	暂未定义的保留指令	3'b110

其中,加法、与和异或运算需要一个时钟周期来完成,而乘法和除法运算需要 3 个时钟周期来完成。

(1) clk:时钟信号。

(2) rst_n:低电平有效的同步复位信号。

(3) result[15:0]:运算的结果输出信号。

(4) done:运算完成信号。

当 start 信号为高电平时,从总线上采样运算操作数 A、B 和运算指令 op,然后根据指令生成运算结果 result。在指令执行完(运算完成)时将 done 信号拉为高电平。

start 信号需要在运算过程中保持高电平,运算指令和操作数在拉高 done 信号之前都要保持有效。运算完成后,done 信号只拉高一个时钟周期。空指令 no_op 不会拉高 done 信号,在空指令执行时,start 信号保持高电平的一个时钟周期之后将其拉低。

运算总线的时序图如图 7-2 所示。

除了上面的运算总线以外,运算器还有一组寄存器总线,端口信号的说明如下。

(1) bus_vld:寄存器总线有效信号。高电平时总线数据有效,低电平时无效。

(2) bus_op:寄存器读写操作。高电平时寄存器写,低电平时寄存器读。

(3) bus_addr:表示寄存器读写的地址,其位宽为 16 位。

(4) bus_wr_data:寄存器写数据总线,其位宽为 16 位。

(5) bus_rd_data:寄存器读数据总线,其位宽为 16 位。

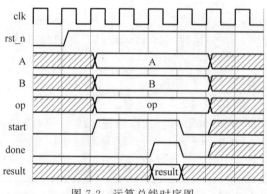

图 7-2　运算总线时序图

寄存器总线有效信号只持续一个时钟周期,DUT 应该在其为高电平的期间对总线上的数据进行采样。如果是写操作,则在检测到总线数据有效后,采样总线上的数据并写入其内部寄存器。如果是读操作,则在检测到总线数据有效后,下个时钟会将寄存器数据读到数据总线上。

运算总线的先写后读的时序图,如图 7-3 所示。

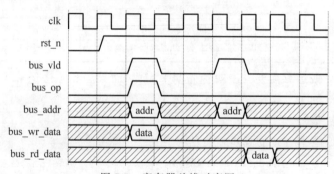

图 7-3　寄存器总线时序图

该运算器内部包含 4 种类型的寄存器,分别如下。

(1) 配置寄存器(cfg):用于配置运算器的工作模式。如果配置成 1,则将运算结果取反后输出,如果配置成 0,则正常运算输出结果。

该类型寄存器可读可写,即为 RW 属性。

(2) 状态寄存器(sta):用于指示运算器的工作状态,主要用于检测运算操作数是边界值 'h0 还是 'hff 的情况。

该类型寄存器只能读不能写,即为 RO 属性。

(3) 计数寄存器(cnt):用于统计给运算器施加的有效指令数量。

该类型寄存器会被读清零,即为 RC 属性。

(4) 中断寄存器(int):用于运算器向外产生中断,主要用于检测除法运算中除数为 0 时的非法操作。

该类型寄存器会被写 1 清零,即为 WC 属性。

注意：在实际芯片项目中寄存器类型不止这 4 种，这里仅作示例说明作用。

7.1.2 设计实现

1. 架构设计

运算器的设计架构，如图 7-4 所示。

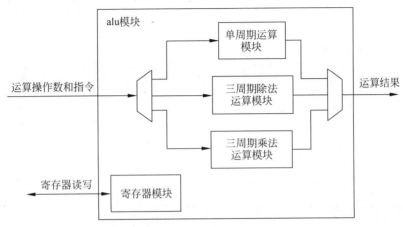

图 7-4 运算器的设计架构

运算器通过运算总线来接收运算操作数和运算指令，然后通过多路分配器根据指令分配到单周期运算模块或者三周期运算模块中进行运算，最后通过多路选择器根据指令选择相应模块的结果进行输出。

在运算过程中通过寄存器总线来读写寄存器模块，从而实现对运算器的配置并获取其工作状态，其中，寄存器模块根据寄存器的类型例化包含了 4 个寄存器可重用模块，用来实现 7.1.1 节中描述的配置寄存器、状态寄存器、计数寄存器和中断寄存器。

2. 硬件实现

主要包含 4 个子模块和顶层设计模块，下面分别进行说明。

1）单周期指令运算子模块

用于在单个周期内完成加法、与和异或运算并输出运算结果，参考代码如下：

```
//文件路径:7.1/src/dut/single_cycle.v
module single_cycle(A, B, clk, op, rst_n, start, done_aax, result_aax);
    input [7:0]      A;
    input [7:0]      B;
    input            clk;
    input [2:0]      op;
    input            rst_n;
    input            start;
    output reg       done_aax;
    output reg[15:0] result_aax;
```

```verilog
//单周期指令运算
always @(posedge clk) begin
    if(!rst_n)
        result_aax <= 16'd0;
    else begin
        if (start == 1'b1)begin
            case (op)
                3'b001 :
                    result_aax <= ({8'b00000000, A}) + ({8'b00000000, B});
                3'b010 :
                    result_aax <= (({8'b00000000, A}) & ({8'b00000000, B}));
                3'b011 :
                    result_aax <= (({8'b00000000, A}) ^({8'b00000000, B}));
                default :
                    ;
            endcase
        end
        else ;
    end
end

//输出运算完成信号
always @(posedge clk or negedge rst_n) begin
    if (!rst_n)
        done_aax <= 1'b0;
    else begin
        if ((start == 1'b1) && (op != 3'b000) && (done_aax == 1'b0))
            done_aax <= 1'b1;
        else
            done_aax <= 1'b0;
    end
end

endmodule
```

2）三周期乘法指令运算子模块

用于在 3 个周期内完成乘法运算并输出运算结果，参考代码如下：

```verilog
//文件路径:7.1/src/dut/three_cycle_mult.v
module three_cycle_mult(A, B, clk, rst_n, start, done_mult, result_mult);
    input [7:0]         A;
    input [7:0]         B;
    input               clk;
    input               rst_n;
    input               start;
    output reg          done_mult;
    output reg[15:0]    result_mult;

    reg [7:0]           a_int;
    reg [7:0]           b_int;
```

```
    reg [15:0]              mult1;
    reg                     done2;
    reg                     done1;
    reg                     done_mult_int;

    //乘法指令运算
    always @(posedge clk or negedge rst_n) begin
        if (!rst_n) begin
            done_mult_int <= 1'b0;
            done2          <= 1'b0;
            done1          <= 1'b0;

            a_int          <= 8'd0;
            b_int          <= 8'd0;
            mult1          <= 16'd0;
            result_mult    <= 16'd0;
        end
        else begin
            a_int          <= A;
            b_int          <= B;
            mult1          <= a_int * b_int;
            result_mult    <= mult1;
            done2          <= start & ((~done_mult_int));
            done1          <= done2 & ((~done_mult_int));
            done_mult_int  <= done1 & ((~done_mult_int));
        end
    end

    assign done_mult = done_mult_int;

endmodule
```

3）三周期除法指令运算子模块

用于在 3 个周期内完成除法运算并输出运算结果,参考代码如下:

```
//文件路径:7.1/src/dut/three_cycle_div.v
module three_cycle_div(A, B, clk, rst_n, start, done_div, result_div);
    input [7:0]            A;
    input [7:0]            B;
    input                  clk;
    input                  rst_n;
    input                  start;
    output reg             done_div;
    output reg[15:0]       result_div;

    reg [7:0]              a_int;
    reg [7:0]              b_int;
    reg [15:0]             div1;
    reg                    done2;
    reg                    done1;
```

```verilog
  reg                done_div_int;

  //除法指令运算
  always @(posedge clk or negedge rst_n) begin
    if (!rst_n) begin
      done_div_int <= 1'b0;
      done2        <= 1'b0;
      done1        <= 1'b0;

      a_int        <= 8'd0;
      b_int        <= 8'd0;
      div1         <= 16'd0;
      result_div   <= 16'd0;
    end
    else begin
      a_int        <= A;
      b_int        <= B;
      if(b_int == 0)
        div1       <= 'h0;
      else
        div1       <= a_int / b_int;
      result_div   <= div1;
      done2        <= start & ((~done_div_int));
      done1        <= done2 & ((~done_div_int));
      done_div_int <= done1 & ((~done_div_int));
    end
  end

  assign done_div = done_div_int;

endmodule
```

4）寄存器设计子模块

寄存器设计子模块用于对不同类型的寄存器模块进行例化包含，当该模块完成后，根据运算器的设计说明进行连线，接入运算器内部，用于配置或指示其内部的工作状态。

首先需要根据寄存器的不同类型设计相应的可重用模块。

7.1.1 节提到过，运算器内部包含 4 种类型的寄存器，分别如下。

（1）配置寄存器(cfg)：用于配置运算器的工作模式。该类型寄存器可读可写，即为 RW 属性。

参考代码如下：

```verilog
//文件路径:7.1/src/dut/ip_reg_cfg.v
module ip_reg_cfg(clk,rst_n,vld,op,addr,wdata,rdata,reg_field,rhit);

  parameter ADDR_SIZE  = 32;
  parameter DATA_SIZE  = 32;
  parameter REG_SIZE   = 32;
  parameter BASE_ADDR  = 0;
```

```
parameter OFFSET_ADDR = 0;
parameter RST_VALUE = 0;

input                      clk;
input                      rst_n;
input                      vld;
input                      op;
input [ADDR_SIZE - 1:0]    addr;
input [REG_SIZE - 1:0]     wdata;
output reg [DATA_SIZE - 1:0] rdata;
output reg                 rhit;
output reg [REG_SIZE - 1:0] reg_field;

//写操作
always @ (posedge clk)begin
  if(!rst_n)
    reg_field <= RST_VALUE;
  else if(vld && op && (addr == (BASE_ADDR + OFFSET_ADDR)))
    reg_field <= wdata;
end

//读操作
always @ (posedge clk)begin
  if(!rst_n)begin
    rdata <= 'h0;
    rhit  <= 'h0;
  end
  else if(vld && (!op) && (addr == (BASE_ADDR + OFFSET_ADDR)))begin
    rdata[REG_SIZE - 1:0] <= reg_field;
    rhit <= 'h1;
  end
  else
    rhit <= 'h0;
end

endmodule
```

上面代码主要描述了寄存器读和写两个过程,分别如下。

写过程:当 vld 高电平有效且 op 为高电平的写操作且访问地址是基地址和偏移地址之和时,将数据 wdata 写入寄存器 reg_field。

读过程:当 vld 高电平有效且 op 为低电平的读操作且访问地址是基地址和偏移地址之和时,将寄存器的值 reg_field 读取到 rdata 上。

这里的 rhit 信号表示读访问命中,用于寄存器设计子模块,根据访问命中信号进行多路选择,从而将读取的寄存器值选择输出到寄存器读总线上。

(2) 状态寄存器(sta):用于指示运算器的工作状态。该类型寄存器只能读不能写,即为 RO 属性。

参考代码如下:

```verilog
//文件路径:7.1/src/dut/ip_reg_sta.v
module ip_reg_sta(clk,rst_n,vld,op,addr,wdata,rdata,reg_field,rhit);

  parameter ADDR_SIZE   = 32;
  parameter DATA_SIZE   = 32;
  parameter REG_SIZE    = 32;
  parameter BASE_ADDR   = 0;
  parameter OFFSET_ADDR = 0;
  parameter RST_VALUE   = 0;

  input                     clk;
  input                     rst_n;
  input                     vld;
  input                     op;
  input [ADDR_SIZE-1:0]     addr;
  input [REG_SIZE-1:0]      wdata;
  output reg [DATA_SIZE-1:0] rdata;
  output reg [REG_SIZE-1:0]  reg_field;
  output reg                rhit;

  //写操作
  always @(posedge clk)begin
    if(!rst_n)
      reg_field <= RST_VALUE;
    else
      reg_field <= wdata;
  end

  //读操作
  always @(posedge clk)begin
    if(!rst_n)begin
      rdata <= 'h0;
      rhit  <= 'h0;
    end
    else if(vld && (!op) && (addr == (BASE_ADDR + OFFSET_ADDR)))begin
      rdata[REG_SIZE-1:0] <= reg_field;
      rhit <= 'h1;
    end
    else
      rhit <= 'h0;
  end

endmodule
```

上面代码主要描述了寄存器读和写两个过程,分别如下。

写过程:每个时钟周期都会将数据 wdata 写入寄存器 reg_field,用于实时同步运算器内部的工作状态。由于是 RO 属性,因此这里不支持通过寄存器总线进行写入。

读过程:当 vld 高电平有效且 op 为低电平的读操作且访问地址是基地址和偏移地址之和时,将寄存器的值 reg_field 读取到 rdata 上。

（3）计数寄存器（cnt）：用于统计给运算器施加的有效指令数量。该类型寄存器会被读清，即为 RC 属性。

参考代码如下：

```verilog
//文件路径:7.1/src/dut/ip_reg_cnt.v
module ip_reg_cnt(clk,rst_n,vld,op,addr,vld_cnt,rdata,reg_field,rhit);

  parameter ADDR_SIZE   = 32;
  parameter DATA_SIZE   = 32;
  parameter REG_SIZE    = 32;
  parameter BASE_ADDR   = 0;
  parameter OFFSET_ADDR = 0;
  parameter RST_VALUE   = 0;

  input                    clk;
  input                    rst_n;
  input                    vld;
  input                    op;
  input [ADDR_SIZE-1:0]    addr;
  input                    vld_cnt;
  output reg [DATA_SIZE-1:0] rdata;
  output reg [REG_SIZE-1:0]  reg_field;
  output reg               rhit;

  //写操作
  always @(posedge clk)begin
    if(!rst_n)
      reg_field <= RST_VALUE;
    else if(vld_cnt)
      reg_field <= reg_field+1;
  end

  //读操作
  always @(posedge clk)begin
    if(!rst_n)begin
      rdata <= 'h0;
      rhit  <= 'h0;
    end
    else if(vld && (!op) && (addr == (BASE_ADDR + OFFSET_ADDR)))begin
      rdata[REG_SIZE-1:0] <= reg_field;
      reg_field <= RST_VALUE;
      rhit <= 'h1;
    end
    else
      rhit <= 'h0;
  end

endmodule
```

上面代码主要描述了寄存器读和写两个过程，分别如下。

写过程：在检测到 vld_cnt 信号为高电平有效状态时，每个时钟周期都会将寄存器的值 reg_field 加 1，这里同样不支持通过寄存器总线进行写入。

读过程：当 vld 高电平有效且 op 为低电平的读操作且访问地址是基地址和偏移地址之和时，将寄存器的值 reg_field 读取到 rdata 上，并且由于是 RC 属性，所以在读的同时会把寄存器的值 reg_field 复位成 RST_VALUE。

（4）中断寄存器(int)：用于运算器向外产生中断。该类型寄存器会被写 1 清零，即为 WC 属性。

参考代码如下：

```verilog
//文件路径:7.1/src/dut/ip_reg_int.v
module ip_reg_int(clk,rst_n,vld,op,addr,wdata,int_data,rdata,reg_field,rhit);

  parameter ADDR_SIZE   = 32;
  parameter DATA_SIZE   = 32;
  parameter REG_SIZE    = 32;
  parameter BASE_ADDR   = 0;
  parameter OFFSET_ADDR = 0;
  parameter RST_VALUE   = 0;

  input                    clk;
  input                    rst_n;
  input                    vld;
  input                    op;
  input [ADDR_SIZE-1:0]    addr;
  input [REG_SIZE-1:0]     wdata;
  input [REG_SIZE-1:0]     int_data;
  output reg [DATA_SIZE-1:0] rdata;
  output reg [REG_SIZE-1:0]  reg_field;
  output reg               rhit;

  //写1清零
  always @(posedge clk)begin
    if(!rst_n)
      reg_field <= RST_VALUE;
    else if(vld && op && (addr == (BASE_ADDR + OFFSET_ADDR)))
      reg_field <= (~wdata) & reg_field ;
    else
      reg_field <= int_data | reg_field;
  end

  //读操作
  always @(posedge clk)begin
    if(!rst_n)begin
      rdata <= 'h0;
      rhit  <= 'h0;
    end
    else if(vld && (!op) && (addr == (BASE_ADDR + OFFSET_ADDR)))begin
      rdata[REG_SIZE-1:0] <= reg_field;
```

```
      rhit <= 'h1;
    end
    else
      rhit <= 'h0;
  end

endmodule
```

上面代码主要描述了寄存器的读和写两个过程，分别如下。

写过程：当 vld 高电平有效且 op 为高电平的写操作且访问地址是基地址和偏移地址之和时，将数据 wdata 按位取反后再与寄存器 reg_field 的值按位与运算的结果写入寄存器 reg_field，从而实现 WC 属性的写 1 清零。如果没有寄存器总线的写操作，则会在每个时钟周期对需要监测的中断源 int_data 与寄存器 reg_field 的值按位或运算的结果写入寄存器 reg_field。

读过程：当 vld 高电平有效且 op 为低电平的读操作且访问地址是基地址和偏移地址之和时，将寄存器的值 reg_field 读取到 rdata 上。

完成了不同寄存器类型的可重用模块的设计之后，将它们例化包含在寄存器设计子模块中，并将读写寄存器的信息接到寄存器读写总线上，从而方便用于与运算器的内部功能做连线从而联系起来，参考代码如下：

```
//文件路径:7.1/src/dut/demo_reg_slave.v
module demo_reg_slave(
  cfg_ctrl,
  sta_status,
  sta_status_wdata,
  cnt_operation,
  vld_cnt_operation,
  int_interrupt,
  int_interrupt_wdata,
  clk,
  rst_n,
  vld,
  op,
  addr,
  wdata,
  rdata);

parameter ADDR_SIZE = 32;
parameter DATA_SIZE = 32;
parameter BASE_ADDR = 0;

input                   clk;
input                   rst_n;
input                   vld;
input                   op;
input [ADDR_SIZE-1:0]   addr;
```

```verilog
  input [DATA_SIZE - 1:0]                              wdata;
  output reg[DATA_SIZE - 1:0]                          rdata;

  output reg[`CFG_CTRL_REG_SIZE - 1:0]                 cfg_ctrl;
  output reg[`STA_STATUS_REG_SIZE - 1:0]              sta_status;
  input  [`STA_STATUS_REG_SIZE - 1:0]                sta_status_wdata;
  output reg[`CNT_OPERATION_REG_SIZE - 1:0]          cnt_operation;
  input                                               vld_cnt_operation;
  output reg[`INT_INTERRUPT_REG_SIZE - 1:0]          int_interrupt;
  input  [`INT_INTERRUPT_REG_SIZE - 1:0]            int_interrupt_wdata;

  wire[DATA_SIZE * 4 - 1:0]                           rdata_bus;
  wire[3:0] rhit_bus;

  always @(rhit_bus or rdata_bus)begin
    case(rhit_bus)
      'd1: rdata = rdata_bus[DATA_SIZE * 1 - 1:DATA_SIZE * 0];
      'd2: rdata = rdata_bus[DATA_SIZE * 2 - 1:DATA_SIZE * 1];
      'd4: rdata = rdata_bus[DATA_SIZE * 3 - 1:DATA_SIZE * 2];
      'd8: rdata = rdata_bus[DATA_SIZE * 4 - 1:DATA_SIZE * 3];
      default: rdata = 'h0;
    endcase
  end

  ip_reg_cfg #(ADDR_SIZE, DATA_SIZE, `CFG_CTRL_REG_SIZE, BASE_ADDR, `CFG_CTRL_REG_OFFSET,
`CFG_CTRL_REG_RST_VALUE) cfg_cfg_ctrl(
    .clk(clk),
    .rst_n(rst_n),
    .vld(vld),
    .op(op),
    .addr(addr),
    .wdata(wdata[`CFG_CTRL_REG_SIZE - 1:0]),
    .rdata(rdata_bus[DATA_SIZE * 1 - 1:DATA_SIZE * 0]),
    .rhit(rhit_bus[0]),
    .reg_field(cfg_ctrl)
  );
  ip_reg_sta #(ADDR_SIZE, DATA_SIZE, `STA_STATUS_REG_SIZE, BASE_ADDR, `STA_STATUS_REG_
OFFSET, `STA_STATUS_REG_RST_VALUE) sta_sta_status(
    .clk(clk),
    .rst_n(rst_n),
    .vld(vld),
    .op(op),
    .addr(addr),
    .wdata(sta_status_wdata),
    .rdata(rdata_bus[DATA_SIZE * 2 - 1:DATA_SIZE * 1]),
    .rhit(rhit_bus[1]),
    .reg_field(sta_status)
  );
  ip_reg_cnt #(ADDR_SIZE, DATA_SIZE, `CNT_OPERATION_REG_SIZE, BASE_ADDR, `CNT_OPERATION_REG_
OFFSET, `CNT_OPERATION_REG_RST_VALUE) cnt_cnt_operation(
    .clk(clk),
```

```
    .rst_n(rst_n),
    .vld(vld),
    .op(op),
    .addr(addr),
    .vld_cnt(vld_cnt_operation),
    .rdata(rdata_bus[DATA_SIZE * 3 - 1:DATA_SIZE * 2]),
    .rhit(rhit_bus[2]),
    .reg_field(cnt_operation)
  );
  ip_reg_int #(ADDR_SIZE, DATA_SIZE, `INT_INTERRUPT_REG_SIZE, BASE_ADDR, `INT_INTERRUPT_REG_
OFFSET, `INT_INTERRUPT_REG_RST_VALUE) int_int_interrupt(
    .clk(clk),
    .rst_n(rst_n),
    .vld(vld),
    .op(op),
    .addr(addr),
    .wdata(wdata[`INT_INTERRUPT_REG_SIZE - 1:0]),
    .int_data(int_interrupt_wdata[`INT_INTERRUPT_REG_SIZE - 1:0]),
    .rdata(rdata_bus[DATA_SIZE * 4 - 1:DATA_SIZE * 3]),
    .rhit(rhit_bus[3]),
    .reg_field(int_interrupt)
  );

endmodule
```

还要包括寄存器设计子模块的定义文件,主要用来定义寄存器总线及其中寄存器的宽度,以及地址和复位值信息,参考代码如下:

```
//文件路径:7.1/src/dut/demo_reg_slave.vh

`define ADDR_SIZE 'd16
`define DATA_SIZE 'd16
`define BASE_ADDR 'd8

`define CFG_CTRL_REG_SIZE 'd1
`define CFG_CTRL_REG_OFFSET 'h0
`define CFG_CTRL_REG_RST_VALUE 1'h0

`define STA_STATUS_REG_SIZE 'd8
`define STA_STATUS_REG_OFFSET 'h1
`define STA_STATUS_REG_RST_VALUE 8'h0

`define CNT_OPERATION_REG_SIZE 'd16
`define CNT_OPERATION_REG_OFFSET 'h2
`define CNT_OPERATION_REG_RST_VALUE 16'h0

`define INT_INTERRUPT_REG_SIZE 'd7
`define INT_INTERRUPT_REG_OFFSET 'h3
`define INT_INTERRUPT_REG_RST_VALUE 7'h0
```

5）顶层设计模块

顶层设计模块里例化包含了上述 4 个设计子模块,还包含了多路分配器和多路选择器,主要用于对运算指令进行译码,然后送入上述对应的运算子模块进行运算,运算完成后,对 result 运算结果和 done 完成信号进行输出。同时在运算过程中将运算器的相关状态信息接入寄存器设计子模块中,用于配置或指示内部工作状态。

参考代码如下:

```verilog
//文件路径:7.1/src/dut/alu.v
module alu(
  A,
  B,
  clk,
  op,
  rst_n,
  start,
  done,
  result,
  bus_vld,
  bus_op,
  bus_addr,
  bus_wr_data,
  bus_rd_data);

  input [7:0]      A;
  input [7:0]      B;
  input            clk;
  input [2:0]      op;
  input            rst_n;
  input            start;
  output           done;
  output [15:0]    result;

  input            bus_vld;
  input            bus_op;
  input [15:0]     bus_addr;
  input [15:0]     bus_wr_data;
  output [15:0]    bus_rd_data;

  wire             done_aax;
  wire             done_mult;
  wire             done_div;
  wire [15:0]      result_aax;
  wire [15:0]      result_mult;
  wire [15:0]      result_div;
  reg              start_single;
  reg              start_mult;
  reg              start_div;
  reg              done_internal;
  reg[15:0]        result_internal;
```

```
wire[`INT_INTERRUPT_REG_SIZE - 1:0]      int_interrupt_wdata;
wire[`STA_STATUS_REG_SIZE - 1:0]         sta_status_wdata;

wire[`CFG_CTRL_REG_SIZE - 1:0]           cfg_ctrl;
wire[`STA_STATUS_REG_SIZE - 1:0]         sta_status;
wire[`CNT_OPERATION_REG_SIZE - 1:0]      cnt_operation;
wire[`INT_INTERRUPT_REG_SIZE - 1:0]      int_interrupt;

//指令多路分配器
always @ ( * ) begin
   case (op[2])
      1'b0 :
         begin
             start_single = start;
             start_mult   = 1'b0;
             start_div    = 1'b0;
         end
      1'b1 :
         if(op[0]) begin
             start_single = 1'b0;
             start_mult   = 1'b0;
             start_div    = start;
          end
         else begin
             start_single = 1'b0;
             start_mult   = start;
             start_div    = 1'b0;
         end
      default :
          ;
   endcase
end

//运算结果多路选择器
always @ ( * ) begin
   case (op[2])
      1'b0 :
         result_internal = result_aax;
      1'b1 :
         if(op[0])
            result_internal = result_div;
         else
            result_internal = result_mult;
      default :
         result_internal = {16{1'bx}};
   endcase
end

//done 完成信号多路选择器
always @ ( * ) begin
   case (op[2])
```

```verilog
        1'b0 :
            done_internal = done_aax;
        1'b1 :
            if(op[0])
                done_internal = done_div;
            else
                done_internal = done_mult;
        default :
            done_internal = 1'bx;
    endcase
end

single_cycle add_and_xor(
  .A(A),
  .B(B),
  .clk(clk),
  .op(op),
  .rst_n(rst_n),
  .start(start_single),
  .done_aax(done_aax),
  .result_aax(result_aax));

three_cycle_mult mult(
  .A(A),
  .B(B),
  .clk(clk),
  .rst_n(rst_n),
  .start(start_mult),
  .done_mult(done_mult),
  .result_mult(result_mult));

three_cycle_div div(
  .A(A),
  .B(B),
  .clk(clk),
  .rst_n(rst_n),
  .start(start_div),
  .done_div(done_div),
  .result_div(result_div));

demo_reg_slave #(`ADDR_SIZE,`DATA_SIZE,`BASE_ADDR) i_demo_reg_slave(
  .clk(clk),
  .rst_n(rst_n),
  .vld(bus_vld),
  .op(bus_op),
  .addr(bus_addr),
  .wdata(bus_wr_data),
  .rdata(bus_rd_data),
  .cfg_ctrl(cfg_ctrl),
  .sta_status(sta_status),
  .cnt_operation(cnt_operation),
```

```
            .int_interrupt(int_interrupt),
            .sta_status_wdata(sta_status_wdata),
            .vld_cnt_operation(done_internal),
            .int_interrupt_wdata(int_interrupt_wdata));

    assign result = (cfg_ctrl[0])? ~result_internal : result_internal;
    assign done   = done_internal;

    assign int_interrupt_wdata[`INT_INTERRUPT_REG_SIZE - 1:1] = 'h0;
    assign int_interrupt_wdata[0] = ((B == 'h0) && (op == 3'b101));

    assign sta_status_wdata[`STA_STATUS_REG_SIZE - 1:4] = 'h0;
    assign sta_status_wdata[0] = (A == 'hff);
    assign sta_status_wdata[1] = (B == 'hff);
    assign sta_status_wdata[2] = (A == 'h0);
    assign sta_status_wdata[3] = (B == 'h0);
endmodule
```

从上面的代码中可以看到针对其中寄存器的连线实现的细节。

（1）配置寄存器（cfg）：用于配置运算器的工作模式。如果配置成1，则将运算结果取反后输出，如果配置成0，则正常运算输出结果。

这里通过三目操作符实现根据配置的寄存器cfg_ctrl最低位的值决定对运算结果取反后输出还是原样输出。

（2）状态寄存器（sta）：用于指示运算器的工作状态，主要用于检测运算操作数是边界值'h0还是'hff的情况。

将状态寄存器的写数据sta_status_wdata的第0位用于指示运算操作数A是否等于'hff；

将状态寄存器的写数据sta_status_wdata的第1位用于指示运算操作数B是否等于'hff；

将状态寄存器的写数据sta_status_wdata的第2位用于指示运算操作数A是否等于'h0；

将状态寄存器的写数据sta_status_wdata的第3位用于指示运算操作数B是否等于'h0；

（3）计数寄存器（cnt）：用于统计给运算器施加的有效指令数量。

这里通过统计运算完成的done信号被拉高的次数实现，因此不包括空指令和复位指令。

（4）中断寄存器（int）：用于运算器向外产生中断，主要用于检测除法运算中除数为0时的非法操作。

当除数B为'h0且指令为除法指令（op为3'b101）时，将中断寄存器的写中断源int_interrupt_wdata的最低位拉高。

7.1.3　测试计划

1．准备工作

在撰写测试计划之前，做必要的准备工作可以帮助理清思路，即至少需要弄清楚以下几件事情：

1）待测芯片架构及其应用场景

关于芯片架构在 7.1.2 节的架构设计部分已经向读者介绍过。

关于应用场景，由于这里只是一个参考例子，相对比较简单，姑且认为只是用来完成一些基础的运算。

2）工作模式

可以配置运算器的控制寄存器来改变其工作模式。如果配置成 1，则将运算结果取反后输出；如果配置成 0，则正常运算输出结果。因此，运算器在不同工作模式下是否能够正常工作也需要被测试。

3）信号激励

运算器有两组总线，其中一组是运算总线，需要驱动运算操作数、运算指令和运算起始信号到运算总线，从而让运算器来完成基本的运算。

另一组总线则是寄存器总线，需要驱动寄存器操作有效信号、寄存器操作类型、用来完成对运算器中的寄存器的读写，从而对其工作模式进行配置或获取其工作状态。

4）遵循的协议标准

主要遵循两组总线的协议，相对比较简单，具体参考图 7-2 和图 7-3。

5）输入/输出引脚

参考 7.1.1 节描述的输入/输出的端口信号，即引脚。

6）可能存在 Bug 的场景

（1）运算操作数是边界值 8'h0 或 8'hff 的情况。

（2）对运算器复位前后的指令运算的情况。

（3）对运算器的各种指令交叉组合运算的情况。

（4）对运算器配置不同工作模式运算的情况。

2．特征提取

从设计规范中提取并整理待测设计的所有特征，主要包括配置方式、接口协议、数据处理协议和状态通信，然后对这些特征进行分类，方便后面撰写测试用例与其对应。

本例中主要验证多种运算操作数和运算指令的连续组合运算的结果是否正确。

3．测试用例

对所要执行的测试用例进行描述。

本例中计划包括两部分测试用例，第一部分用例是对运算操作数和运算指令随机生成的测试用例，第二部分用例则是为了满足覆盖率目标而编写的直接测试用例。

4．测试架构

测试平台的架构如图 7-5 所示。

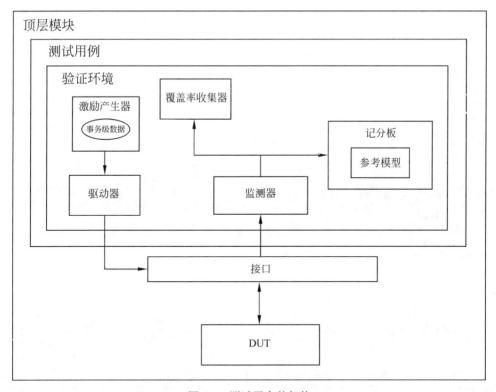

图 7-5　测试平台的架构

和图 1-5 类似,只是这里将输入和输出接口合并,以及将输入端监测器和输出端监测器合并,同时将用于计算期望结果的参考模型例化包含在记分板里面,从而实现了一些测试平台的简化。

整个测试平台的运行过程也和 1.2.3 节中描述的过程类似,大致如下:

首先在顶层模块中例化 DUT(这里的运算器)和接口,并将 DUT 连接集成到测试平台,然后激励产生器产生激励,并由驱动器驱动到接口上,从而完成将激励施加给 DUT 的输入端,然后 DUT 根据输入的激励,即运算操作数和运算指令开始进行计算并输出结果,与此同时监测器将监测到的 DUT 接口信号封装成事务级数据并传送给测试平台中的覆盖率收集器和记分板,其中覆盖率收集器根据接收的事务级数据来收集覆盖率,而记分板则根据接收的事务级数据来计算期望的输出结果,然后与接收的实际 DUT 运算结果进行比较,从而判断 DUT 行为功能的正确性。

7.1.4　搭建测试平台

根据 7.1.3 节的测试平台的架构来搭建验证环境。

1. 接口

主要用来将 DUT 连接到测试平台。

由于这里存在两组总线,因此也需要编写两个接口,其中 alu_interface 实现运算总线,alu_reg_interface 实现寄存器总线。

首先来看运算总线,参考代码如下:

```
//文件路径:7.1/sim/testbench/interface/alu_interface.sv
`ifndef ALU_INTERFACE
`define ALU_INTERFACE

interface alu_interface(input wire clk);
  import    alu_pkg::*;
  parameter tsu = 1ps;
  parameter tco = 0ps;

  logic[7:0]    A;
  logic[7:0]    B;
  logic[2:0]    op;
  logic         start;
  logic         done;
  logic [15:0]  result;
  logic rst_n;

  clocking drv@(posedge clk);
    output #tco A;
    output #tco B;
    output #tco op;
    output #tco start;
    input  #tsu done;
    input  #tsu result;
  endclocking

  clocking mon@(posedge clk);
    input #tsu A;
    input #tsu B;
    input #tsu op;
    input #tsu start;
    input #tsu done;
    input #tsu result;
  endclocking

  task send_op(input transaction req, output bit[15:0] alu_result);
    case(req.op.name())
      "no_op": begin
        @(drv);
        drv.op    <= enum2op(req.op);
        drv.start <= 1'b1;
        @(drv);
        drv.start <= 1'b0;
        @(drv);
        alu_result = drv.result;
      end
```

```
          "rst_op": begin
            @(drv);
            drv.op          <= enum2op(req.op);
            rst_n           <= 0;
            drv.start       <= 1'b1;
            @(drv);
            rst_n           <= 1;
            drv.start       <= 1'b0;
            @(drv);
            alu_result = drv.result;
          end
          "mul_op","div_op": begin
            @(drv);
            drv.op          <= enum2op(req.op);
            drv.A           <= req.A;
            drv.B           <= req.B;
            drv.start       <= 1'b1;
            repeat(2) begin
              @(drv);
            end
            @(drv);
            alu_result = drv.result;
            @(drv);
            drv.start       <= 1'b0;
          end
          default: begin
            @(drv);
            drv.op          <= enum2op(req.op);
            drv.A           <= req.A;
            drv.B           <= req.B;
            drv.start       <= 1'b1;
            @(drv);
            alu_result = drv.result;
            @(drv);
            drv.start       <= 1'b0;
          end
        endcase
    endtask

    task init();
      start              <= 0;
      A                  <= 'dx;
      B                  <= 'dx;
      op                 <= 'd0;
    endtask

    function bit[2:0] enum2op(operation_t op);
      case(op)
        no_op  : return 3'b000;
        add_op : return 3'b001;
        and_op : return 3'b010;
```

```
        xor_op : return 3'b011;
        mul_op : return 3'b100;
        div_op : return 3'b101;
        rst_op : return 3'b111;
      endcase
    endfunction

endinterface

`endif
```

在上面的代码中，主要包括以下几部分：

（1）使用四态值 logic 数据类型对 DUT 端口信号建模，方便将测试平台与 DUT 运算总线信号进行连接。

（2）声明用于驱动和监测 DUT 端口信号的时钟块，以实现测试平台中的信号与时钟信号同步。

（3）提供了供后面驱动器使用的将激励信号驱动到 DUT 输入端口的方法 send_op，这里需要按照运算总线时序图进行编写，即按照规定的时序协议将输入激励驱动到 DUT 的输入接口信号上。

（4）提供了将运算指令枚举值转换成编码值的方法 enum2op。

然后来看寄存器总线，参考代码如下：

```
//文件路径:7.1/sim/testbench/interface/alu_reg_interface.sv
`ifndef ALU_REG_INTERFACE
`define ALU_REG_INTERFACE

interface alu_reg_interface(input wire clk, input wire rst_n);
  import    alu_pkg::*;
  parameter tsu = 1ps;
  parameter tco = 0ps;

  logic       vld;
  logic       op;
  logic [15:0]  wr_data;
  logic [15:0]  addr;
  logic [15:0]  rd_data;

  clocking drv@(posedge clk);
    output #tco vld;
    output #tco op;
    output #tco wr_data;
    output #tco addr;
    input   #tsu rd_data;
  endclocking

  clocking mon@(posedge clk);
```

```
        input #tsu vld;
        input #tsu op;
        input #tsu wr_data;
        input #tsu addr;
        input #tsu rd_data;
    endclocking

    task send_op(input reg_transaction req, output bit[15:0] o_rd_data);
        //驱动有效指令
        begin
            @(drv);
            drv.vld <= 1'b1;
            case(req.op.name())
                "reg_wr":   drv.op <= 1'b1;
                "reg_rd":   drv.op <= 1'b0;
            endcase
            drv.addr <= req.addr;
            case(req.op.name())
                "reg_rd":   drv.wr_data <= 16'h0;
                "reg_wr":   drv.wr_data <= req.wr_data;
            endcase
        end
        //驱动空闲状态
        begin
            @(drv);
            drv.vld     <= 1'b0;
            drv.op      <= 1'b0;
            drv.addr    <= 16'h0;
            drv.wr_data <= 16'h0;
        end
        //监测读数据
        begin
            @(drv);
            if(req.op.name() == "reg_rd")
                o_rd_data = drv.rd_data;
        end
    endtask

    task init();
        vld     <= 0;
        op      <= 'dx;
        wr_data <= 'dx;
        addr    <= 'dx;
    endtask

    function reg_operation_t op2enum();
        case(op)
            1'b0 : return reg_rd;
            1'b1 : return reg_wr;
            default : $fatal("Illegal operation on reg interface");
        endcase
```

```
    endfunction

  function bit[15:0] peek(string reg_name);
    case(reg_name)
      "cfg_cfg_ctrl"     : return $root.top.DUT.i_demo_reg_slave.cfg_cfg_ctrl.reg_field;
      "sta_sta_status"   : return $root.top.DUT.i_demo_reg_slave.sta_sta_status.reg_field;
      "cnt_cnt_operation": return $root.top.DUT.i_demo_reg_slave.cnt_cnt_operation.reg_
field;
      "int_int_interrupt": return $root.top.DUT.i_demo_reg_slave.int_int_interrupt.reg_
field;
    endcase
  endfunction

endinterface

`endif
```

在上面的代码中,主要包括以下几部分:

（1）使用四态值 logic 数据类型对 DUT 端口信号建模,方便将测试平台与 DUT 寄存器总线信号进行连接。

（2）声明用于驱动和监测 DUT 端口信号的时钟块,以实现测试平台中的信号与时钟信号同步。

（3）提供了供后面读写寄存器的方法 send_op,这里需要按照寄存器总线时序图进行编写,即按照规定的时序协议将寄存器读写命令驱动到 DUT 的输入接口信号上。

（4）提供了将寄存器操作编码值转换为枚举值的方法 op2enum。

（5）提供了使用硬件路径实现后门访问寄存器值的方法 peek,只要传入寄存器名称的字符串就可以立刻返回该寄存器的值。

2. 事务级数据

事务级数据是测试平台中各个组件成员之间的最小通信信息负载单元,是实现事务级通信的基础元素。这里的事务级通信,可以简单地理解为由一方(生产方)产生事务级数据并发送至"管道",然后另一方(消费方)从"管道"中获取该事务级数据,而"管道"可以通过邮箱(mailbox)实现,类似发信和收信的过程。

参考代码如下:

```
//文件路径:7.1/sim/testbench/transaction/transaction.svh
`ifndef TRANSACTION
`define TRANSACTION

class transaction;

  rand bit[7:0]      A;
  rand bit[7:0]      B;
  rand operation_t   op;
  bit[15:0]          result;
```

```
constraint opcode_c {op dist {no_op: = 1, add_op: = 5, and_op: = 5,
                              xor_op: = 5, mul_op: = 5, div_op: = 5, rst_op: = 1};}

constraint oprand_c { A dist {8'h00: = 1, [8'h01 : 8'hFE]: = 1, 8'hFF: = 1};
                       B dist {8'h00: = 1, [8'h01 : 8'hFE]: = 1, 8'hFF: = 1};}

function bit compare(transaction tr);
    bit same;
    if(tr == null)begin
      same = 0;
      $display(" %0t -> transaction : ERROR -> tr is null", $time);
    end
    else if((this.A == tr.A) &&
            (this.B == tr.B) &&
            (this.op == tr.op) &&
            (this.result == tr.result))
      same = 1;
    else
      same = 0;
      return same;
endfunction

function string convert2string_in();
    string            s;
    s = $sformatf("A: %2h  B: %2h   op: %s",
                   A, B, op.name());
    return s;
endfunction

function string convert2string();
    string            s;
    s = $sformatf("A: %2h  B: %2h   op: %s = %4h",
                   A, B, op.name(), result);
    return s;
endfunction

endclass

`endif
```

在上面的代码中,主要包括以下几部分:

(1) 使用两态值 bit 数据类型来对测试平台中的最小通信信息负载单元进行建模,从而减少仿真资源的占用。

(2) 使用约束程序块 constraint 来对之后随机化产生的输入激励值的范围进行约束,约束到 DUT 在实际场景中最可能出现的情况,以尽可能地模拟真实环境下的测试验证。

(3) 提供比较两个事务级数据是否相等的 compare 方法,从而方便在后面的记分板中来比较期望的结果和实际 DUT 运算的结果。

(4) 提供将事务级数据转换成字符串类型的 convert2string 和 convert2string_in 方法,

从而方便在测试平台中的组件里调用以打印调试信息。

除此之外还有与寄存器总线相关的事务级数据,参考代码如下:

```
//文件路径:7.1/sim/testbench/transaction/reg_transaction.svh
`ifndef REG_TRANSACTION
`define REG_TRANSACTION

class reg_transaction;

    rand bit[15:0]        wr_data;
    rand bit[15:0]        addr;
    rand reg_operation_t  op;
    bit[15:0]             rd_data;

    function string convert2string();
        string    s;
        s = $sformatf("op: %s   addr: %2h   rd_data: %4h    wr_data: %4h",
                        op.name(), addr, rd_data, wr_data);
        return s;
    endfunction

endclass

`endif
```

和运算总线相关的事务级数据类似,这里不再赘述。

3. 激励产生器

主要用来产生输入激励的部分。

参考代码如下:

```
//文件路径:7.1/sim/testbench/component/generator.svh
`ifndef GENERATOR
`define GENERATOR

class generator;

    mailbox gen2drv;

    function new (mailbox gen2drv_new);
        if(gen2drv_new == null)begin
            $display(" %0t -> generator : ERROR -> gen2drv is null", $time);
            $finish;
        end
        else
            this.gen2drv = gen2drv_new;
    endfunction

    task run( int num_tr = 200);
        transaction tr;
```

```
      repeat(num_tr)begin
        tr = new();
        assert(tr.randomize());
        $display(" %0t -> generator : tr is %s", $time,tr.convert2string_in());
        gen2drv.put(tr);
      end

    endtask

  endclass

`endif
```

在上面的代码中,主要包括以下几部分:

(1) 在构造函数 new 中获取邮箱并传递给本地成员 gen2drv。

(2) 在任务 run 中默认产生 200 个随机的事务级数据,用来作为输入激励发送到邮箱 gen2drv 中,供之后的驱动器从邮箱中获取,然后驱动到 DUT 的输入接口上,因此在这里通过邮箱完成激励产生器和驱动器之间的连接和通信。

注意: 在整个测试平台中各个组件之间的连接和通信基本通过邮箱来完成,各个组件之间通信的最小单位(最小通信信息负载单元)为事务级数据。

4. 驱动器

主要用来将输入激励驱动到 DUT 的输入端,参考代码如下:

```
//文件路径:7.1/sim/testbench/component/driver.svh
`ifndef DRIVER
`define DRIVER

class driver;

  virtual alu_interface intf;
  mailbox gen2drv;

  function new (virtual alu_interface intf_new,
              mailbox gen2drv_new);
    this.intf = intf_new;
    if(gen2drv_new == null)begin
      $display(" %0t -> driver : ERROR -> gen2drv is null", $time);
      $finish;
    end
    else
      this.gen2drv = gen2drv_new;
  endfunction

  task run();
    transaction tr;
```

```
    bit[15:0] alu_result;

    forever begin
      gen2drv.get(tr);
      $display(" %0t -> driver : tr is %s", $time, tr.convert2string_in());
      intf.send_op(tr, alu_result);
    end
  endtask

endclass

`endif
```

在上面的代码中,主要包括以下几部分:

(1)在构造函数 new 中获取邮箱并传递给本地成员 gen2drv,获取运算器总线接口并传递给本地成员 intf。

(2)在任务 run 中不断地从邮箱中获取激励产生器发送过来的输入激励,然后调用运算器总线接口中的 send_op 方法并驱动到 DUT 的输入接口上,从而实现对 DUT 施加输入激励。

5. 监测器

主要用来监测 DUT 端口信号并封装成事务级数据,然后发送给验证环境中的其他组件,参考代码如下:

```
//文件路径:7.1/sim/testbench/component/monitor.svh
`ifndef MONITOR
`define MONITOR

class monitor;

  virtual alu_interface intf;
  mailbox mon2scb;
  mailbox mon2cov;

  int total_cnt = 0;

  function new (virtual alu_interface intf_new,
               mailbox mon2cov_new,
               mailbox mon2scb_new);
    this.intf = intf_new;
    if(mon2cov_new == null)begin
      $display(" %0t -> monitor : ERROR -> mon2cov is null", $time);
      $finish;
    end
    else if(mon2scb_new == null)begin
      $display(" %0t -> monitor : ERROR -> mon2scb is null", $time);
      $finish;
    end
```

```
      else begin
        this.mon2cov = mon2cov_new;
        this.mon2scb = mon2scb_new;
      end
    endfunction

    task run();
      transaction tr;

      forever begin
        @(intf.mon);
        if(intf.mon.done)begin
          tr = new();
          tr.A = intf.mon.A;
          tr.B = intf.mon.B;
          tr.op = intf.mon.op;
          tr.result = intf.mon.result;
          mon2scb.put(tr);
          mon2cov.put(tr);
          $display(" %0t -> monitor : tr is %s", $time,tr.convert2string());
          total_cnt++;
        end
        if(intf.mon.start)begin
          if((intf.mon.op == no_op)|| (intf.mon.op == rst_op)) begin
            tr.A = intf.mon.A;
            tr.B = intf.mon.B;
            tr.op = intf.mon.op;
            mon2cov.put(tr);
            $display(" %0t -> monitor : tr is %s", $time,tr.convert2string());
            total_cnt++;
          end
        end
      end
    endtask

  endclass

`endif
```

在上面的代码中,主要包括以下几部分:

(1) 在构造函数 new 中获取邮箱并传递给本地成员 mon2cov 和 mon2scb,获取运算器总线接口并传递给本地成员 intf。

(2) 在任务 run 中不断地监测运算器总线接口上的信号并封装成事务级数据,然后发送到邮箱 mon2cov 和 mon2scb 中,并统计总共发送的事务级数据的数量。

6. 覆盖率收集器

主要用于对覆盖率进行统计收集,确保关注的特征都被测试覆盖到,即达到覆盖目标,参考代码如下:

```systemverilog
//文件路径:7.1/sim/testbench/component/coverage.svh
`ifndef COVERAGE
`define COVERAGE

class coverage;

  mailbox mon2cov;
  bit[7:0]  A;
  bit[7:0]  B;
  operation_t  op_set;

  covergroup op_cov;
    coverpoint op_set {
        bins single_cycle[] = {[add_op : xor_op], rst_op,no_op};
        bins multi_cycle = {mul_op, div_op};

        bins opn_rst[] = ([add_op:div_op] => rst_op);
        bins rst_opn[] = (rst_op => [add_op:div_op]);

        bins sngl_mul[] = ([add_op:xor_op],no_op => mul_op);
        bins mul_sngl[] = (mul_op => [add_op:xor_op], no_op);

        bins sngl_div[] = ([add_op:xor_op],no_op => div_op);
        bins div_sngl[] = (div_op => [add_op:xor_op], no_op);

        bins mul_div[] = (mul_op => div_op);
        bins div_mul[] = (div_op => mul_op);

        bins twoops[] = ([add_op:div_op] [ * 2]);

        bins manymul = (mul_op [ * 3:5]);
        bins manydiv = (div_op [ * 3:5]);
    }
  endgroup

  covergroup zeros_or_ones_on_ops;
    all_ops : coverpoint op_set {
      ignore_bins null_ops = {rst_op, no_op};}

    a_leg: coverpoint A {
      bins zeros = {'h00};
      bins others = {['h01:'hFE]};
      bins ones  = {'hFF};
    }

    b_leg: coverpoint B {
      bins zeros = {'h00};
      bins others = {['h01:'hFE]};
      bins ones  = {'hFF};
    }
```

```
    op_00_FF:   cross a_leg, b_leg, all_ops {
      bins add_00 = binsof (all_ops) intersect {add_op} &&
                    (binsof (a_leg.zeros) || binsof (b_leg.zeros));

      bins add_FF = binsof (all_ops) intersect {add_op} &&
                    (binsof (a_leg.ones) || binsof (b_leg.ones));

      bins and_00 = binsof (all_ops) intersect {and_op} &&
                    (binsof (a_leg.zeros) || binsof (b_leg.zeros));

      bins and_FF = binsof (all_ops) intersect {and_op} &&
                    (binsof (a_leg.ones) || binsof (b_leg.ones));

      bins xor_00 = binsof (all_ops) intersect {xor_op} &&
                    (binsof (a_leg.zeros) || binsof (b_leg.zeros));

      bins xor_FF = binsof (all_ops) intersect {xor_op} &&
                    (binsof (a_leg.ones) || binsof (b_leg.ones));

      bins mul_00 = binsof (all_ops) intersect {mul_op} &&
                    (binsof (a_leg.zeros) || binsof (b_leg.zeros));

      bins mul_FF = binsof (all_ops) intersect {mul_op} &&
                    (binsof (a_leg.ones) || binsof (b_leg.ones));

      bins mul_max = binsof (all_ops) intersect {mul_op} &&
                     (binsof (a_leg.ones) && binsof (b_leg.ones));

      bins div_00 = binsof (all_ops) intersect {div_op} &&
                    (binsof (a_leg.zeros) || binsof (b_leg.zeros));

      bins div_FF = binsof (all_ops) intersect {div_op} &&
                    (binsof (a_leg.ones) || binsof (b_leg.ones));

      bins div_max = binsof (all_ops) intersect {div_op} &&
                     (binsof (a_leg.ones) && binsof (b_leg.ones));

      ignore_bins others_only = binsof(a_leg.others) && binsof(b_leg.others);
      }
  endgroup

  function new (mailbox mon2cov_new);
    op_cov = new();
    zeros_or_ones_on_ops = new();

    if(mon2cov_new == null)begin
      $display(" %0t -> coverage : ERROR -> mon2cov is null", $time);
      $finish;
    end
    else
      this.mon2cov = mon2cov_new;
```

```
      endfunction

   task run();
      transaction tr;

      forever begin
         mon2cov.get(tr);
         A = tr.A;
         B = tr.B;
         op_set = tr.op;
         op_cov.sample();
         zeros_or_ones_on_ops.sample();
          $display(" %0t -> coverage : tr is %s", $time, tr.convert2string());
      end
   endtask

endclass

`endif
```

在上面的代码中,主要包括以下几部分:

(1)在构造函数 new 中获取邮箱并传递给本地成员 mon2cov,实例化两个覆盖组 op_cov 和 zeros_or_ones_on_ops。

(2)提供两个覆盖组,其中覆盖组 op_cov 用来收集统计各个运算指令之间组合执行的覆盖场景,覆盖组 zeros_or_ones_on_ops 则用来收集统计各个运算指令的运算操作数为边界值的覆盖场景。

(3)在任务 run 中不断地从邮箱中获取监测器发送过来的监测事务数据,然后赋值给本地成员变量,接着进行覆盖率采样。

7. 记分板及参考模型

主要用来产生期望结果并与实际 DUT 的运算结果做比较,从而判断运算功能的正确性,参考代码如下:

```
//文件路径:7.1/sim/testbench/component/scoreboard.svh
`ifndef SCOREBOARD
`define SCOREBOARD

class scoreboard;

   virtual alu_reg_interface reg_intf;
   mailbox mon2scb;
   int pass_cnt, fail_cnt;

   function new (virtual alu_reg_interface reg_intf_new,
              mailbox mon2scb_new);
      this.reg_intf = reg_intf_new;
      if(mon2scb_new == null)begin
```

```
        $display(" %0t -> scoreboard : ERROR -> mon2scb is null", $time);
        $finish;
    end
    else
        this.mon2scb = mon2scb_new;
endfunction

task get_ctrl_reg_value(output bit value);
    bit[15:0] rd_data;
    rd_data = reg_intf.peek("cfg_cfg_ctrl");
    value = rd_data[0];
    $display(" %0t -> scoreboard : read CFG_CTRL_REG value : %0h", $time, rd_data);
endtask

task run();
    transaction exp_tr;
    transaction act_tr;
    string data_str;
    bit ctrl_reg_value;

    forever begin
        mon2scb.get(act_tr);
        get_ctrl_reg_value(ctrl_reg_value);
        exp_tr = predict_result(act_tr, ctrl_reg_value);
        data_str = {"\n \t Actual     ",  act_tr.convert2string(),
                    "\n \t Predicted ",   exp_tr.convert2string()};
        if(act_tr.compare(exp_tr)) begin
            pass_cnt++;
            $display(" %0t -> scoreboard : PASS => %s", $time, data_str);
        end
        else begin
            fail_cnt++;
            $display(" %0t -> scoreboard : FAIL => %s", $time, data_str);
        end
    end
endtask

function transaction predict_result(transaction cmd, bit is_invert);
    transaction exp_tr;
    bit[15:0] result;
    exp_tr = new();
    exp_tr.A  = cmd.A;
    exp_tr.B  = cmd.B;
    exp_tr.op = cmd.op;

    case (cmd.op)
        add_op: result = cmd.A + cmd.B;
        and_op: result = cmd.A & cmd.B;
        xor_op: result = cmd.A ^ cmd.B;
        mul_op: result = cmd.A * cmd.B;
        div_op: if(cmd.B == 0)
```

```
                        result = 'h0;
                else
                        result = cmd.A / cmd.B;
        endcase

        if(is_invert)
           exp_tr.result = ~result;
        else
           exp_tr.result = result;
        $display(" %0t -> scoreboard : op is %s, A is %h, B is %h, exp_result is %h", $time,cmd.
op.name(),cmd.A,cmd.B,exp_tr.result);
        return exp_tr;
   endfunction : predict_result

endclass

`endif
```

在上面的代码中,主要包括以下几部分:

(1) 在构造函数 new 中获取邮箱并传递给本地成员 mon2scb,获取寄存器总线接口并传递给本地成员 reg_intf。

(2) 提供读取配置寄存器的后门访问方法 get_ctrl_reg_value。

(3) 提供了用于计算期望结果的方法 predict_result,可以根据输入激励计算期望的结果,可以看作简化的参考模型。

(4) 在任务 run 中不断地从邮箱中获取监测器发送过来的监测事务数据,然后计算期望的结果并与实际 DUT 运算的结果进行比较,然后统计比较通过(pass)和比较失败(fail)的数量并打印比较的过程信息以供进行调试。

8. 验证环境

主要用于例化和使用邮箱连接前面提到的各个组件,并让各个组件相互之间协同运行,参考代码如下:

```
//文件路径:7.1/sim/testbench/component/environment.svh
`ifndef ENV
`define ENV

class environment;
  virtual alu_interface intf;
  virtual alu_reg_interface reg_intf;

  generator gen;
  driver drv;
  monitor mon;
  scoreboard scb;
  coverage cov;
```

```
mailbox gen2drv;
mailbox mon2scb;
mailbox mon2cov;

function new (virtual alu_interface intf_new,
              virtual alu_reg_interface reg_intf_new);
  this.intf = intf_new;
  this.reg_intf = reg_intf_new;
endfunction

function void build();
  $display(" %0t -> environment : start build() method", $time);
  gen2drv = new();
  mon2scb = new();
  mon2cov = new();

  gen = new(gen2drv);
  drv = new(intf, gen2drv);
  mon = new(intf, mon2cov, mon2scb);
  scb = new(reg_intf, mon2scb);
  cov = new(mon2cov);
  $display(" %0t -> environment : finish build() method", $time);
endfunction

task reset();
  $display(" %0t -> environment : start reset() method", $time);
  begin
    logic[15:0] alu_result;
    transaction tr = new();
    tr.op = rst_op;
    this.intf.send_op(tr,alu_result);
  end
  $display(" %0t -> environment : finish reset() method", $time);
endtask

task config();
  $display(" %0t -> environment : start config() method", $time);
  begin
    bit[15:0] rd_data;
    reg_transaction tr = new();
    tr.op = reg_wr;
    tr.addr = `BASE_ADDR + `CFG_CTRL_REG_OFFSET;
    tr.wr_data = 1'd1;
    this.reg_intf.send_op(tr,rd_data);
    $display(" %0t -> write CFG_CTRL_REG value : %0h", $time,tr.wr_data);
    tr.op = reg_rd;
    this.reg_intf.send_op(tr,rd_data);
    $display(" %0t -> read CFG_CTRL_REG value : %0h", $time,rd_data);
  end
  $display(" %0t -> environment : finish config() method", $time);
endtask
```

```systemverilog
  task start();
    $display(" %0t -> environment : start start() method", $time);
    fork
      gen.run();
      drv.run();
      mon.run();
      cov.run();
      scb.run();
    join_none
    $display(" %0t -> environment : finish start() method", $time);
  endtask

  task wait_finish();
    $display(" %0t -> environment : start wait_finish() method", $time);
    repeat(10000) @(posedge intf.clk);
    $display(" %0t -> environment : finish wait_finish() method", $time);
  endtask

  task report();
    $display(" %0t -> environment : start report() method", $time);
    $display("\n");
    if(scb.fail_cnt == 0)begin
      $display(" ************ Test PASSED ***************");
      $display(" *********** total: %0d   ***************",mon.total_cnt);
      $display(" *********** pass: %0d fail: 0 **************",scb.pass_cnt);
    end
    else begin
      $display(" *********** Test FAIL ***************");
      $display(" *********** total: %0d   ***************",mon.total_cnt);
      $display(" *********** pass: %0d fail: %0d **************",scb.pass_cnt,
scb.fail_cnt);
    end
    $display("coverage op_cov: %g%%, zeros_or_ones_on_ops: %g%%",cov.op_cov.get_
coverage(),cov.zeros_or_ones_on_ops.get_coverage());
    $display("\n");
    $display(" %0t -> environment : finish report() method", $time);
  endtask

  task run();
    $display(" %0t -> environment : start run() method", $time);
    build();
    reset();
    config();
    start();
    wait_finish();
    report();
    $display(" %0t -> environment : finish run() method", $time);
  endtask

endclass

`endif
```

在上面的代码中,主要包括以下几部分:

(1)在构造函数 new 中获取运算总线接口并传递给本地成员 intf,获取寄存器总线接口并传递给本地成员 reg_intf。

(2)在 build 方法里构建环境,即实例化并通过邮箱连接各个组件。

(3)在 reset 方法里对 DUT 进行复位,即变成初始状态。

(4)在 config 方法里对 DUT 进行配置,即对配置寄存器进行读写,以改变其工作模式。

(5)在 start 方法里并行启动各个组件,使它们相互之间同时协同运行。

(6)在 wait_finish 方法里等待 10 000 个时钟周期,在此之后可以假设认为所有指令的执行已经完毕。

(7)在 report 方法里报告此次执行的指令的总数量,以及通过和未通过测试的数量,并且对最终的覆盖率信息进行打印。

(8)在 run 方法里按照 build→reset→config→start→wait_finish→report 的顺序依次协调执行上述多种方法,从而实现对仿真过程阶段的划分和控制。

9. 测试用例

主要用于针对 DUT 的部分或某特定特征进行测试,参考代码如下:

```
//文件路径:7.1/sim/testbench/testcase/testcase.svh
`ifndef TESTCASE
`define TESTCASE

class testcase;
  virtual alu_interface intf;
  virtual alu_reg_interface reg_intf;

  environment  env;

  function new (virtual alu_interface intf_new,
               virtual alu_reg_interface reg_intf_new);
    this.intf    = intf_new;
    this.reg_intf = reg_intf_new;
  endfunction

  task run();
    env = new(intf, reg_intf);
    env.run();
  endtask

endclass

`endif
```

在上面的代码中,主要包括以下几部分:

(1)在构造函数 new 中获取运算总线接口并传递给本地成员 intf,获取寄存器总线接口并传递给本地成员 reg_intf。

（2）在 build 方法里对验证环境进行实例化并调用其 run 方法来运行。

注意：本例相对比较简单，在实际芯片项目中会在测试用例基类的基础上进行派生，然后修改测试激励，增加测试条件，重载验证环境并构造特殊的测试场景及增加相应的测试。

---

10. 包文件

主要用于将测试平台中的类对象组件打包并声明自定义的数据类型，在复杂的项目中可以提高验证环境代码的可重用性，参考代码如下：

```
//文件路径:7.1/sim/testbench/alu_pkg.sv
`ifndef ALU_PKG
`define ALU_PKG

package alu_pkg;
    typedef enum bit[2:0] {no_op   = 3'b000,
                           add_op  = 3'b001,
                           and_op  = 3'b010,
                           xor_op  = 3'b011,
                           mul_op  = 3'b100,
                           div_op  = 3'b101,
                           rst_op  = 3'b111} operation_t;

    typedef enum{reg_rd, reg_wr} reg_operation_t;

    //事务级数据对象
    `include "transaction.svh"
    `include "reg_transaction.svh"

    //测试平台组件
    `include "generator.svh"
    `include "driver.svh"
    `include "monitor.svh"
    `include "scoreboard.svh"
    `include "coverage.svh"
    `include "environment.svh"

    //测试用例
    `include "testcase.svh"

endpackage

`endif
```

11. 顶层模块

主要用来提供仿真的入口，并将 DUT 连接集成到测试平台，参考代码如下：

```
//文件路径:7.1/sim/testbench/top.sv
`ifndef TOP
`define TOP
```

```
module top;
  import    alu_pkg:: * ;
  bit clk;

  initial begin
    clk = 0;
    forever begin
      #10;
      clk = ~clk;
    end
  end

  alu_interface        intf(.clk(clk));
  alu_reg_interface    reg_intf(.clk(clk),.rst_n(intf.rst_n));

  alu DUT  ( .A           ( intf.A),
           .B            ( intf.B),
           .op           ( intf.op),
           .clk          ( clk),
           .rst_n        ( intf.rst_n),
           .start        ( intf.start),
           .done         ( intf.done),
           .result       ( intf.result),
           .bus_vld      ( reg_intf.vld),
           .bus_op       ( reg_intf.op),
           .bus_addr     ( reg_intf.addr),
           .bus_wr_data  ( reg_intf.wr_data),
           .bus_rd_data  ( reg_intf.rd_data));


  testcase tc;

  initial begin
    $display(" *********** Start of testcase *************** ");
    tc = new(intf, reg_intf);
    tc.run();
    #100;
    $finish;
  end

  final begin
    $display(" *********** Finish of testcase *************** ");
  end

endmodule

`endif
```

在上面的代码中,主要包括以下几部分:

(1) 产生时钟翻转信号。

（2）声明例化接口和 DUT，并通过接口将 DUT 连接并集成到测试平台。

（3）声明例化测试用例，并调用其 run 方法来运行。

（4）提供仿真的入口，并在运行结束时延迟 100 个时间单位后调用系统函数 $finish 停止仿真。

7.1.5　仿真验证

运行仿真脚本以执行测试用例，仿真结果如下：

```
************ Start of testcase ****************
0 -> environment : start run() method
0 -> environment : start build() method
0 -> environment : finish build() method
0 -> environment : start reset() method
50 -> environment : finish reset() method
50 -> environment : start config() method
110 -> write CFG_CTRL_REG value : 1
170 -> read CFG_CTRL_REG value : 1
170 -> environment : finish config() method
170 -> environment : start start() method
170 -> environment : finish start() method
170 -> environment : start wait_finish() method
170 -> generator : tr is A: fb  B: 6a   op: xor_op
170 -> generator : tr is A: 3c  B: b4   op: add_op
...
170 -> generator : tr is A: 27  B: 0b   op: and_op
170 -> generator : tr is A: 54  B: 02   op: no_op
170 -> driver : tr is A: fb  B: 6a    op: xor_op
230 -> monitor : tr is A: fb  B: 6a    op: xor_op = ff6e
230 -> driver : tr is A: 3c  B: b4    op: add_op
230 -> scoreboard : read CFG_CTRL_REG value : 1
230 -> scoreboard : op is xor_op, A is fb, B is 6a, exp_result is ff6e
230 -> scoreboard : PASS =>
Actual    A: fb  B: 6a   op: xor_op = ff6e
Predicted A: fb  B: 6a   op: xor_op = ff6e
230 -> coverage : tr is A: fb  B: 6a   op: xor_op = ff6e
...
200170 -> environment : finish wait_finish() method
200170 -> environment : start report() method

************ Test PASSED ***************
************ total: 200   ***************
************ pass: 181 fail: 0 ***************
coverage op_cov: 92.6829 %, zeros_or_ones_on_ops: 52.0833 %

200170 -> environment : finish report() method
200170 -> environment : finish run() method
************ Finish of testcase ***************
```

可以看到，总共执行了 200 条仿真命令，其中有效指令有 181 条并且全部通过，有效指令不包括空指令和复位指令。

7.1.6 覆盖率分析和提高

但是看到在 7.1.5 节仿真结果中,覆盖率并没有到达 100%,即覆盖率收集器中的覆盖组 op_cov 的覆盖率才达到 92.6829%,而覆盖组 zeros_or_ones_on_ops 的覆盖率才达到 52.0833%。通过查看覆盖率分析报告之后可以得知,主要缺少对运算操作数为边界值的覆盖,因此,在激励产生器的 run 方法里中添加相应的输入激励以进一步仿真,以便达到 100%覆盖率目标,参考代码如下:

```
//文件路径:7.1/sim/testbench/component/generator.svh
`ifndef GENERATOR
`define GENERATOR

class generator;

  ...

  task run( int num_tr = 200);
    transaction tr;

    //随机生成测试激励
    repeat(num_tr)begin
      tr = new();
      assert(tr.randomize());
      $display(" %0t -> generator : tr is %s", $time,tr.convert2string_in());
      gen2drv.put(tr);
    end

    //随机生成测试激励,但运算操作数被约束为'h00 或'hff
    repeat(num_tr)begin
      tr = new();
      assert(tr.randomize() with {A inside {'h0,'hff}; B inside {'h0,'hff};});
      $display(" %0t -> generator : tr is %s", $time,tr.convert2string_in());
      gen2drv.put(tr);
    end

  endtask

endclass

`endif
```

再次运行脚本仿真,得到仿真结果如下:

```
...
************ Test PASSED ***************
************ total: 400   ***************
************ pass: 369 fail: 0 ***************
```

```
coverage op_cov: 100 %, zeros_or_ones_on_ops: 100 %
...
```

可以看到,覆盖率达到了 100%,可以初步地认为完成了对运算器的功能验证。

注意:在实际项目中,对代码覆盖率和功能覆盖率都会进行收集统计,并且都需要一步步地达到目标覆盖率,这里做了简化,仅进行了部分功能覆盖率的分析和收集。

7.2 对寄存器控制的运算器的设计和验证

7.2.1 设计说明

本节计划对 7.1 节的运算器进行修改,将运算总线隐藏到 DUT 内部,对外仅提供一组寄存器总线进行通信,如图 7-6 所示。

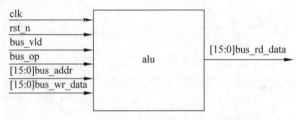

图 7-6 待测设计框图

其他未特别说明的设计参数和之前保持一致,包括寄存器总线、指令编码等。

7.2.2 设计实现

1. 架构设计

运算器的设计架构如图 7-7 所示。

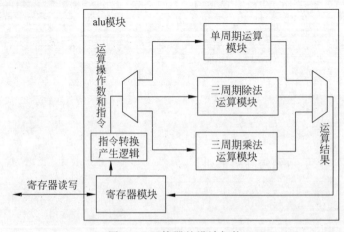

图 7-7 运算器的设计架构

运算器通过唯一的寄存器总线来与外界通信,即可通过写操作数寄存器来指定运算操作数,写指令寄存器来指定运算指令并触发一个启动脉冲信号来产生运算起始的 start 信号,然后读取状态寄存器来获知运算器是否处于繁忙工作状态及运算是否已完成,如果运算器已经处于运算完成的空闲状态,则可以读取结果寄存器,以便获取此次运算结果。

简单来说就是通过寄存器总线获取运算指令和操作数,然后通过指令转换产生逻辑来转换成内部的运算操作数 A、B,指令 op 及起始运算 start 信号,然后通过多路分配器根据指令分配到单周期运算模块或者三周期运算模块中进行运算,最后通过多路选择器根据指令选择相应模块的结果进行输出,此时输出到结果寄存器上,最后读取该寄存器即可获取运算结果。

2. 硬件实现

主要包含 4 个子模块和顶层设计模块,下面分别进行说明。

1）单周期指令运算子模块

用于在单个周期内完成加法、与和异或运算并输出运算结果。

和之前的区别在于将指示模块是否处于繁忙的工作状态信号 busy_aax 添加到了输出端口,参考代码如下:

```
//文件路径:7.2/src/dut/single_cycle.v
module single_cycle(A, B, clk, op, rst_n, start, busy_aax, done_aax, result_aax);
    input [7:0]      A;
    input [7:0]      B;
    input            clk;
    input [2:0]      op;
    input            rst_n;
    input            start;
    output reg       busy_aax;
    output reg       done_aax;
    output reg[15:0] result_aax;

    //单周期指令运算
    always @(posedge clk) begin
        if(!rst_n)
            result_aax <= 16'd0;
        else begin
            if (start == 1'b1)begin
                case (op)
                    3'b001 :
                        result_aax <= ({8'b00000000, A}) + ({8'b00000000, B});
                    3'b010 :
                        result_aax <= (({8'b00000000, A}) & ({8'b00000000, B}));
                    3'b011 :
                        result_aax <= (({8'b00000000, A}) ^({8'b00000000, B}));
                    default :
                        ;
                endcase
            end
```

```
              else ;
        end
  end

//输出运算完成信号
always @(posedge clk or negedge rst_n) begin
    if (!rst_n)
        done_aax       <= 1'b0;
    else begin
        if ((start == 1'b1) && (op != 3'b000) && (done_aax == 1'b0))
            done_aax       <= 1'b1;
        else
            done_aax       <= 1'b0;
    end
  end

  assign busy_aax = (start == 1'b1) && (done_aax == 1'b0);

endmodule
```

2）三周期乘法指令运算子模块

用于在 3 个周期内完成乘法运算并输出运算结果。

和之前的区别在于将指示模块是否处于繁忙的工作状态信号 busy_mult 添加到了输出端口，参考代码如下：

```
//文件路径:7.2/src/dut/three_cycle_mult.v
module three_cycle_mult(A, B, clk, rst_n, start, busy_mult, done_mult, result_mult);
    input [7:0]      A;
    input [7:0]      B;
    input            clk;
    input            rst_n;
    input            start;
    output reg       busy_mult;
    output reg       done_mult;
    output reg[15:0] result_mult;

    reg [7:0]        a_int;
    reg [7:0]        b_int;
    reg [15:0]       mult1;
    reg              done2;
    reg              done1;
    reg              done_mult_int;

    //乘法指令运算
    always @(posedge clk or negedge rst_n) begin
        if (!rst_n) begin
            done_mult_int    <= 1'b0;
            done2            <= 1'b0;
```

```
            done1            <= 1'b0;

            a_int            <= 8'd0;
            b_int            <= 8'd0;
            mult1            <= 16'd0;
            result_mult      <= 16'd0;
        end
        else begin
            a_int            <= A;
            b_int            <= B;
            mult1            <= a_int * b_int;
            result_mult      <= mult1;
            done2            <= start & ((~done_mult_int));
            done1            <= done2 & ((~done_mult_int));
            done_mult_int    <= done1 & ((~done_mult_int));
        end
    end

    assign done_mult = done_mult_int;
    assign busy_mult = (start == 1'b1) && (done_mult == 1'b0);

endmodule
```

3）三周期除法指令运算子模块

用于在 3 个周期内完成除法运算并输出运算结果。

和之前的区别在于将指示模块是否处于繁忙的工作状态信号 busy_div 添加到了输出端口，参考代码如下：

```
//文件路径:7.2/src/dut/three_cycle_div.v
module three_cycle_div(A, B, clk, rst_n, start, busy_div, done_div, result_div);
    input [7:0]      A;
    input [7:0]      B;
    input            clk;
    input            rst_n;
    input            start;
    output reg       busy_div;
    output reg       done_div;
    output reg[15:0] result_div;

    reg [7:0]        a_int;
    reg [7:0]        b_int;
    reg [15:0]       div1;
    reg              done2;
    reg              done1;
    reg              done_div_int;

    //除法指令运算
    always @(posedge clk or negedge rst_n) begin
        if (!rst_n) begin
```

```
                done_div_int <= 1'b0;
                done2        <= 1'b0;
                done1        <= 1'b0;

                a_int        <= 8'd0;
                b_int        <= 8'd0;
                div1         <= 16'd0;
                result_div   <= 16'd0;
            end
            else begin
                a_int        <= A;
                b_int        <= B;
                if(b_int == 0)
                    div1     <= 'h0;
                else
                    div1     <= a_int / b_int;
                result_div   <= div1;
                done2        <= start & ((~done_div_int));
                done1        <= done2 & ((~done_div_int));
                done_div_int <= done1 & ((~done_div_int));
            end
        end

    assign done_div = done_div_int;
    assign busy_div = (start == 1'b1) && (done_div == 1'b0);

endmodule
```

4）寄存器设计子模块

寄存器设计子模块用于对不同类型的寄存器模块进行例化包含,当该模块完成后,根据运算器的设计说明进行连线,接入运算器内部用于配置或指示其内部的工作状态。

首先需要根据寄存器的不同类型设计相应的可重用模块。

运算器内部除了包含 7.1 节为读者介绍过的 4 种类型的寄存器以外,这里特别新增了一种可以产生脉冲信号的配置寄存器,用于在配置运算指令的同时产生 trigger 脉冲信号,然后使用顶层模块监测此脉冲信号并产生起始运算 start 信号。

该类型寄存器可读可写,即为 RW 属性,参考代码如下:

```
//文件路径:7.2/src/dut/ip_reg_cfw.v
module
ip_reg_cfw(clk,rst_n,vld,op,addr,wdata,rdata,reg_field,rhit,trigger);

    parameter ADDR_SIZE   = 32;
    parameter DATA_SIZE   = 32;
    parameter REG_SIZE    = 32;
    parameter BASE_ADDR   = 0;
    parameter OFFSET_ADDR = 0;
    parameter RST_VALUE   = 0;
```

```
input                       clk;
input                       rst_n;
input                       vld;
input                       op;
input [ADDR_SIZE - 1:0]     addr;
input [REG_SIZE - 1:0]      wdata;
output reg [DATA_SIZE - 1:0] rdata;
output reg                  rhit;
output reg [REG_SIZE - 1:0] reg_field;
output reg                  trigger;

//写操作
always @(posedge clk)begin
  if(!rst_n)begin
    reg_field <= RST_VALUE;
    trigger   <= 0;
  end
  else if(vld && op && (addr == (BASE_ADDR + OFFSET_ADDR)))begin
    reg_field <= wdata;
    trigger   <= 1;
  end
  else
    trigger   <= 0;
end

//读操作
always @(posedge clk)begin
  if(!rst_n)begin
    rdata     <= 'h0;
    rhit      <= 'h0;
  end
  else if(vld && (!op) && (addr == (BASE_ADDR + OFFSET_ADDR)))begin
    rdata[REG_SIZE - 1:0] <= reg_field;
    rhit      <= 'h1;
  end
  else
    rhit      <= 'h0;
end

endmodule
```

上面的代码主要描述了寄存器读和写两个过程,分别如下。

写过程:当 vld 高电平有效且 op 为高电平的写操作且访问地址是基地址和偏移地址之和时,将数据 wdata 写入寄存器 reg_field。同时将 trigger 信号拉高,随后将 trigger 信号拉低,以产生一个脉冲信号进行输出。

读过程:当 vld 高电平有效且 op 为低电平的读操作且访问地址是基地址和偏移地址之和时,将寄存器的值 reg_field 读取到 rdata 上。

完成了不同寄存器类型的可重用模块的设计之后,将它们例化包含在寄存器设计子模

块中,并将读写寄存器的信息接到寄存器读写总线上,从而方便用于与运算器的内部功能做连线从而联系起来,参考代码如下:

```
//文件路径:7.2/src/dut/demo_reg_slave.v
module demo_reg_slave(
  cfg_ctrl,
  cfg_operands,
  cfw_opcode,
  trigger,
  sta_result,
  sta_status,
  sta_status_wdata,
  sta_result_wdata,
  cnt_operation,
  vld_cnt_operation,
  int_interrupt,
  int_interrupt_wdata,
  clk,
  rst_n,
  vld,
  op,
  addr,
  wdata,
  rdata);

  parameter ADDR_SIZE = 32;
  parameter DATA_SIZE = 32;
  parameter BASE_ADDR = 0;

  input                           clk;
  input                           rst_n;
  input                           vld;
  input                           op;
  input [ADDR_SIZE - 1:0]         addr;
  input [DATA_SIZE - 1:0]         wdata;
  output reg[DATA_SIZE - 1:0]     rdata;

  output reg[`CFG_CTRL_REG_SIZE - 1:0]        cfg_ctrl;
  output reg[`CFG_OPERANDS_REG_SIZE - 1:0]    cfg_operands;
  output reg[`CFG_OPERANDS_REG_SIZE - 1:0]    cfw_opcode;
  output reg                                  trigger;
  output reg[`STA_STATUS_REG_SIZE - 1:0]      sta_status;
  input    [`STA_STATUS_REG_SIZE - 1:0]       sta_status_wdata;
  output reg[`STA_RESULT_REG_SIZE - 1:0]      sta_result;
  input    [`STA_RESULT_REG_SIZE - 1:0]       sta_result_wdata;
  output reg[`CNT_OPERATION_REG_SIZE - 1:0]   cnt_operation;
  input vld_cnt_operation;
  output reg[`INT_INTERRUPT_REG_SIZE - 1:0]   int_interrupt;
  input    [`INT_INTERRUPT_REG_SIZE - 1:0]    int_interrupt_wdata;

  wire[DATA_SIZE * 7 - 1:0]   rdata_bus;
```

```
   wire[6:0] rhit_bus;

 always @(rhit_bus or rdata_bus)begin
   case(rhit_bus)
     'b000_0001: rdata = rdata_bus[DATA_SIZE * 1 - 1:DATA_SIZE * 0];
     'b000_0010: rdata = rdata_bus[DATA_SIZE * 2 - 1:DATA_SIZE * 1];
     'b000_0100: rdata = rdata_bus[DATA_SIZE * 3 - 1:DATA_SIZE * 2];
     'b000_1000: rdata = rdata_bus[DATA_SIZE * 4 - 1:DATA_SIZE * 3];
     'b001_0000: rdata = rdata_bus[DATA_SIZE * 5 - 1:DATA_SIZE * 4];
     'b010_0000: rdata = rdata_bus[DATA_SIZE * 6 - 1:DATA_SIZE * 5];
     'b100_0000: rdata = rdata_bus[DATA_SIZE * 7 - 1:DATA_SIZE * 6];
     default: rdata = 'h0;
   endcase
 end

 ip_reg_cfg #(ADDR_SIZE, DATA_SIZE, `CFG_OPERANDS_REG_SIZE, BASE_ADDR, `CFG_OPERANDS_REG_
OFFSET, `CFG_OPERANDS_REG_RST_VALUE) cfg_cfg_operands(
   .clk(clk),
   .rst_n(rst_n),
   .vld(vld),
   .op(op),
   .addr(addr),
   .wdata(wdata[`CFG_OPERANDS_REG_SIZE - 1:0]),
   .rdata(rdata_bus[DATA_SIZE * 1 - 1:DATA_SIZE * 0]),
   .rhit(rhit_bus[0]),
   .reg_field(cfg_operands)
 );

 ip_reg_cfw #(ADDR_SIZE, DATA_SIZE, `CFW_OPCODE_REG_SIZE, BASE_ADDR, `CFW_OPCODE_REG_
OFFSET, `CFW_OPCODE_REG_RST_VALUE) cfw_cfw_opcode(
   .clk(clk),
   .rst_n(rst_n),
   .vld(vld),
   .op(op),
   .addr(addr),
   .wdata(wdata[`CFW_OPCODE_REG_SIZE - 1:0]),
   .rdata(rdata_bus[DATA_SIZE * 2 - 1:DATA_SIZE * 1]),
   .rhit(rhit_bus[1]),
   .reg_field(cfw_opcode),
   .trigger(trigger)
 );

 ip_reg_cfg #(ADDR_SIZE, DATA_SIZE, `CFG_CTRL_REG_SIZE, BASE_ADDR, `CFG_CTRL_REG_OFFSET,
`CFG_CTRL_REG_RST_VALUE) cfg_cfg_ctrl(
   .clk(clk),
   .rst_n(rst_n),
   .vld(vld),
   .op(op),
   .addr(addr),
   .wdata(wdata[`CFG_CTRL_REG_SIZE - 1:0]),
   .rdata(rdata_bus[DATA_SIZE * 3 - 1:DATA_SIZE * 2]),
```

```
    .rhit(rhit_bus[2]),
    .reg_field(cfg_ctrl)
  );

  ip_reg_sta #(ADDR_SIZE, DATA_SIZE, `STA_STATUS_REG_SIZE, BASE_ADDR, `STA_STATUS_REG_
OFFSET, `STA_STATUS_REG_RST_VALUE) sta_sta_status(
    .clk(clk),
    .rst_n(rst_n),
    .vld(vld),
    .op(op),
    .addr(addr),
    .wdata(sta_status_wdata),
    .rdata(rdata_bus[DATA_SIZE * 4 - 1:DATA_SIZE * 3]),
    .rhit(rhit_bus[3]),
    .reg_field(sta_status)
  );

  ip_reg_sta #(ADDR_SIZE, DATA_SIZE, `STA_RESULT_REG_SIZE, BASE_ADDR, `STA_RESULT_REG_
OFFSET, `STA_RESULT_REG_RST_VALUE) sta_sta_result(
    .clk(clk),
    .rst_n(rst_n),
    .vld(vld),
    .op(op),
    .addr(addr),
    .wdata(sta_result_wdata),
    .rdata(rdata_bus[DATA_SIZE * 5 - 1:DATA_SIZE * 4]),
    .rhit(rhit_bus[4]),
    .reg_field(sta_result)
  );

  ip_reg_cnt #(ADDR_SIZE, DATA_SIZE, `CNT_OPERATION_REG_SIZE, BASE_ADDR, `CNT_OPERATION_REG_
OFFSET, `CNT_OPERATION_REG_RST_VALUE) cnt_cnt_operation(
    .clk(clk),
    .rst_n(rst_n),
    .vld(vld),
    .op(op),
    .addr(addr),
    .vld_cnt(vld_cnt_operation),
    .rdata(rdata_bus[DATA_SIZE * 6 - 1:DATA_SIZE * 5]),
    .rhit(rhit_bus[5]),
    .reg_field(cnt_operation)
  );

  ip_reg_int #(ADDR_SIZE, DATA_SIZE, `INT_INTERRUPT_REG_SIZE, BASE_ADDR, `INT_INTERRUPT_REG_
OFFSET, `INT_INTERRUPT_REG_RST_VALUE) int_int_interrupt(
    .clk(clk),
    .rst_n(rst_n),
    .vld(vld),
    .op(op),
    .addr(addr),
    .wdata(wdata[`INT_INTERRUPT_REG_SIZE - 1:0]),
```

```
      .int_data(int_interrupt_wdata[`INT_INTERRUPT_REG_SIZE - 1:0]),
      .rdata(rdata_bus[DATA_SIZE * 7 - 1:DATA_SIZE * 6]),
      .rhit(rhit_bus[6]),
      .reg_field(int_interrupt)
  );

endmodule
```

还要包括寄存器设计子模块的定义文件,主要用来定义寄存器总线及其中寄存器的宽度、地址和复位值信息,参考代码如下:

```
//文件路径:7.2/src/dut/demo_reg_slave.vh

`define ADDR_SIZE 'd16
`define DATA_SIZE 'd16
`define BASE_ADDR 'd8

`define CFG_OPERANDS_REG_SIZE 'd16
`define CFG_OPERANDS_REG_OFFSET 'h0
`define CFG_OPERANDS_REG_RST_VALUE 16'h0

`define CFW_OPCODE_REG_SIZE 'd3
`define CFW_OPCODE_REG_OFFSET 'h1
`define CFW_OPCODE_REG_RST_VALUE 16'h0

`define CFG_CTRL_REG_SIZE 'd1
`define CFG_CTRL_REG_OFFSET 'h2
`define CFG_CTRL_REG_RST_VALUE 1'h0

`define STA_STATUS_REG_SIZE 'd8
`define STA_STATUS_REG_OFFSET 'h3
`define STA_STATUS_REG_RST_VALUE 8'h0

`define STA_RESULT_REG_SIZE 'd16
`define STA_RESULT_REG_OFFSET 'h4
`define STA_RESULT_REG_RST_VALUE 16'h0

`define CNT_OPERATION_REG_SIZE 'd16
`define CNT_OPERATION_REG_OFFSET 'h5
`define CNT_OPERATION_REG_RST_VALUE 16'h0

`define INT_INTERRUPT_REG_SIZE 'd7
`define INT_INTERRUPT_REG_OFFSET 'h6
`define INT_INTERRUPT_REG_RST_VALUE 7'h0
```

可以看到,寄存器设计子模块中包含以下寄存器。

(1) 操作数寄存器(cfg):用于配置运算操作数 A 和 B,将寄存器高 8 位作为操作数 A,将低 8 位作为操作数 B。

(2) 指令寄存器(cfw):用于配置运算指令,并产生一个脉冲信号输出。

（3）配置寄存器（cfg）：用于配置运算器的工作模式，根据配置的寄存器的最低位是高电平还是低电平来决定是否对结果进行按位取反后再输出。

（4）状态寄存器（sta）：用于指示运算器的工作状态，其中 0～3 位表示运算操作数是否是边界值 'h0 或 'hff，第 4 位表示运算器是否处于繁忙工作状态，第 5 位表示本次运算是否完成。

（5）结果寄存器（sta）：用于表示运算器本次运算的结果。可以通过读该寄存器获取运算结果，但前提是运算已经完成，因此需要先读状态寄存器的第 4 位来判断运算器是否已经处于空闲状态。

（6）指令计数器（cnt）：用于统计给运算器施加的有效指令数量。通过统计运算完成done 信号被拉高的次数实现，因此不包括空指令和复位指令。

（7）中断寄存器（int）：用于运算器向外产生中断。当除数为 0 时向外输出中断以表示非法运算。

5）顶层设计模块

顶层设计模块里例化包含了上述 4 个设计子模块，此外还包含以下几个功能和器件：

（1）指令转换产生逻辑，主要用于检测指令寄存器产生的脉冲信号，如果检测到该脉冲信号，则根据指令产生相应的起始运算 start 信号，然后送给上述对应的运算子模块以启动运算。

（2）多路分配器和多路选择器，主要用于对运算指令进行译码，然后送入上述对应的运算子模块进行运算，运算完成后，将 result 运算结果和 done 完成信号输出给结果和状态寄存器。

（3）在运算过程中将运算器的相关状态信息接入寄存器设计子模块中，用于配置或指示内部工作状态。

参考代码如下：

```
//文件路径:7.2/src/dut/alu.v
module alu(
  clk,
  rst_n,
  bus_vld,
  bus_op,
  bus_addr,
  bus_wr_data,
  bus_rd_data);

  input          clk;
  input          rst_n;

  input          bus_vld;
  input          bus_op;
  input [15:0]   bus_addr;
  input [15:0]   bus_wr_data;
  output [15:0]  bus_rd_data;
```

```
wire [7:0]    A;                    //cfg_operands
wire [7:0]    B;                    //cfg_operands
wire [2:0]    op;                   //cfw_opcode
reg           start;                //由配置 cfw_opcode 产生
reg           busy_internal;        //sta_status[4]
reg           done_internal;        //sta_status[5]
reg [15:0]    result_internal;      //sta_result

wire          busy_aax;
wire          busy_mult;
wire          busy_div;
wire          done_aax;
wire          done_mult;
wire          done_div;
wire [15:0]   result_aax;
wire [15:0]   result_mult;
wire [15:0]   result_div;
reg           start_single;
reg           start_mult;
reg           start_div;

wire[`INT_INTERRUPT_REG_SIZE - 1:0]    int_interrupt_wdata;
wire[`STA_STATUS_REG_SIZE - 1:0]       sta_status_wdata;
wire[`STA_RESULT_REG_SIZE - 1:0]       sta_result_wdata;

wire[`CFG_CTRL_REG_SIZE - 1:0]         cfg_ctrl;
wire[`CFG_OPERANDS_REG_SIZE - 1:0]     cfg_operands;
wire[`CFW_OPCODE_REG_SIZE - 1:0]       cfw_opcode;
wire                                   trigger;
wire[`STA_STATUS_REG_SIZE - 1:0]       sta_status;
wire[`STA_RESULT_REG_SIZE - 1:0]       sta_result;
wire[`CNT_OPERATION_REG_SIZE - 1:0]    cnt_operation;
wire[`INT_INTERRUPT_REG_SIZE - 1:0]    int_interrupt;

//检测指令触发的脉冲信号
reg q0,q1,detect_trigger_pluse;
always @(posedge clk or negedge rst_n) begin
  if (!rst_n)begin
    q0 <= 0;
    q1 <= 0;
  end
  else begin
    q0 <= trigger;
    q1 <= q0;
  end
end

assign detect_trigger_pluse = (~trigger) & q0 & (~q1);

//根据检测到的脉冲信号和指令来产生相应的运算起始 start 信号
reg[2:0] op_i, op_duration;
```

```verilog
reg in_duration;

assign op_duration = op[2]? 'd3 : 'd1;

always @(posedge clk or negedge rst_n) begin
    if (!rst_n)begin
        start         <= 0;
        op_i          <= 0;
        in_duration   <= 0;
    end
    else if(op_i >op_duration) begin
        start         <= 0;
        in_duration<= 0;
        op_i          <= 0;
    end
    else if((detect_trigger_pluse == 1) || (in_duration == 1))begin
        start         <= 1;
        in_duration<= 1;
        op_i          <= op_i + 1;
    end
    else begin
        start         <= 0;
        in_duration<= 0;
        op_i          <= 0;
    end
end

//指令多路分配器
always @( * ) begin
    case (op[2])
        1'b0 :
            begin
                start_single = start;
                start_mult   = 1'b0;
                start_div    = 1'b0;
            end
        1'b1 :
            if(op[0]) begin
                start_single = 1'b0;
                start_mult   = 1'b0;
                start_div    = start;
            end
            else begin
                start_single = 1'b0;
                start_mult   = start;
                start_div    = 1'b0;
            end
        default :
            ;
    endcase
end
```

```
//运算结果多路选择器
always @( * ) begin
    case (op[2])
        1'b0 :
            result_internal = result_aax;
        1'b1 :
            if(op[0])
                result_internal = result_div;
            else
                result_internal = result_mult;
        default :
            result_internal = {16{1'bx}};
    endcase
end

//done 完成信号多路选择器
always @( * ) begin
    case (op[2])
        1'b0 : begin
            busy_internal = busy_aax;
            done_internal = done_aax;
        end
        1'b1 :
            if(op[0]) begin
                busy_internal = busy_div;
                done_internal = done_div;
            end
            else begin
                busy_internal = busy_mult;
                done_internal = done_mult;
            end
        default :begin
            busy_internal = 1'bx;
            done_internal = 1'bx;
        end
    endcase
end

single_cycle add_and_xor(
    .A(A),
    .B(B),
    .clk(clk),
    .op(op),
    .rst_n(rst_n),
    .start(start_single),
    .busy_aax(busy_aax),
    .done_aax(done_aax),
    .result_aax(result_aax));

three_cycle_mult mult(
    .A(A),
```

```
    .B(B),
    .clk(clk),
    .rst_n(rst_n),
    .start(start_mult),
    .busy_mult(busy_mult),
    .done_mult(done_mult),
    .result_mult(result_mult));

  three_cycle_div div(
    .A(A),
    .B(B),
    .clk(clk),
    .rst_n(rst_n),
    .start(start_div),
    .busy_div(busy_div),
    .done_div(done_div),
    .result_div(result_div));

  demo_reg_slave #(`ADDR_SIZE,`DATA_SIZE,`BASE_ADDR) i_demo_reg_slave(
    .clk(clk),
    .rst_n(rst_n),
    .vld(bus_vld),
    .op(bus_op),
    .addr(bus_addr),
    .wdata(bus_wr_data),
    .rdata(bus_rd_data),
    .cfg_ctrl(cfg_ctrl),
    .cfg_operands(cfg_operands),
    .cfw_opcode(cfw_opcode),
    .trigger(trigger),
    .sta_result(sta_result),
    .sta_status(sta_status),
    .cnt_operation(cnt_operation),
    .int_interrupt(int_interrupt),
    .sta_status_wdata(sta_status_wdata),
    .sta_result_wdata(sta_result_wdata),
    .vld_cnt_operation(done_internal),
    .int_interrupt_wdata(int_interrupt_wdata));

assign A  = cfg_operands[15:8];
assign B  = cfg_operands[7:0];
assign op = cfw_opcode[2:0];

assign sta_result_wdata = (cfg_ctrl[0])? ~result_internal : result_internal;

assign int_interrupt_wdata[`INT_INTERRUPT_REG_SIZE - 1:1] = 'h0;
assign int_interrupt_wdata[0] = ((B == 'h0) && (op == 3'b101));

assign sta_status_wdata[`STA_STATUS_REG_SIZE - 1:6] = 'h0;
assign sta_status_wdata[0] = (A == 'hff);
assign sta_status_wdata[1] = (B == 'hff);
```

```
    assign sta_status_wdata[2] = (A == 'h0);
    assign sta_status_wdata[3] = (B == 'h0);
    assign sta_status_wdata[4] = busy_internal;
    assign sta_status_wdata[5] = done_internal;
endmodule
```

从上面的代码中可以看到针对其中寄存器的连线实现的细节如下。

(1) 操作数寄存器(cfg)：用于配置运算操作数 A 和 B。将寄存器 cfg_operands 的高 8 位作为操作数 A，将低 8 位作为操作数 B。

(2) 指令寄存器(cfw)：用于配置运算指令，并产生一个脉冲信号输出。将寄存器 cfw_opcode 的低三位作为运算指令 op。

(3) 配置寄存器(cfg)：用于配置运算器的工作模式。如果配置成 1，则将运算结果取反后输出，如果配置成 0，则正常运算输出结果。

这里通过三目操作符实现根据配置的寄存器 cfg_ctrl 的最低位的值决定对运算结果取反后输出还是原样输出。

(4) 状态寄存器(sta)：用于指示运算器的工作状态。

将状态寄存器的写数据 sta_status_wdata 的第 0 位用于指示运算操作数 A 是否等于 'hff;

将状态寄存器的写数据 sta_status_wdata 的第 1 位用于指示运算操作数 B 是否等于 'hff;

将状态寄存器的写数据 sta_status_wdata 的第 2 位用于指示运算操作数 A 是否等于 'h0;

将状态寄存器的写数据 sta_status_wdata 的第 3 位用于指示运算操作数 B 是否等于 'h0;

将状态寄存器的写数据 sta_status_wdata 的第 4 位用于指示运算器是否处于空闲状态;

将状态寄存器的写数据 sta_status_wdata 的第 5 位用于指示运算器是否已经完成本次运算。

(5) 结果寄存器(sta)：用于表示运算器本次运算的结果。将运算结果连线给结果寄存器的写数据 sta_result_wdata。

(6) 指令计数器(cnt)：用于统计给运算器施加的有效指令数量。

这里通过统计运算完成的 done 信号被拉高的次数实现，因此不包括空指令和复位指令。

(7) 中断寄存器(int)：用于运算器向外产生中断，主要用于检测除法运算中除数为 0 时的非法操作。

当除数 B 为 'h0 且指令为除法指令(op 为 3'b101)时，将中断寄存器的写中断源 int_interrupt_wdata 的最低位拉高。

7.2.3 测试计划

测试计划和 7.1 节基本一样,这里不再赘述。

7.2.4 搭建测试平台

测试平台架构和之前的 7.1 节基本一样,这里同样据此来搭建验证环境。

1. 接口

主要用来将 DUT 连接到测试平台。

由于这里仅存在一组总线,因此这里理论上仅需要编写一个接口,即 alu_reg_interface 实现寄存器总线,但本节测试平台是基于 7.1 节进行修改的,为了后面方便使用数据类型的接口转换,在 alu_interface 接口中添加了 op2enum 接口,用于将指令编码值转换成指令枚举值。

首先来看运算总线,参考代码如下:

```
//文件路径:7.2/sim/testbench/interface/alu_interface.sv
`ifndef ALU_INTERFACE
`define ALU_INTERFACE

interface alu_interface(input wire clk);
  ...
  function operation_t op2enum(bit[2:0] op);
    case(op)
      3'b000  : return no_op;
      3'b001  : return add_op;
      3'b010  : return and_op;
      3'b011  : return xor_op;
      3'b100  : return mul_op;
      3'b101  : return div_op;
      3'b111  : return rst_op;
      default : $fatal("Illegal operation on interface");
    endcase
  endfunction
endinterface

`endif
```

然后来看寄存器总线,参考代码如下:

```
//文件路径:7.2/sim/testbench/interface/alu_reg_interface.sv
`ifndef ALU_REG_INTERFACE
`define ALU_REG_INTERFACE

interface alu_reg_interface(input wire clk, input wire rst_n);
  import    alu_pkg::*;
  parameter tsu = 1ps;
  parameter tco = 0ps;
```

```
logic          vld;
logic          op;
logic [15:0]   wr_data;
logic [15:0]   addr;
logic [15:0]   rd_data;

clocking drv@(posedge clk);
    output #tco vld;
    output #tco op;
    output #tco wr_data;
    output #tco addr;
    input  #tsu rd_data;
endclocking

clocking mon@(posedge clk);
    input #tsu vld;
    input #tsu op;
    input #tsu wr_data;
    input #tsu addr;
    input #tsu rd_data;
endclocking

task reg_write(bit[15:0] addr, bit[15:0] data);
    //驱动有效指令
    begin
      @(drv);
      drv.vld     <= 1'b1;
      drv.op      <= 1'b1;
      drv.addr    <= addr;
      drv.wr_data <= data;
    end
    //驱动空闲状态
    begin
      @(drv);
      drv.vld     <= 1'b0;
      drv.op      <= 1'b0;
      drv.addr    <= 16'h0;
      drv.wr_data <= 16'h0;
    end
endtask

task reg_read(bit[15:0] addr, output bit[15:0] data);
    //驱动有效指令
    begin
      @(drv);
      drv.vld     <= 1'b1;
      drv.op      <= 1'b0;
      drv.addr    <= addr;
      drv.wr_data <= 16'h0;
    end
    //驱动空闲状态
```

```
    begin
      @(drv);
      drv.vld            <= 1'b0;
      drv.op             <= 1'b0;
      drv.addr           <= 16'h0;
      drv.wr_data        <= 16'h0;
    end
    //监测读数据
    begin
      @(drv);
      data = drv.rd_data;
    end
  endtask

  task send_op(input reg_transaction req, output bit[15:0] o_rd_data);
    //驱动有效指令
    begin
      @(drv);
      drv.vld <= 1'b1;
      case(req.op.name())
        "reg_wr":    drv.op <= 1'b1;
        "reg_rd":    drv.op <= 1'b0;
      endcase
      drv.addr <= req.addr;
      case(req.op.name())
        "reg_rd":    drv.wr_data <= 16'h0;
        "reg_wr":    drv.wr_data <= req.wr_data;
      endcase
    end
    //驱动空闲状态
    begin
      @(drv);
      drv.vld            <= 1'b0;
      drv.op             <= 1'b0;
      drv.addr           <= 16'h0;
      drv.wr_data        <= 16'h0;
    end
    //监测读数据
    begin
      @(drv);
      if(req.op.name() == "reg_rd")
        o_rd_data = drv.rd_data;
    end
  endtask

  task init(          );
    vld                <= 0;
    op                 <= 'dx;
    wr_data            <= 'dx;
    addr               <= 'dx;
  endtask
```

```
    function reg_operation_t op2enum(bit op);
      case(op)
        1'b0 : return reg_rd;
        1'b1 : return reg_wr;
        default : $fatal("Illegal operation on reg interface");
      endcase
    endfunction

    function bit[15:0] peek(string reg_name);
      case(reg_name)
        "cfg_cfg_ctrl"     : return
$root.top.DUT.i_demo_reg_slave.cfg_cfg_ctrl.reg_field;
        "cfg_cfg_operands" : return
$root.top.DUT.i_demo_reg_slave.cfg_cfg_operands.reg_field;
        "cfw_cfw_opcode"   : return
$root.top.DUT.i_demo_reg_slave.cfw_cfw_opcode.reg_field;
        "sta_sta_result"   : return
$root.top.DUT.i_demo_reg_slave.sta_sta_result.reg_field;
        "sta_sta_status"   : return
$root.top.DUT.i_demo_reg_slave.sta_sta_status.reg_field;
        "cnt_cnt_operation": return
$root.top.DUT.i_demo_reg_slave.cnt_cnt_operation.reg_field;
        "int_int_interrupt": return
$root.top.DUT.i_demo_reg_slave.int_int_interrupt.reg_field;
      endcase
    endfunction

endinterface

`endif
```

在上面的代码中,主要新增了以下几部分:

(1) 寄存器读写接口方法 reg_write 和 reg_read,方便后面驱动器等组件调用。

(2) 由于新增了一些寄存器,因此需要更新寄存器后门访问方法 peek。

2. 事务级数据

和 7.1 节中一样,这里不再赘述。

3. 激励产生器

和 7.1 节中一样,这里不再赘述。

4. 驱动器

主要用来将输入激励驱动到 DUT 的输入端,参考代码如下:

```
//文件路径:7.2/sim/testbench/component/driver.svh
`ifndef DRIVER
`define DRIVER

class driver;

  virtual alu_interface intf;
```

```
virtual alu_reg_interface reg_intf;
mailbox gen2drv;

function new (virtual alu_interface intf_new,
             virtual alu_reg_interface reg_intf_new,
             mailbox gen2drv_new);
  this.intf = intf_new;
  this.reg_intf = reg_intf_new;
  if(gen2drv_new == null)begin
    $display(" %0t -> driver : ERROR -> gen2drv is null", $time);
    $finish;
  end
  else
    this.gen2drv = gen2drv_new;
endfunction

task run();
  transaction tr;
  bit[15:0] alu_result;

  forever begin
    gen2drv.get(tr);
    drv2dut(tr);
  end
endtask

task drv2dut(input transaction req);
  bit[15:0] addr,data;
  bit busy;

  //驱动运算操作数
  addr = `BASE_ADDR + `CFG_OPERANDS_REG_OFFSET;
  data = {req.A,req.B};
  reg_intf.reg_write(addr,data);

  //驱动运算指令
  data = 0;
  case(req.op.name())
    "no_op": begin
      addr = `BASE_ADDR + `CFW_OPCODE_REG_OFFSET;
      data[`CFW_OPCODE_REG_SIZE - 1:0] = intf.enum2op(req.op);
      reg_intf.reg_write(addr,data);
    end
    "rst_op": begin
      @(intf.drv);
      intf.rst_n     <= 0;
      @(intf.drv);
      intf.rst_n     <= 1;
      addr = `BASE_ADDR + `CFW_OPCODE_REG_OFFSET;
      data[`CFW_OPCODE_REG_SIZE - 1:0] = intf.enum2op(req.op);
      reg_intf.reg_write(addr,data);
```

```
          end
        default: begin
          addr = `BASE_ADDR + `CFW_OPCODE_REG_OFFSET;
          data[`CFW_OPCODE_REG_SIZE - 1:0] = intf.enum2op(req.op);
          reg_intf.reg_write(addr,data);
        end
      endcase

      //等待运算完成
      do begin
        addr = `BASE_ADDR + `STA_STATUS_REG_OFFSET;
        reg_intf.reg_read(addr,data);
        busy = data[4];
      end while(busy == 1'b1);

      //获取运算结果
      addr = `BASE_ADDR + `STA_RESULT_REG_OFFSET;
      reg_intf.reg_read(addr,data);
      req.result = data;
      $display(" %0t -> driver : tr is %s", $time,req.convert2string());

    endtask

endclass

`endif
```

在上面的代码中,主要修改了将输入激励驱动到 DUT 的输入接口的方法 drv2dut,这里按照约定的寄存器读写顺序,即先写操作数寄存器,然后写指令寄存器进行驱动并开始运算,接着读状态寄存器以等待运算器完成运算,最后读结果寄存器获取本次运算的结果。

5. 监测器

主要用来监测 DUT 端口信号并封装成事务级数据,然后发送给验证环境中的其他组件,参考代码如下:

```
//文件路径:7.2/sim/testbench/component/monitor.svh
`ifndef MONITOR
`define MONITOR

class monitor;

  virtual alu_interface      intf;
  virtual alu_reg_interface reg_intf;
  mailbox mon2scb;
  mailbox mon2cov;
  mailbox mb_local;

  int total_cnt = 0;
```

```
   function new (virtual alu_interface intf_new,
                 virtual alu_reg_interface reg_intf_new,
                 mailbox mon2cov_new,
                 mailbox mon2scb_new);
      this.intf    = intf_new;
      this.reg_intf = reg_intf_new;
      if(mon2cov_new == null)begin
        $display("%0t -> monitor : ERROR -> mon2cov is null", $time);
        $finish;
      end
      else if(mon2scb_new == null)begin
        $display("%0t -> monitor : ERROR -> mon2scb is null", $time);
        $finish;
      end
      else begin
        this.mon2cov = mon2cov_new;
        this.mon2scb = mon2scb_new;
      end
   endfunction

   task run();
      reg_transaction reg_tr = new();
      mb_local = new();

      fork
        //线程1:监测寄存器总线并封装成事务级数据
        forever begin
          bit vld;

          begin
            @(reg_intf.mon);
            if(reg_intf.mon.vld)begin
              reg_tr.op = reg_intf.op2enum(reg_intf.mon.op);
              reg_tr.addr = reg_intf.mon.addr;
              vld = reg_intf.mon.vld;
            end
          end

          if(vld)begin
          //监测运算操作数
            if((reg_tr.op == reg_wr) && (reg_tr.addr == `BASE_ADDR + `CFG_OPERANDS_REG_
OFFSET))begin
                reg_tr.wr_data = reg_intf.mon.wr_data;
                mb_local.put(reg_tr);
            end
          //监测运算指令
            if((reg_tr.op == reg_wr) && (reg_tr.addr == `BASE_ADDR + `CFW_OPCODE_REG_
OFFSET))begin
                reg_tr.wr_data = reg_intf.mon.wr_data;
                mb_local.put(reg_tr);
            end
```

```
                        //监测运算结果
            if((reg_tr.op == reg_rd) && (reg_tr.addr == `BASE_ADDR + `STA_RESULT_REG_
OFFSET))begin
                @(reg_intf.mon);
                reg_tr.rd_data = reg_intf.mon.rd_data;
                mb_local.put(reg_tr);
            end
        end
    end

    //线程2:将寄存器事务级数据转换成运算器内部运算事务级数据,然后发送给记分板和覆盖
    //率收集器
    forever begin
      transaction tr;
      reg_transaction reg_tr;

      //获取监测到的运算操作数
      mb_local.get(reg_tr);
      tr = new();
      tr.A = reg_tr.wr_data[15:8];
      tr.B = reg_tr.wr_data[7:0];
      //获取监测到的运算指令
      mb_local.get(reg_tr);
      tr.op = intf.op2enum(reg_tr.wr_data[2:0]);
      //获取监测到的运算结果
      mb_local.get(reg_tr);
      tr.result = reg_tr.rd_data;
      //将监测到的事务级数据发送给记分板和覆盖率收集器
      if((tr.op != no_op) && (tr.op != rst_op))begin
        mon2scb.put(tr);
      end
      mon2cov.put(tr);
      $display(" %0t -> monitor : tr is %s", $time,tr.convert2string());
      total_cnt++;
    end
    join
  endtask

endclass

`endif
```

在上面的代码中,主要修改了监测接口信号并转换成事务级数据的 run 方法,声明例化了本地邮箱变量 mb_local,用来协调内部的两个并行线程进行工作,其中一个线程用于不断地依次监测寄存器总线上的运算操作数、运算指令和运算结果并封装成寄存器事务级数据,然后发送到邮箱 mb_local,另一个线程则用于不断地依次从邮箱 mb_local 中获取寄存器事务级数据,并将其转换成运算事务级数据,然后发送给记分板和覆盖率收集器,这样就可以重用之前的记分板和覆盖率收集器组件,从而对结果做比较和收集覆盖率。

6. 覆盖率收集器

和 7.1 节中一样,这里不再赘述。

7. 记分板及参考模型

和 7.1 节中一样,这里不再赘述。

8. 验证环境

和 7.1 节中一样,这里不再赘述。

9. 测试用例

和 7.1 节中一样,这里不再赘述。

10. 包文件

和 7.1 节中一样,这里不再赘述。

11. 顶层模块

主要用来提供仿真的入口,并将 DUT 连接集成到测试平台,参考代码如下:

```
//文件路径:7.2/sim/testbench/top.sv
`ifndef TOP
`define TOP

module top;
  import   alu_pkg::*;
  bit clk;

  initial begin
    clk = 0;
    forever begin
      #10;
      clk = ~clk;
    end
  end

  alu_interface        intf(.clk(clk));
  alu_reg_interface    reg_intf(.clk(clk),.rst_n(intf.rst_n));

  alu DUT  ( .clk         ( clk),
             .rst_n       ( intf.rst_n),
             .bus_vld     ( reg_intf.vld),
             .bus_op      ( reg_intf.op),
             .bus_addr    ( reg_intf.addr),
             .bus_wr_data ( reg_intf.wr_data),
             .bus_rd_data ( reg_intf.rd_data));


  testcase tc;

  initial begin
    $display(" ************ Start of testcase **************** ");
    tc = new(intf, reg_intf);
```

```
    tc.run();
    #100;
    $finish;
  end

  final begin
    $display(" ************ Finish of testcase ************** ");
  end

endmodule

`endif
```

在上面的代码中,主要修改了 DUT 端口与接口信号的连接。

7.2.5　仿真验证

运行仿真脚本以执行测试用例,仿真结果如下:

```
...
************ Test PASSED ***************
************ total: 400    ***************
************ pass: 369 fail: 0 ***************
coverage op_cov: 100 %, zeros_or_ones_on_ops: 100 %
...
```

可以看到,覆盖率达到了100%,可以初步地认为完成了对运算器的功能验证。

7.3　对基于 APB 总线的运算器的设计和验证

7.3.1　设计说明

本节计划将 7.2 节中的只保留寄存器总线的运算器嫁接到 APB 总线上,然后将基于 APB 总线的运算模块作为 DUT 来对其进行验证。

基于 APB 总线的运算器,如图 7-8 所示。

这里是基于 APB 总线的运算器,模块名为 alu_apb,其内部例化包含了只保留寄存器总线的运算器模块 alu,因此需要在 alu_apb 模块中完成 APB 总线和寄存器总线的时序协议转换。

要完成这部分设计,首先需要了解 APB 总线的信号说明和时序协议。

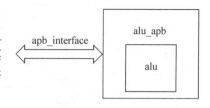

图 7-8　待测设计框图

APB 总线主要用于低速低功耗的外设接口,端口信号的说明如下。

(1) pclk:时钟信号。

(2) paddr:地址信号。

（3）pwrite：读写操作信号。高电平写,低电平读。

（4）psel：片选信号。

（5）penable：使能信号。

（6）pwdata：写数据总线。

（7）prdata：读数据总线。

（8）pready：从机准备好动作接收信号。

另外这里解释下主机和从机的概念,如图 7-9 所示。

图中主机(Master)和部分从机(Slave)共同挂载在 APB 总线上,主机作为动作主动发起的一方,用于发起在 APB 总线上的读写访问操作,然后在地址译码选择和片选使能信号的共同作用下,该读写访问操作最终会对某个从机生效,此时从机会将 pready 信号拉高以表示已经准备好响应主机发起的操作,与此同时,主机完成对从机的写操作,或者从机将内部的数据输出到 APB 读总线上,从而完成主机对从机的读操作。这里,通常是主机通过 APB 总线完成对从机目标寄存器的读写,本例中也是一样,通过 APB 总线发起对运算器内部寄存器的读写。

典型的 APB 写操作的传输时序如图 7-10 和图 7-11 所示。

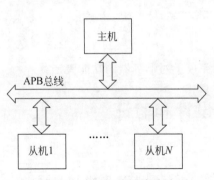

图 7-9　主机和从机关系图

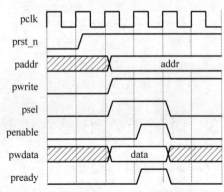

图 7-10　无等待的 APB 写操作时序

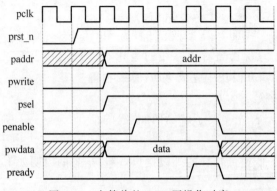

图 7-11　有等待的 APB 写操作时序

在本例中,alu 模块作为从机,无须等待便可直接写入寄存器,因此符合无等待的 APB 写操作时序。

典型的 APB 读操作的传输时序如图 7-12 和图 7-13 所示。

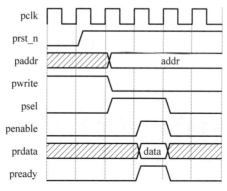

图 7-12 无等待的 APB 读操作时序

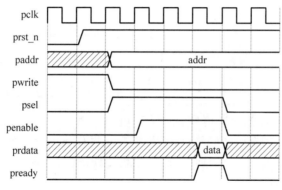

图 7-13 有等待的 APB 读操作时序

在本例中,alu 模块作为从机,需要等待一个时钟周期之后才能将寄存器的值读到寄存器的读总线上,因此这里需要等待一个时钟周期之后再将 pready 信号拉高,因此符合有等待的 APB 读操作时序。

现在读者已经清楚了 APB 总线,后面为读者讲解如何设计实现将运算器模块嫁接到 APB 总线上。

7.3.2 设计实现

1. 架构设计

基于 APB 总线的运算器的设计架构,如图 7-14 所示。

运算器通过 APB 总线与及外界通信,然后经过多路分配器,根据从机的所在地址范围和片选信号进行译码分配到目标从机进行读写操作,然后经过 APB 总线和寄存器总线的时序转换,最终完成对从机运算器中寄存器的读写,即发起运算并返回结果,返回的结果再经

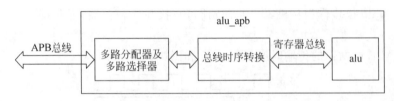

图 7-14　基于 APB 总线的运算器的设计架构

过多路选择器到达 APB 读总线上。

注意：这里的多路分配器及多路选择器只用于说明，实际上本例挂载在 APB 总线上只有运算器一个从机，因此基本不需要进行多路分配和多路选择，只要选择唯一的从机即可，但在实际的芯片中 APB 总线上通常会有多个从机，也被称为多个低速外设。

2. 硬件实现

运算器 alu 模块设计和 7.2 节一样，这里不再赘述，主要来看其顶层设计模块 alu_apb 如何将 alu 模块嫁接到 APB 总线上，即 APB 总线与寄存器总线的时序协议转换部分的设计。

顶层设计模块里包含了：

（1）多路分配器及多路选择器，这里默认运算器作为从机的访问的地址范围为 16'hfe00～16'hffff，因为只有一个从机，因此直接用 assign 赋值语句来作为 APB 总线上的从机片选信号 psel。

（2）总线时序转换，即当片选信号 psel 为高电平且使能信号 penable 为低电平时，将运算器的寄存器总线 vld 的有效信号拉高，并根据读写操作将寄存器操作信号 op 置位，然后写入寄存器地址及写数据。下一个时钟周期，主机将使能信号 penable 拉高，然后等待从机将 pready 信号拉高以响应。

在本例中，alu 模块作为从机，无须等待便可直接写入寄存器，因此如果是写操作，则直接将从机的 pready 信号拉高，但是由于需要等待一个时钟周期之后才能将寄存器的值读到寄存器的读总线上，因此如果是读操作，则需要等待一个时钟周期之后再将 pready 信号拉高。

在 pready 信号被拉高之后，如果是写操作，则已经完成了对运算器模块中寄存器的配置，如果是读操作，则会将运算器模块中寄存器的值读到 APB 的读总线 prdata 上，综上，本次 APB 总线上的读写操作就完成了。

（3）例化运算器 alu 模块，并做好信号连线。

参考代码如下：

```
//文件路径:7.3/src/dut/alu_apb.v
`define ALU_BEGIN_ADDR 16'hfe00
`define ALU_END_ADDR    16'hffff

module alu_apb #(parameter begin_addr = 16'hfe00, end_addr = 16'hffff)
```

```
(
  apb_interface bus
);

  localparam DRIVE_IDLE        = 0;
  localparam DRIVE_IDLE_REPEAT = 1;
  localparam GET_RDATA         = 2;

  reg            psel;
  reg [1:0]      alu_state;
  reg            alu_vld;
  reg            alu_op;
  reg [15:0]     alu_addr;
  reg [15:0]     alu_wr_data;
  reg [15:0]     alu_rd_data;

  assign psel = bus.psel && (bus.paddr >= begin_addr) && (bus.paddr <= end_addr);

  always @(posedge bus.pclk)begin
    if(!bus.prst_n)begin
      alu_state    <= DRIVE_IDLE_REPEAT;
      alu_vld      <= 1'b0;
      alu_op       <= 1'b0;
      alu_addr     <= 'd0;
      alu_wr_data  <= 'd0;
      bus.pready   <= 1'b0;
      bus.prdata   <= 'd0;
    end
    else if((psel == 1'b1) && (bus.penable == 1'b0))begin
      if(bus.pwrite)begin           //写操作
        bus.pready   <= 1'b1;       //当前时钟周期写数据已经准备完毕
        alu_vld      <= 1'b1;
        alu_op       <= 1'b1;
        alu_addr     <= (bus.paddr - begin_addr);
        alu_wr_data  <= bus.pwdata;
      end
      else begin                    //读操作
        bus.pready   <= 1'b0;       //下一个时钟周期读数据才能准备完毕
        alu_vld      <= 1'b1;
        alu_op       <= 1'b0;
        alu_addr     <= (bus.paddr - begin_addr);
        alu_wr_data  <= bus.pwdata;
      end
    end
    else if((psel == 1'b1) && (bus.penable == 1'b1))begin
      if(bus.pwrite)begin           //写操作
        alu_vld      <= 1'b0;
        alu_op       <= 1'b0;
        alu_addr     <= 'd0;
        alu_wr_data  <= 'd0;
        bus.pready   <= 1'b0;
```

```
              end
          else begin
            if(alu_state == DRIVE_IDLE)begin
              alu_vld      <= 1'b0;
              alu_op       <= 1'b0;
              alu_addr     <= 'd0;
              alu_wr_data  <= 'd0;
              bus.pready   <= 1'b0;
              bus.prdata   <= 'd0;
              alu_state    <= DRIVE_IDLE_REPEAT;
            end
            else if(alu_state == DRIVE_IDLE_REPEAT)begin
              alu_vld      <= 1'b0;
              alu_op       <= 1'b0;
              alu_addr     <= 'd0;
              alu_wr_data  <= 'd0;
              bus.pready   <= 1'b0;
              bus.prdata   <= 'd0;
              alu_state    <= GET_RDATA;
            end
            else begin
              alu_vld      <= 1'b0;
              alu_op       <= 1'b0;
              alu_addr     <= 'd0;
              alu_wr_data  <= 'd0;
              bus.pready   <= 1'b1;
              bus.prdata   <= alu_rd_data;
              alu_state    <= DRIVE_IDLE;
            end
          end
        end
      else begin
        alu_vld       <= 1'b0;
        alu_op        <= 1'b0;
        alu_addr      <= 'd0;
        alu_wr_data   <= 'd0;
        bus.pready    <= 1'b0;
        bus.prdata    <= 'd0;
      end
    end

alu alu_core  ( .clk          ( bus.pclk),
               .rst_n         ( bus.prst_n),
               .bus_vld       ( alu_vld),
               .bus_op        ( alu_op),
               .bus_addr      ( alu_addr),
               .bus_wr_data   ( alu_wr_data),
               .bus_rd_data   ( alu_rd_data));

endmodule
```

7.3.3 测试计划

测试计划和 7.1 节基本一样,这里不再赘述。

7.3.4 搭建测试平台

测试平台架构和 7.1 节也基本一样,同样这里据此来搭建验证环境。

1. 接口

主要用来将 DUT 连接到测试平台。

主要需要新增 APB 接口,参考代码如下:

```
//文件路径:7.3/sim/testbench/interface/apb_interface.sv
`ifndef APB_INTERFACE
`define APB_INTERFACE

interface apb_interface
  #(parameter addr_width = 16, data_width = 16, tsu = 1ps, tco = 0ps)(
  input wire pclk,
  input wire prst_n
);
  typedef logic [addr_width - 1:0] addr_t;
  typedef logic [data_width - 1:0] data_t;

  logic       psel;
  logic       penable;
  logic       pwrite;
  addr_t      paddr;
  data_t      pwdata;
  logic       pready;
  data_t      prdata;

  clocking master_drv@(posedge pclk);
    output #tco psel;
    output #tco penable;
    output #tco pwrite;
    output #tco paddr;
    output #tco pwdata;
    input  #tsu pready;
    input  #tsu prdata;
  endclocking

  clocking slave_drv@(posedge pclk);
    input  #tsu psel;
    input  #tsu penable;
    input  #tsu pwrite;
    input  #tsu paddr;
    input  #tsu pwdata;
    output #tco pready;
    output #tco prdata;
```

```
    endclocking

    clocking mon@(posedge pclk);
      input #tsu psel;
      input #tsu penable;
      input #tsu pwrite;
      input #tsu paddr;
      input #tsu pwdata;
      input #tsu pready;
      input #tsu prdata;
    endclocking

    modport master(clocking master_drv, input pclk, prst_n);
    modport slave (clocking slave_drv, input pclk, prst_n);

    task master_write(input addr_t addr, input data_t data);
      //设置准备阶段
      @(master_drv);
      master_drv.penable <= 1'b0;
      master_drv.psel    <= 1'b1;
      master_drv.pwrite  <= 1'b1;
      master_drv.paddr   <= addr;
      master_drv.pwdata  <= data;

      //访问操作阶段
      @(master_drv);
      master_drv.penable    <= 1'b1;

      do begin
        @(master_drv);
      end while(master_drv.pready == 1'b0);
      //空闲阶段
      master_drv.penable <= 1'b0;
      master_drv.psel    <= 1'b0;
      master_drv.pwrite  <= 1'b0;
      master_drv.paddr   <= 'd0;
      master_drv.pwdata  <= 'd0;
    endtask

    task master_read(input addr_t addr, output data_t data);
      //设置准备阶段
      @(master_drv);
      master_drv.penable <= 1'b0;
      master_drv.psel    <= 1'b1;
      master_drv.pwrite  <= 1'b0;
      master_drv.paddr   <= addr;
      master_drv.pwdata  <= 'd0;

      //访问操作阶段
      @(master_drv);
      master_drv.penable <= 1'b1;
```

```
      do begin
        @(master_drv);
      end while(master_drv.pready == 1'b0);
      //get prdata
      data = master_drv.prdata;

      //空闲阶段
      master_drv.penable        <= 1'b0;
      master_drv.psel           <= 1'b0;
      master_drv.pwrite         <= 1'b0;
      master_drv.paddr          <= 'd0;
      master_drv.pwdata         <= 'd0;
   endtask

endinterface

`endif
```

在上面的代码中,主要包括以下几部分:

(1) 使用四态值 logic 数据类型来对 DUT 端口信号建模,方便将测试平台与 DUT 的 APB 总线信号进行连接。

(2) 声明用于驱动和监测 DUT 端口信号的时钟块,以实现测试平台中的信号与时钟信号同步。

(3) 声明端口分组 master 和 slave,用于简化 DUT 中的端口信号声明。

(4) 提供了供后面驱动器进行调用的主机读写方法,从而按照 APB 总线时序进行读写驱动。

然后来看寄存器总线,参考代码如下:

```
//文件路径:7.3/sim/testbench/interface/alu_reg_interface.sv
`ifndef ALU_REG_INTERFACE
`define ALU_REG_INTERFACE

interface alu_reg_interface(input wire clk, input wire rst_n);
  ...
  function bit[15:0] peek(string reg_name);
    case(reg_name)
      "cfg_cfg_ctrl"     : return $root.top.DUT.alu_core.i_demo_reg_slave.cfg_cfg_ctrl.
reg_field;
      "cfg_cfg_operands" : return $root.top.DUT.alu_core.i_demo_reg_slave.cfg_cfg_
operands.reg_field;
      "cfw_cfw_opcode"   : return $root.top.DUT.alu_core.i_demo_reg_slave.cfw_cfw_opcode.
reg_field;
      "sta_sta_result"   : return $root.top.DUT.alu_core.i_demo_reg_slave.sta_sta_result.
reg_field;
      "sta_sta_status"   : return $root.top.DUT.alu_core.i_demo_reg_slave.sta_sta_status.
reg_field;
```

```
        "cnt_cnt_operation": return $root.top.DUT.alu_core.i_demo_reg_slave.cnt_cnt_
operation.reg_field;
        "int_int_interrupt": return $root.top.DUT.alu_core.i_demo_reg_slave.int_int_
interrupt.reg_field;
      endcase
    endfunction

endinterface

`endif
```

在上面的代码中,主要修改及更新了用于后门访问寄存器值的方法 peek,在其中更新硬件路径,因为增加了 alu 模块的例化层次。

2. 事务级数据

和 7.1 节中一样,这里不再赘述。

3. 激励产生器

和 7.1 节中一样,这里不再赘述。

4. 驱动器

主要用来将输入激励驱动到 DUT 的输入端,参考代码如下:

```
//文件路径:7.3/sim/testbench/component/driver.svh
`ifndef DRIVER
`define DRIVER

class driver;

  virtual alu_interface intf;
  virtual apb_interface apb_intf;
  mailbox gen2drv;

  function new(virtual alu_interface intf_new,
               virtual apb_interface apb_intf_new,
               mailbox gen2drv_new);
    this.intf     = intf_new;
    this.apb_intf = apb_intf_new;
    if(gen2drv_new == null)begin
      $display("%0t -> driver : ERROR -> gen2drv is null", $time);
      $finish;
    end
    else
      this.gen2drv = gen2drv_new;
  endfunction

  task run();
    transaction tr;
    bit[15:0] alu_result;

    forever begin
```

```
      gen2drv.get(tr);
      drv2dut(tr);
   end
endtask

task drv2dut(input transaction req);
   bit[15:0] addr,data;
   bit busy;

   //驱动运算操作数
   addr = `ALU_BEGIN_ADDR + `BASE_ADDR + `CFG_OPERANDS_REG_OFFSET;
   data = {req.A,req.B};
   apb_intf.master_write(addr,data);

   //驱动运算指令
   data = 0;
   case(req.op.name())
     "no_op": begin
       addr = `ALU_BEGIN_ADDR + `BASE_ADDR + `CFW_OPCODE_REG_OFFSET;
       data[`CFW_OPCODE_REG_SIZE - 1:0] = intf.enum2op(req.op);
       apb_intf.master_write(addr,data);
     end
     "rst_op": begin
       @(intf.drv);
       intf.rst_n     <= 0;
       @(intf.drv);
       intf.rst_n     <= 1;
       addr = `ALU_BEGIN_ADDR + `BASE_ADDR + `CFW_OPCODE_REG_OFFSET;
       data[`CFW_OPCODE_REG_SIZE - 1:0] = intf.enum2op(req.op);
       apb_intf.master_write(addr,data);
     end
     default: begin
       addr = `ALU_BEGIN_ADDR + `BASE_ADDR + `CFW_OPCODE_REG_OFFSET;
       data[`CFW_OPCODE_REG_SIZE - 1:0] = intf.enum2op(req.op);
       apb_intf.master_write(addr,data);
     end
   endcase

   //等待运算完成
   do begin
     addr = `ALU_BEGIN_ADDR + `BASE_ADDR + `STA_STATUS_REG_OFFSET;
     apb_intf.master_read(addr,data);
     busy = data[4];
   end while(busy == 1'b1);

   //获取运算结果
   addr = `ALU_BEGIN_ADDR + `BASE_ADDR + `STA_RESULT_REG_OFFSET;
   apb_intf.master_read(addr,data);
   req.result = data;
   $display(" %0t -> driver : tr is %s", $time,req.convert2string());
```

```
        endtask

    endclass

`endif
```

在上面的代码中,主要修改了将输入激励驱动到 DUT 的输入接口的方法 drv2dut,主要将寄存器总线接口替换为 APB 总线接口,访问地址还要加上运算器模块作为从机的起始地址,然后调用 APB 总线接口的读写驱动方法并按照约定的寄存器读写顺序,即先写操作数寄存器,然后写指令寄存器进行驱动并开始运算,接着读状态寄存器以等待运算器完成运算,最后读结果寄存器获取本次运算的结果。

5. 监测器

和 7.2 节中一样,这里不再赘述。

6. 覆盖率收集器

和 7.1 节中一样,这里不再赘述。

7. 记分板及参考模型

和 7.1 节中一样,这里不再赘述。

8. 验证环境

主要用于例化和使用邮箱连接前面提到的各个组件,并让各个组件相互之间协同运行,参考代码如下:

```
//文件路径:7.3/sim/testbench/component/environment.svh
`ifndef ENV
`define ENV

class environment;
    virtual alu_interface intf;
    virtual alu_reg_interface reg_intf;
    virtual apb_interface apb_intf;

    generator gen;
    driver drv;
    monitor mon;
    scoreboard scb;
    coverage cov;

    mailbox gen2drv;
    mailbox mon2scb;
    mailbox mon2cov;

    function new (virtual alu_interface intf_new,
                  virtual apb_interface apb_intf_new,
                  virtual alu_reg_interface reg_intf_new);
        this.intf     = intf_new;
        this.apb_intf = apb_intf_new;
```

```
      this.reg_intf = reg_intf_new;
   endfunction

   function void build();
      $display(" %0t -> environment : start build() method", $time);
      gen2drv = new();
      mon2scb = new();
      mon2cov = new();

      gen = new(gen2drv);
      drv = new(intf, apb_intf, gen2drv);
      mon = new(intf, reg_intf, mon2cov, mon2scb);
      scb = new(reg_intf, mon2scb);
      cov = new(mon2cov);
      $display(" %0t -> environment : finish build() method", $time);
   endfunction

   task reset();
      $display(" %0t -> environment : start reset() method", $time);
      begin
         logic[15:0] alu_result;
         transaction tr = new();
         tr.op = rst_op;
         this.intf.send_op(tr,alu_result);
      end
      $display(" %0t -> environment : finish reset() method", $time);
   endtask

   task config();
      $display(" %0t -> environment : start config() method", $time);
      begin
         data_t data;
         addr_t addr;
         addr = `ALU_BEGIN_ADDR + `BASE_ADDR + `CFG_CTRL_REG_OFFSET;
         data[`CFG_CTRL_REG_SIZE - 1:0] = 1'd0;
         apb_intf.master_write(addr,data);
         $display(" %0t -> write CFG_CTRL_REG value : %0h", $time,data);
         apb_intf.master_read(addr,data);
         $display(" %0t -> read CFG_CTRL_REG value : %0h", $time,data);
      end
      $display(" %0t -> environment : finish config() method", $time);
   endtask

   task start();
      $display(" %0t -> environment : start start() method", $time);
      fork
         gen.run();
         drv.run();
         mon.run();
         cov.run();
         scb.run();
```

```
            join_none
            $display(" %0t -> environment : finish start() method", $time);
         endtask

         task wait_finish();
            $display(" %0t -> environment : start wait_finish() method", $time);
            repeat(10000) @(posedge intf.clk);
            $display(" %0t -> environment : finish wait_finish() method", $time);
         endtask

         task report();
            $display(" %0t -> environment : start report() method", $time);
            $display("\n");
            if(scb.fail_cnt == 0)begin
               $display(" *********** Test PASSED ***************");
               $display(" *********** total: %0d  ***************",mon.total_cnt);
               $display(" *********** pass: %0d fail: 0 ***************",scb.pass_cnt);
            end
            else begin
               $display(" *********** Test FAIL ***************");
               $display(" *********** total: %0d   ***************",mon.total_cnt);
               $display(" *********** pass: %0d fail: %0d ***************",scb.pass_cnt,
      scb.fail_cnt);
            end
            $display("coverage op_cov: %g%%, zeros_or_ones_on_ops: %g%%",cov.op_cov.get_coverage(),
      cov.zeros_or_ones_on_ops.get_coverage());
            $display("\n");
            $display(" %0t -> environment : finish report() method", $time);
         endtask

         task run();
            $display(" %0t -> environment : start run() method", $time);
            build();
            reset();
            config();
            start();
            wait_finish();
            report();
            $display(" %0t -> environment : finish run() method", $time);
         endtask

      endclass

      `endif
```

在上面的代码中,主要修改了 config 方法,即使用 APB 接口中的驱动方法来配置运算器的工作模式。

9. 测试用例

主要用于针对 DUT 的部分或某特定特征进行测试,参考代码如下:

```
//文件路径:7.3/sim/testbench/testcase/testcase.svh
`ifndef TESTCASE
`define TESTCASE

class testcase;
  virtual alu_interface intf;
  virtual alu_reg_interface reg_intf;
  virtual apb_interface apb_intf;

  environment   env;

  function new (virtual alu_interface intf_new,
               virtual apb_interface apb_intf_new,
               virtual alu_reg_interface reg_intf_new);
    this.intf     = intf_new;
    this.apb_intf = apb_intf_new;
    this.reg_intf = reg_intf_new;
  endfunction

  task run();
    env = new(intf, apb_intf, reg_intf);
    env.run();
  endtask

endclass

`endif
```

在上面的代码中,主要增加了将 APB 接口传递到验证环境中。

10. 包文件

主要用于将测试平台中的类对象组件打包并声明为自定义的数据类型,在复杂的项目中可以提高验证环境代码的可重用性。

参考代码如下:

```
//文件路径:7.3/sim/testbench/alu_pkg.sv
`ifndef ALU_PKG
`define ALU_PKG

package alu_pkg;
  typedef enum bit[2:0] {no_op  = 3'b000,
                    add_op = 3'b001,
                    and_op = 3'b010,
                    xor_op = 3'b011,
                    mul_op = 3'b100,
                    div_op = 3'b101,
                    rst_op = 3'b111} operation_t;
```

```
    typedef enum{reg_rd, reg_wr} reg_operation_t;
    typedef bit[15:0] addr_t;
    typedef bit[15:0] data_t;

    //事务级数据对象
    `include "transaction.svh"
    `include "reg_transaction.svh"

    //测试平台组件
    `include "generator.svh"
    `include "driver.svh"
    `include "monitor.svh"
    `include "scoreboard.svh"
    `include "coverage.svh"
    `include "environment.svh"

    //测试用例
    `include "testcase.svh"

endpackage

`endif
```

在上面的代码中,主要增加了自定义数据类型 addr_t 和 data_t。

11. 顶层模块

主要用来提供仿真的入口,并将 DUT 连接集成到测试平台,参考代码如下:

```
//文件路径:7.3/sim/testbench/top.sv
`ifndef TOP
`define TOP

module top;
    import   alu_pkg::*;
    bit clk;

    initial begin
        clk = 0;
        forever begin
            #10;
            clk = ~clk;
        end
    end

    alu_interface         intf(.clk(clk));
    alu_reg_interface     reg_intf(.clk(clk),.rst_n(intf.rst_n));
    apb_interface         apb_intf(.pclk(clk),.prst_n(intf.rst_n));

    alu_apb               DUT ( .bus(apb_intf.slave));
```

```
//将寄存器总线连接到 DUT
initial begin
  force reg_intf.vld     = DUT.alu_core.bus_vld;
  force reg_intf.op      = DUT.alu_core.bus_op;
  force reg_intf.addr    = DUT.alu_core.bus_addr;
  force reg_intf.wr_data = DUT.alu_core.bus_wr_data;
  force reg_intf.rd_data = DUT.alu_core.bus_rd_data;
end

testcase tc;

initial begin
  $display(" *********** Start of testcase **************** ");
  tc = new(intf, apb_intf, reg_intf);
  tc.run();
  #100;
  $finish;
end

final begin
  $display(" *********** Finish of testcase ************** ");
end

endmodule

`endif
```

在上面的代码中,主要修改了将 DUT 端口与接口信号的连接。由于寄存器接口 reg_
intf 作为 DUT 的内部模块的接口,仅用于被动监测,即这里只要通过外围的 APB 接口进行
驱动即可,不需要将输入激励信号驱动到 reg_intf 上,因此这里可以采用 force 的方式进行
连接,需要注意 force 连接的方向。

7.3.5　仿真验证

运行仿真脚本以执行测试用例,仿真结果如下:

```
...
*********** Test PASSED ***************
*********** total: 400 ***************
*********** pass: 368 fail: 0 ***************
coverage op_cov: 100 %, zeros_or_ones_on_ops: 100 %
...
```

可以看到,覆盖率达到了 100%,可以初步认为完成了对基于 APB 总线的运算器的功
能验证。

7.4　本章小结

　　本章以一个对于初学者难度适中的设计为例,通过 7.1～7.3 节一步步由易到难的递进过程,为读者讲述了整个设计和验证的大致过程,从而将之前章节的内容都串联起来,目标是让读者更容易吸收和学习。本章仅仅是做示例学习作用,相对比较简单,在实际的芯片项目中要比这复杂得多,读者可以在将来的工作中继续学习或者寻找开源项目以进一步学习。

参 考 文 献

[1] IEEE. Std 1800-2017. IEEE Standard for SystemVerilog—Unified Hardware Design，Specification，and VerificationLanguage[S]. New York：IEEE，2017.

[2] IEEE. Std 1364-2001. IEEE Standard Verilog® Hardware Description Language [S]. New York：IEEE，2001.

[3] BROWN S，VRANESIC Z. Fundamentals of Digital Logic with Verilog Design [M]. 3rd ed. New York：McGraw Hill，2014.

[4] SPEAR C. SystemVerilog for Verification [M]. 3rd ed. New York：Springer，2012.

[5] SUTHERLAND S，Davidmann S，Flake P. SystemVerilog for Design [M]. 2nd ed. New York：Springer，2006.

[6] SALEMI R. The UVM Primer [M]. Boston：Boston Light Press，2013.

图 书 推 荐

书 名	作 者
深度探索 Vue.js——原理剖析与实战应用	张云鹏
剑指大前端全栈工程师	贾志杰、史广、赵东彦
Flink 原理深入与编程实战——Scala＋Java(微课视频版)	辛立伟
Spark 原理深入与编程实战(微课视频版)	辛立伟、张帆、张会娟
PySpark 原理深入与编程实战(微课视频版)	辛立伟、辛雨桐
HarmonyOS 移动应用开发(ArkTS 版)	刘安战、余雨萍、陈争艳 等
HarmonyOS 应用开发实战(JavaScript 版)	徐礼文
HarmonyOS 原子化服务卡片原理与实战	李洋
鸿蒙操作系统开发入门经典	徐礼文
鸿蒙应用程序开发	董昱
鸿蒙操作系统应用开发实践	陈美汝、郑森文、武延军、吴敬征
HarmonyOS 移动应用开发	刘安战、余雨萍、李勇军 等
HarmonyOS App 开发从 0 到 1	张诏添、李凯杰
HarmonyOS 从入门到精通 40 例	戈帅
JavaScript 基础语法详解	张旭乾
华为方舟编译器之美——基于开源代码的架构分析与实现	史宁宁
Android Runtime 源码解析	史宁宁
鲲鹏架构入门与实战	张磊
鲲鹏开发套件应用快速入门	张磊
华为 HCIA 路由与交换技术实战	江礼教
华为 HCIP 路由与交换技术实战	江礼教
openEuler 操作系统管理入门	陈争艳、刘安战、贾玉祥 等
恶意代码逆向分析基础详解	刘晓阳
深度探索 Go 语言——对象模型与 runtime 的原理、特性及应用	封幼林
深入理解 Go 语言	刘丹冰
Spring Boot 3.0 开发实战	李西明、陈立为
深度探索 Flutter——企业应用开发实战	赵龙
Flutter 组件精讲与实战	赵龙
Flutter 组件详解与实战	［加］王浩然(Bradley Wang)
Flutter 跨平台移动开发实战	董运成
Dart 语言实战——基于 Flutter 框架的程序开发(第 2 版)	亢少军
Dart 语言实战——基于 Angular 框架的 Web 开发	刘仕文
IntelliJ IDEA 软件开发与应用	乔国辉
Vue＋Spring Boot 前后端分离开发实战	贾志杰
Vue.js 快速入门与深入实战	杨世文
Vue.js 企业开发实战	千锋教育高教产品研发部
Python 从入门到全栈开发	钱超
Python 全栈开发——基础入门	夏正东
Python 全栈开发——高阶编程	夏正东
Python 全栈开发——数据分析	夏正东
Python 编程与科学计算(微课视频版)	李志远、黄化人、姚明菊 等
Python 游戏编程项目开发实战	李志远
量子人工智能	金贤敏、胡俊杰
Python 人工智能——原理、实践及应用	杨博雄 主编,于营、肖衡、潘玉霞、高华玲、梁志勇 副主编
Python 预测分析与机器学习	王沁晨

书　名	作　者
Python 数据分析实战——从 Excel 轻松入门 Pandas	曾贤志
Python 概率统计	李爽
Python 数据分析从 0 到 1	邓立文、俞心宇、牛瑶
FFmpeg 入门详解——音视频原理及应用	梅会东
FFmpeg 入门详解——SDK 二次开发与直播美颜原理及应用	梅会东
FFmpeg 入门详解——流媒体直播原理及应用	梅会东
FFmpeg 入门详解——命令行与音视频特效原理及应用	梅会东
Python Web 数据分析可视化——基于 Django 框架的开发实战	韩伟、赵盼
Python 玩转数学问题——轻松学习 NumPy、SciPy 和 Matplotlib	张骞
Pandas 通关实战	黄福星
深入浅出 Power Query M 语言	黄福星
深入浅出 DAX——Excel Power Pivot 和 Power BI 高效数据分析	黄福星
云原生开发实践	高尚衡
云计算管理配置与实战	杨昌家
虚拟化 KVM 极速入门	陈涛
虚拟化 KVM 进阶实践	陈涛
边缘计算	方娟、陆帅冰
物联网——嵌入式开发实战	连志安
动手学推荐系统——基于 PyTorch 的算法实现(微课视频版)	於方仁
人工智能算法——原理、技巧及应用	韩龙、张娜、汝洪芳
跟我一起学机器学习	王成、黄晓辉
深度强化学习理论与实践	龙强、章胜
自然语言处理——原理、方法与应用	王志立、雷鹏斌、吴宇凡
TensorFlow 计算机视觉原理与实战	欧阳鹏程、任浩然
计算机视觉——基于 OpenCV 与 TensorFlow 的深度学习方法	余海林、翟中华
深度学习——理论、方法与 PyTorch 实践	翟中华、孟翔宇
HuggingFace 自然语言处理详解——基于 BERT 中文模型的任务实战	李福林
Java＋OpenCV 高效入门	姚利民
AR Foundation 增强现实开发实战(ARKit 版)	汪祥春
AR Foundation 增强现实开发实战(ARCore 版)	汪祥春
ARKit 原生开发入门精粹——RealityKit ＋ Swift ＋ SwiftUI	汪祥春
HoloLens 2 开发入门精要——基于 Unity 和 MRTK	汪祥春
巧学易用单片机——从零基础入门到项目实战	王良升
Altium Designer 20 PCB 设计实战(视频微课版)	白军杰
Cadence 高速 PCB 设计——基于手机高阶板的案例分析与实现	李卫国、张彬、林超文
Octave 程序设计	于红博
Octave GUI 开发实战	于红博
ANSYS 19.0 实例详解	李大勇、周宝
ANSYS Workbench 结构有限元分析详解	汤晖
AutoCAD 2022 快速入门、进阶与精通	邵为龙
SolidWorks 2021 快速入门与深入实战	邵为龙
UG NX 1926 快速入门与深入实战	邵为龙
Autodesk Inventor 2022 快速入门与深入实战(微课视频版)	邵为龙
全栈 UI 自动化测试实战	胡胜强、单镜石、李睿
pytest 框架与自动化测试应用	房荔枝、梁丽丽